全国高等医药院校国家级实验教学示范中心"十二五"规划教材

供临床医学、基础医学、护理学、医学检验等专业使用

丛书主编 秦晓群

生物化学实验

SHENGWU HUAXUE SHIYAN

主　编　高国全　王桂云

副主编　杨成君　夏　俊

编　者　（以姓氏笔画为序）

马　佳　蚌埠医学院

王桂云　牡丹江医学院

申梅淑　牡丹江医学院

刘　畅　吉林大学白求恩医学院

杨成君　吉林大学白求恩医学院

杨　霞　中山大学中山医学院

夏　俊　蚌埠医学院

高国全　中山大学中山医学院

崔荣军　牡丹江医学院

编委会秘书　杨　霞　中山大学中山医学院

华中科技大学出版社

http://www.hustp.com

中国·武汉

内 容 提 要

本书是全国高等医药院校国家级实验教学示范中心"十二五"规划教材。

本书共介绍55个实验及2个探索性实验案例,包括生物化学基本技术和技能训练、基础生物化学实验、临床常用生物化学实验和探索性实验等内容。本书力求做到基本原理阐述明确,实验方案细致、可行,便于理解、操作和讲授。本书结构完整,强调实用性,兼具基础性和先进性。

本书主要为5年制各专业医学本科生编写,但也可供医学7年制和其他生命科学专业本科生使用或参考。

图书在版编目(CIP)数据

生物化学实验/高国全,王桂云主编. —武汉:华中科技大学出版社,2013.9
ISBN 978-7-5609-9446-8

Ⅰ.①生…　Ⅱ.①高…　②王…　Ⅲ.①生物化学-实验-医学院校-教材　Ⅳ.①Q5-33

中国版本图书馆 CIP 数据核字(2013)第 238575 号

生物化学实验　　　　　　　　　　　　　　　　　　　　高国全　王桂云　主编

策划编辑:柯其成
责任编辑:熊　彦　程　芳
封面设计:陈　静
责任校对:李　琴
责任监印:周治超
出版发行:华中科技大学出版社(中国·武汉)
　　　　　武昌喻家山　　邮编:430074　　电话:(027)81321913
录　　排:华中科技大学惠友文印中心
印　　刷:武汉鑫昶文化有限公司
开　　本:787mm×1092mm　1/16
印　　张:16.25
字　　数:381千字
版　　次:2016 年 1 月第 1 版第 3 次印刷
定　　价:38.00 元

全国高等医药院校国家级实验教学示范中心
"十二五"规划教材编委会

总 序

为了进一步推动高等学校加快实验教学改革,加强实验室建设,培养大学生的实践能力和创新精神,提高教育质量,更好地满足我国经济社会发展和创新型国家建设的需要,教育部于 2005 年 5 月启动了高等学校实验教学示范中心建设和评审工作。同时,要求各实验教学示范中心认真总结教学经验,凝练优质实验教学资源,加强实验教学研究,不断开拓创新,探索实验教学改革新思路,引领实验教学改革方向,为全国高等学校实验教学提供示范。在此质量工程实施过程中,一批优秀的国家级医学实验教学示范中心应运而生。

在医学基础课教学中,实验教学占有极其重要的位置,它在培养学生实际动手能力、综合分析问题和解决问题的能力以及科研创新能力等方面发挥着独特的作用。实验教材是实验教学的基础,也是实验教学改革的载体。但目前各高等学校的实验教材建设明显滞后,主要存在以下几个问题:①实验教材建设落后于理论教材,作为高等学校三大建设之一的教材建设多年来一直受到高度重视,但这里的教材建设一般是指理论教材的建设,而实验教材在大多数高等学校一直不受重视,实验教材大多是自编的实验指导,不能满足实验教学的需要;②实验教材没有形成自己的体系,许多实验教材只注重了与理论知识体系配套,而忽视了自身的系统性、科学性和完整性,成为理论教材的附属品,没有形成自己独立的教材体系,表现为实验课大多是为了配合理论课教学,偏重于验证理论,缺乏综合性与设计性的教学内容;③实验教材缺乏创新,表现为验证性实验偏多,缺乏设计性、综合性实验课题,验证性实验可以对学生强化课堂所学的理论知识起到积极作用,但不能充分激发学生的创造性思维,不能较好地培养学生分析问题、解决问题的能力,不利于学生综合素质、创新意识和创新能力的培养;④实验教材管理混乱,由于历史原因,高等学校实验教材在管理上较为混乱,缺少实验教材建设规划,也没有教材使用的统一要求,教材使用相对无序,既有本校教师编写的自印讲义、实验指导书,也有从校外选用的实验教材,从而导致了实验教学的随意性。

为了顺应高等医学教育实验教学改革的新形势和新要求,在认真、细致调研的基础上,在国家级实验教学示范中心医学组的专家们和部分示范院校领导的指导下,华中科技大学出版社组织了全国 27 所重点医药院校的近 200 位老师编写了这套全国高等医药院校国家级实验教学示范中心“十二五”规划教材。本套教材由 12 个国家级实验教学示范中心的教学团队引领,副教授及以上职称的老师占 85%,教龄在 20 年以上的老师占

70%。教材编写过程中,全体主编和参编人员进行了充分的研讨和细致的分工,各主编单位高度重视并大力支持教材的编写工作,编辑和主审专家严谨和忘我的工作,确保了本套教材的编写质量。

本套教材充分反映了各国家级实验教学示范中心的实验教学改革和研究的成果,教材编写体系和编写内容均有所创新,在编写过程中重点突出以下特点。

(1) 教材课程的设置分为三个模式,即传统型课程模式、整合型课程模式、创新型课程模式。

(2) 教材内容体现"三个层次",即基本训练(基础知识、基本技能训练)、综合型实验、研究型/创新型实验(以问题为导向的实验)。

(3) 既体现基础性,又具有先进性;既体现学科内涵和实验内容的更新,又反映新技术、新方法、新设备的现代实验技术和手段。

(4) 强调学生的自主性,加强创新能力培养。

本套教材得到了教育部国家级实验教学示范中心医学组和各院校的大力支持与高度关注,我们衷心希望这套教材能为高等医药院校实验教学体系改革作出应有的贡献,并能为其他院校的实验教学提供有益的借鉴和参考。我们也相信这套教材在使用过程中,通过教学实践的检验,能不断得到改进、完善和提高。

全国高等医药院校国家级实验教学示范中心"十二五"规划教材
编写委员会

前言 foreword

2010年底教育部国家级实验教学示范中心医学组在武汉召开全国高等医药院校实验教学高峰论坛研讨会并决定由华中科技大学出版社组织编写实验教学示范中心"十二五"规划教材。《生物化学实验》是在此背景下组织编写的。

对于医学生的培养历来均强调基础理论、基本知识和基本技能的训练,现在进一步提出接触科学研究和培养科研思维的要求。作为医学和生命科学研究的基本工具,生物化学实验不仅具有提高学生动手能力和基本技能的作用,还可直接为开展科学研究和培养科研思维奠定基础。经过和其他编者的多次讨论协商,形成了本书编写思路并确定了编写大纲,基本特点如下。

1. 结构完整性

本书的基本框架和主要实验内容参照中山大学中山医学院的生物化学实验课程(该校在多年的教学实践中采用该结构体系,取得了较好的教学效果)。同时本书也参照了兄弟院校的部分实验教学内容,使其更为充实、完整。

2. 实用性

考虑到国内不同层次院校开设生物化学实验教学的目的性和条件的差异,本书在每篇的设计上及每一章的实验内容选择上都具有灵活性,可根据具体情况选用。

3. 兼具基础性和先进性

本书选择的实验内容包含了经典的生物化学基本技术训练部分以及重要的基础和临床生物化学实验方法,同时还包含了探索性实验部分,以训练学生的科研思维。

4. 工具性

附录部分介绍开展生物化学实验的基本规则、常规仪器的使用、常用参数等。

本书共介绍了55个实验及2个探索性实验案例,包括生物化学基本技术和技能训练、基础生物化学实验、临床常用生物化学实验和探索性实验等内容。我们力求做到基本原理阐述明确,实验方案细致、可行,便于理解、操作和讲授。

　　本教材由全国 4 所高校的 9 名工作在教学和科研一线的老师参与编写。中山大学中山医学院生物化学系的杨霞教授对全书内容进行了审校。编写过程中,我们得到中山大学医学教务处、中山医学院的热情支持,在此一并表示感谢。

　　由于编者水平有限,不足及疏漏之处在所难免,衷心期望广大读者给予批评和指正。

高国全

目 录 ^{contents}

第一篇　生物化学基本技术和技能训练

◇ 第一章　分光光度技术 /3

第一节　光的基本性质　/3

第二节　物质与光的作用　/5

第三节　朗伯-比尔定律　/6

第四节　紫外-可见分光光度计　/10

实验 1　血红蛋白及其某些衍生物吸收光谱测定　/11

实验 2　铜的比色测定　/13

实验 3　血糖含量测定(邻甲苯胺法)　/14

实验 4　血浆(或血清)总蛋白双缩脲比色测定法　/16

实验 5　紫外吸收法测定核酸含量　/18

◇ 第二章　离心分析法 /20

第一节　原理　/20

第二节　离心机的分类和构造　/21

第三节　离心方法　/26

第四节　普通教学用离心机的使用方法　/28

实验 6　动物组织中核酸的提取与鉴定　/29

实验 7　肝细胞核的分离提纯与鉴定　/31

◇ 第三章　电泳技术 /34

第一节　电泳的基本原理　/34

第二节　影响电泳分离的主要因素　/36

第三节　电泳技术的应用　/38

第四节　电泳中蛋白质的检测、鉴定与回收　/52

实验 8　血清蛋白质的电泳分离——醋酸纤维素薄膜法　/53

实验 9　血清蛋白质的电泳分离——聚丙烯酰胺凝胶电泳　/56
实验 10　DNA 琼脂糖凝胶电泳　/59

第四章　层析法　/63

第一节　层析法理论概述　/63
第二节　层析法分类　/71
第三节　吸附层析与分配层析　/73
第四节　凝胶过滤层析　/76
第五节　离子交换层析　/82
第六节　亲和层析　/89
第七节　高效液相层析　/92
实验 11　转氨基作用和氨基酸的纸上层析　/95
实验 12　氨基酸的薄层层析　/98
实验 13　凝胶柱层析法分离蛋白质　/100
实验 14　DEAE 纤维素离子交换层析法分离
　　　　血清蛋白质　/103

第二篇　基础生物化学实验

第五章　糖的生物化学　/107

实验 15　葡萄糖氧化酶比色法测定血糖　/107
实验 16　肝糖原的提取和鉴定　/109
实验 17　饱食、饥饿和激素对肝糖原的影响　/110
实验 18　肌糖原的酵解作用　/112
实验 19　胰岛素和肾上腺素对血糖浓度的影响　/114

第六章　蛋白质化学　/116

实验 20　甘氨酸两性性质的测定　/116
实验 21　蛋白质的沉淀反应　/118
实验 22　溴甲酚绿法测定血清白蛋白　/120
实验 23　蛋白质含量测定——凯氏微量定氮法　/121
实验 24　蛋白质含量测定——Folin-酚试剂法　/124
实验 25　SDS-聚丙烯酰胺凝胶电泳测定蛋白质的
　　　　相对分子质量　/126
实验 26　聚丙烯酰胺凝胶等电聚焦电泳测定
　　　　蛋白质等电点　/129

第七章　酶学实验　　　　　　　　　　　　　　　　　　　　/132

实验 27　温度、pH 值、激活剂和抑制剂对酶活性的影响　　/132

实验 28　底物浓度对酶活性的影响　　　　　　　　　　　/135

实验 29　酶的竞争性抑制作用　　　　　　　　　　　　　/136

实验 30　酶作用的特异性　　　　　　　　　　　　　　　/138

实验 31　胃蛋白酶原的激活　　　　　　　　　　　　　　/140

实验 32　过氧化物酶的催化作用　　　　　　　　　　　　/141

实验 33　酪氨酸酶的催化作用　　　　　　　　　　　　　/143

实验 34　血清谷-丙转氨酶活性测定　　　　　　　　　　　/145

实验 35　血清碱性磷酸酶活性的测定　　　　　　　　　　/149

实验 36　血清淀粉酶同工酶的分离　　　　　　　　　　　/151

实验 37　乳酸脱氢酶同工酶的分离　　　　　　　　　　　/154

实验 38　胰蛋白酶的提取、分离及纯化　　　　　　　　　/156

实验 39　枯草杆菌中 α-淀粉酶的分离纯化　　　　　　　　/159

实验 40　蛋清中溶菌酶的提取、分离、纯化与活性测定　　/161

实验 41　过氧化氢酶米氏常数的测定　　　　　　　　　　/163

实验 42　酵母蔗糖酶米氏常数的测定　　　　　　　　　　/165

实验 43　有机磷化合物对胆碱酯酶活性的抑制作用　　　　/167

第三篇　临床常用生物化学实验

第八章　临床常用生化实验　　　　　　　　　　　　　　/173

实验 44　血、尿、组织样本的制备　　　　　　　　　　　/173

实验 45　血清甘油三酯测定　　　　　　　　　　　　　　/174

实验 46　血清胆固醇测定　　　　　　　　　　　　　　　/176

实验 47　酮体的生成与定性　　　　　　　　　　　　　　/177

实验 48　血液非蛋白氮定量　　　　　　　　　　　　　　/179

实验 49　血清胆红素的测定　　　　　　　　　　　　　　/180

实验 50　尿中尿胆原的测定　　　　　　　　　　　　　　/182

实验 51　血清无机磷定量(硫酸亚铁钼蓝比色法)　　　　　/183

实验 52　血清钙的定量(乙二胺四乙酸二钠滴定法)　　　　/185

实验 53　血清钾的测定　　　　　　　　　　　　　　　　/186

实验 54　血清铜的测定　　　　　　　　　　　　　　　　/188

实验 55　血液凝固纠正实验　　　　　　　　　　　　　　/189

第四篇　探索性实验

◇ **第九章　探索性实验的开设与实施原则** /195

第五篇　附　　录

◇ **附录 A　实验室规则和常识** /217

◇ **附录 B　实验室安全及防护知识** /219

◇ **附录 C　实验室常规仪器和设施** /222

◇ **附录 D　化学试剂的规格、保管** /227

◇ **附录 E　缓冲液的配制方法** /230

◇ **附录 F　层析法常用数据表** /235

◇ **附录 G　一些常用的数据表** /239

◇ **参考文献** /246

第一篇

生物化学基本技术和技能训练

第一章
分光光度技术

　　分光光度技术是光谱技术的一种。它是利用不同物质其结构不同,所特有的吸收光谱不同,从而进行定性和定量检测的一门技术。使用的仪器称为分光光度计。分光光度技术灵敏度高,测定速度快,应用范围广,其中的紫外-可见分光光度技术更是生物化学研究工作中必不可少的基本手段之一。

第一节　光的基本性质

　　1865 年,麦克斯韦研究表明真空中电磁波的传播速度与光相同,证实了光的本质是一种电磁波。现代物理证实,光在传播过程中主要显示出波动性,光的干涉、衍射和偏振等现象体现了光的波动性质,而光在与物质的相互作用中,主要显示出微粒性,折射、反射和光电效应则是光的微粒性表现,即光具有波动性和微粒性的二重性。与之相对应,关于光的理论也有两种,即光的电磁理论和光的量子理论。1921 年,爱因斯坦因为"光的波粒二象性"这一成就而获得了诺贝尔物理学奖。光的波动和微粒性质可由 Planck(普朗克)常数定量地联系起来。

一、光的波动性和微粒性

　　光是一种电磁波,其波动性可以用电场向量 E 和磁场向量 M 来描述。这两个向量以相同的位相和振幅在两个相互垂直的平面进行传播。如图 1-1 所示,电场向量和磁场向量都是正弦波形,并且垂直于波的传播方向。与物质的电子相互作用的是电磁波的电场,所以磁场向量可以忽略,仅用电场向量代表电磁波。电磁波的波动性可以用速度、频率、波长和振幅等参数来描述。

　　光的传播速度:

$$v = \frac{c}{n} = \lambda \nu$$

式中:c——真空中的光速 $2.99792458 \times 10^8 \sim 3.0 \times 10^8$ m/s;

　　　λ——波长,单位 m;

　　　ν——频率,单位赫兹(Hz);

　　　n——折射率,真空中为 1;

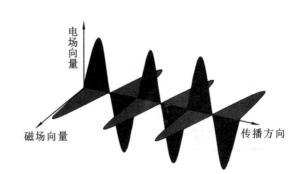

图 1-1　电磁波的电场向量、磁场向量及传播方向

v——光的传播速度。

显然电磁波的波动性不能解释光辐射的发射和吸收现象。正如物质的光电效应及黑体辐射等现象不能简单地用光的波动理论来解释,需要引入光子概念。德国物理学家普朗克 1900 年为了克服经典物理学对黑体辐射现象解释上的困难,提出物质辐射(或吸收)的能量只能是某一最小能量单位(能量量子)的整数倍的假说,即量子假说,对量子理论的发展有重大影响。

$$E = h\nu$$

式中:h——普朗克(Planck)常数 6.626×10^{-34} J·s;

　　ν——频率;

　　E——光量子具有的能量,单位 J(焦耳)、eV(电子伏),1 eV $= 1.602 \times 10^{-19}$ J。

把光的波动性和微粒性联系起来,即频率和波长体现了波的特性,而动量和能量是光的粒子性的描述,这样光就具有微粒和波动的双重性质,这种性质便被称为光的波粒二象性。

$$E = h \frac{c}{n\lambda} = h \frac{v}{\lambda} = h\nu$$

上式表明:一定波长的光具有一定的能量,波长越长(频率越低),光量子的能量越低。

习惯上将具有相同能量(相同波长)的光称为单色光;具有不同能量(不同波长)的光复合在一起称为复合光,例如白光。

二、电磁波谱

电磁波谱是由不同的电磁波按照波长或频率的大小顺序排列所组成的,包括无线电波、微波、红外光、可见光、紫外光以及 X 射线和 γ 射线等(表 1-1)。电磁波的波长越短,其能量越大。可见光是人们肉眼能感知的光线,其波长范围很窄,380~800 nm,在可见光范围内,又分为红、橙、黄、绿、青、蓝、紫各种光波,不同的颜色是由其光波的频率决定的。从可见光向外扩展,波长长于可见光的是红外光,其波长范围为 $800~1 \times 10^6$ nm;波长短于可见光的是近紫外光,其波长范围为 200~380 nm。γ 射线的波长最短,能量最大;其次是 X 射线区。无线电波区波长最长,其能量最小。电磁波的波长或能量与跃迁的类型有关。

表 1-1　电磁波谱及其波长范围

电 磁 波	波长范围/nm
γ 射线	<0.005
X 射线	$0.005\sim10$
紫外光	$10\sim200$
近紫外光	$200\sim380$
可见光	$380\sim800$
红外光	$800\sim1\times10^6$
微波	$1\times10^6\sim3\times10^8$
无线电波	$>3\times10^8$

第二节　物质与光的作用

与其他的光谱分析方法不同的是,分光光度技术是基于紫外光、可见光、红外光等光线与物质相互作用后,物质内部发生量子化的能级跃迁,而产生吸收光谱,并对吸收光谱的波长和强度进行分析的方法。

一、吸收光谱的产生

组成物质的分子或原子,一直处于不断的运动状态中,这些运动状态各自具有相应的能量,与光谱有关的能量变化分别称为电子能量(电子相对于原子核的运动产生)、振动能量(原子核间的相对振动产生)和转动能量(分子作为整体绕着重心的转动产生)。分子的每一种能量都有一系列的能级,通常分子处于最低能级状态,即基态,当它吸收一定能量后会被提升至较高的能级状态,即激发态,光子可以提供这一能量,即分子吸收光线的能量,从基态跃迁至激发态,由此产生吸收光谱。基态与激发态的能级不是任意的,而是具有量子化特征的,即能级间的能量差是量子化的。按照量子力学的原则,分子只能吸收能量与其能级差相一致的电磁辐射,而不是对各种能量的光子普遍吸收,由此构成了物质对光的选择性吸收的基础。不同的物质微粒由于结构不同而具有不同的量子化能级,其能级差也各不相同,因此物质对光的吸收具有选择性。

由分子转动、振动和电子能级的跃迁,相应地产生了转动、振动及电子光谱。电子能级间的能量差较大,跃迁产生的电子光谱位于可见-紫外光谱区。此外,在激发时分子可能产生解离,解离碎片的动能是非量子化的。所以,观察到的分子的电子光谱是由若干条光谱带所组成的,基于这个原因,分子的电子光谱又称为带状光谱。振动能级间的跃迁产生的吸收光谱位于红外区,称为红外光谱。转动能级跃迁产生的吸收光谱位于远红外区,称为远红外光谱。

对吸收光谱的研究可以确定样品的组成、含量以及结构。将测定的物质的吸光度(A)对入射光的波长(λ)作图,即作出该物质的吸收光谱曲线,也称为光吸收曲线,用于描

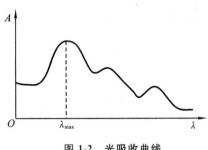

述物质对不同波长光的吸收能力(图 1-2)。

图 1-2 光吸收曲线

光吸收曲线中最大吸收峰所对应的波长称为最大吸收波长,以 λ_{max} 表示。最大吸收峰旁边有一小峰,称为肩峰。曲线上最低谷所对应的波长,称为最小吸收波长,以 λ_{min} 表示。λ_{max} 是化合物中电子能级跃迁时吸收的特征波长,不同物质有不同的最大吸收峰,对于化合物的鉴定极为重要。吸收光谱中,λ_{max}、λ_{min}、肩峰以及整个吸收光谱的形状取决于物质的性质,提供了物质的结构信息,所以是物质定性的依据。

二、物质颜色与光吸收的关系

物质之所以有颜色,是它对不同波长的可见光具有选择性吸收的结果。光的互补是指若两种不同颜色的单色光按一定的强度比例混合得到白光,那么就称这两种单色光为互补色光,这种现象称为光的互补(表 1-2)。物质呈现出的颜色恰恰是它所吸收光的互补色,而且溶液颜色的深浅,取决于溶液吸收光的量的多少,即取决于吸光物质浓度的高低。

表 1-2 物质的颜色与吸收光颜色的互补关系

物质的颜色	吸收光颜色	互补色波长范围/nm
黄绿色	紫色	380～435
黄色	蓝色	435～480
橙红色	蓝绿色	480～500
红紫色	绿色	500～560
紫色	黄绿色	560～580
蓝色	黄色	580～595
绿蓝色	橙色	595～650
蓝绿色	红色	650～760

第三节 朗伯-比尔定律

分光光度法常用于测定溶液中存在的吸光物质的浓度,其理论依据是朗伯-比尔定律(Lambert-Beer Law)。朗伯-比尔定律是两个定律的结合,分别描述光的吸收与吸光物质浓度及光程(液层厚度)的关系。

一、朗伯-比尔定律

(一) Lambert 定律

当一束单色光通过一均匀溶液时,由于溶液吸收一部分光能,使光的强度减弱,若溶液的浓度(c)不变,则液层的厚度(L)越大,光线强度的减弱也越显著。

若 c 不变: $A \propto L$

(二)Beer 定律

当一束单色光通过一均匀溶液时,若液层的厚度不变,则溶液浓度越大,光线强度的减弱也越显著。

若 L 不变: $A \propto c$

(三)Lambert-Beer 定律

当一束单色光通过一均匀溶液时,该溶液对光吸收的程度与溶液的浓度和液层的厚度的乘积成正比(图 1-3)。其关系式如下。

$$T = \frac{I}{I_0} = 10^{-KcL}$$

两边取对数得

$$\lg T = -KcL$$

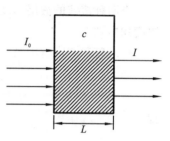

图 1-3 单色光通过均匀溶液

式中:T——透光度;

I_0——入射光强度;

I——透射光强度;

c——溶液浓度;

L——液层厚度。

若将 $-\lg \frac{I}{I_0}$ 用吸光度(A)或者光密度(OD)表示,则它们之间的关系如下:

$$A(\text{或 OD}) = -\lg \frac{I}{I_0} = -\lg T = KcL$$

K 为常数,称为吸光系数,也称为摩尔吸光系数,其数值与物质种类、光线波长和溶液温度有关。

1. 吸光系数 a

当浓度以 g/L 表示,液层厚度用 cm 表示时,常数 K 用 a 表示,其单位为 L/(g·cm)。

$$A = aLc$$

2. 摩尔吸光系数 ε

当浓度以 mol/L 表示,液层厚度用 cm 表示时,常数 K 用 ε 表示,其单位为 L/(mol·cm)。

$$A = \varepsilon Lc$$

① ε 值越大,反应越灵敏,一般认为 $\varepsilon > 10^4$ 为灵敏体系,$\varepsilon < 10^3$ 则为不灵敏体系,ε 是波长的函数。$\varepsilon = f(\lambda)$,一般情况下 λ_{max} 处,ε 最大。

② 摩尔吸收系数的物理意义:当吸光物质的浓度为 1 mol/L,吸收池厚度为 1 cm 时,

吸光物质对某波长光的吸光度。

二、朗伯-比尔定律的定量计算

(一)标准比较法

将已知浓度的标准管与未知浓度的测定管同样处理显色(标准管与测定管中的吸光物质为同一物质),读出吸光度,根据 Lambert-Beer 定律,有

标准管: $A_s = K_s c_s L_s$

测定管: $A_u = K_u c_u L_u$

当两种溶液的液层厚度相等($L_u = L_s$),温度相同,波长也相同(相同物质的两种不同浓度)时,则 $K_u = K_s$

标准管和测定管的吸光度表达式相比得

$$\frac{A_s}{A_u} = \frac{c_s}{c_u}$$

即

$$c_u = \frac{A_u}{A_s} c_s$$

(二)标准曲线法

配制一系列已知不同浓度的标准溶液,与测定管同样的方法处理显色,分别读取各管吸光度。以溶液浓度为横坐标,吸光度为纵坐标,在坐标纸上作图得标准曲线,根据测得的吸光度从标准曲线上读得测定物的浓度(图 1-4)。

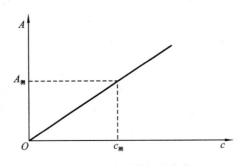

图 1-4 某溶液的标准曲线

(1)标准曲线是一过原点的直线。

(2)样品的浓度要在标准系列的浓度范围之内。只有在标准曲线的线性范围内定量,才可能获得准确的分析结果。

(3)仪器不同或测定方法不同均得到不同的标准曲线。因此在更换仪器或仪器使用过久,以及采用不同反应进行吸光度测定时,都需要重新绘制标准曲线。

(4)如果显色后溶液吸光度读数很高,仅仅稀释显色后溶液是不正确的,这使得所有的成分都被稀释,正确的方法是将原始溶液稀释后再进行显色所需的所有步骤。

(5)受仪器测量的准确度限制,读数范围在 $T = 15\% \sim 65\%$ 或 $A = 0.2 \sim 0.8$ 之间,测

定结果的相对误差才小于4%,才能满足一般的测定要求,吸光度过高和过低时误差较大。

(6)测量过程中,因比色皿本身和溶剂也会产生一定的光吸收,故设置一个空白管(参比溶液),其中除了待测溶质以外,其他的成分完全相同。测量时,首先以空白管对准光路对仪器调零,既消除了比色皿本身对光的吸收,又消除了非待测物质对光的吸收。样品所测值即为待测物质的光吸收。

三、引起朗伯-比尔定律偏离的因素

根据朗伯-比尔定律,理论上,吸光度与溶液浓度成正比,作出的标准曲线是一条通过原点的直线。但实际上,吸光度与浓度的关系有时是非线性的,这种现象称为朗伯-比尔定律的偏离。若溶液的实际吸光度比理论值大,称为正偏离,反之,则为负偏离。引起朗伯-比尔定律偏离的因素包括仪器因素、溶液的化学因素及定律本身的局限性等。

1. 仪器因素

(1)非单色光(单色光不纯)引起的偏离。

严格地讲,朗伯-比尔定律只对一定波长的单色光才成立。但在光度分析仪器中,使用的是连续光源,用单色器分光,用狭缝控制光谱带的宽度,因此投射到吸收溶液的入射光,常常是一个一定宽度的光谱带(具有一定波长范围的单色光),而不是真正的单色光。由于不同波长的光的吸光系数不同,在这种情况下,吸光度与浓度并不完全成直线关系,因而导致了对朗伯-比尔定律的偏离。

(2)非平行入射光引起的偏离。

若入射光不垂直通过吸收池,就使通过吸收池溶液的实际光程 L' 大于吸收池厚度 L,实际测得的吸光度将大于理论值。

2. 朗伯-比尔定律本身的局限性

(1)介质不均匀引起的偏离。

朗伯-比尔定律是建立在均匀、非散射基础上的一般规律。如果介质不均匀,呈胶体、乳浊、悬浮状态存在,则入射光通过溶液后,除了被吸收之外,还会有一部分因散射而损失,致使透光率减小,实测吸光度增大,造成偏离。

(2)溶液浓度过高引起的偏离。

朗伯-比尔定律是建立在吸光质点之间没有相互作用的前提下。当溶液浓度较高时,吸光物质的分子或离子间的平均距离减小,从而改变物质对光的吸收能力,即改变物质的摩尔吸光系数。浓度增加,相互作用增强,导致在高浓度范围内摩尔吸光系数不恒定而使吸光度与浓度之间的线性关系被破坏。

3. 化学变化所引起的偏离

溶液中吸光物质常因解离、缔合、形成新的化合物或在光照射下发生互变异构等,从而破坏了平衡浓度与分析浓度之间的正比关系,也就破坏了吸光度 A 与分析浓度之间的线性关系,产生对朗伯-比尔定律的偏离。

第四节　紫外-可见分光光度计

分光光度计因使用的波长范围不同而分为紫外分光光度计、可见分光光度计、红外分光光度计以及万用(全波段)分光光度计等。无论哪一类分光光度计都由下列5部分组成，即光源、分光系统(单色器)、样品室、检测器系统和信号显示系统。

一、光源

理想的分光光度计的光源应具备如下条件：①能提供连续的辐射；②光强度足够大；③在整个光谱区内光谱强度不随波长有明显变化；④光谱范围宽；⑤使用寿命长，价格低。常用的有白炽灯(钨灯、卤钨灯等)，气体放电灯(氢灯、氘灯及氙灯等)，金属弧灯(各种汞灯)等多种。其中钨灯和卤钨灯常用作可见光分光光度计的光源。氢灯和氘灯作为紫外分光光度计的光源。红外线光源则由能斯特(Nernst)棒产生。

二、分光系统(单色器)

分光系统是指能从复合光中分解出所需单一波长光的装置，它是分光光度计的核心部件，能够产生光谱纯度高、在紫外-可见光区域内任意可调的波长。单色器由色散元件及其附件组成。单色器的色散能力越强，分辨率越高，所获得的单色光就越纯。

常用的色散元件为棱镜和光栅。棱镜有玻璃和石英两种材料。它们的色散原理是依据不同波长的光通过棱镜时有不同的折射率而将不同波长的光分开。由于玻璃可吸收紫外光，所以玻璃棱镜只能用于可见光区域内。石英棱镜可使用的波长范围较宽，可用于紫外、可见和近红外三个光区。光栅是利用光的衍射与干涉作用制成的，它可用于紫外、可见及红外光区，而且在整个波长区具有良好的、几乎均匀一致的分辨能力。它具有色散波长范围宽、分辨率高、成本低、便于保存和易于制备等优点。缺点是各级光谱会重叠而产生干扰。

附件中包括入射狭缝(限制杂散光进入)、准直镜(把来自入射狭缝的光束转化为平行光，并把来自色散元件的平行光聚焦于出射狭缝上)、出射狭缝(只让特定波长的光射出单色器)。

转动棱镜或光栅的波长盘，可以改变单色器出射光束的波长；调节出、入射狭缝的宽度，可以改变出射光束的带宽和单色光的纯度。

三、样品室

样品室有比色皿(吸收池)、比色皿架(吸收池架)以及各种可更换的附件。比色皿有光学玻璃比色皿和石英玻璃比色皿两种。石英玻璃比色皿适用于可见光区及紫外光区，光学玻璃比色皿只能用于可见光区。使用比色皿时要清洗干净，并且要配套使用，倒入溶液后，光面可以用柔软的绒布及纸擦拭干净。

四、检测器系统

检测器是一种光电转换设备，即把光强度以电信号显示出来。常用的检测器有两类。一类是以光电池、光电管、光电倍增管等为代表的量子化检测器。另一类是以真空热电偶、热电检测器等为代表的热检测器。光电池由于容易出现疲劳效应而只能用于低档的分光光度计中。光电管在紫外-可见分光光度计上应用较为广泛。光电倍增管是检测微弱光最常用的光电元件，它的灵敏度比一般的光电管要高 200 倍，因此可使用较窄的单色器狭缝，从而对光谱的精细结构有较好的分辨能力。

五、信号显示系统

检测器产生的光电流以某种方式转变成模拟的或数字的结果。模拟输出装置包括电流表、电压表、记录器、示波器以及与计算机联用等，数字输出则通过模拟/数字转换装置如数字式电压表等。

六、721 型分光光度计的使用

分光光度计的种类很多，可以根据具体的型号，参考厂家仪器说明书使用，现以 721 型分光光度计为例介绍其使用方法。721 型分光光度计是一种采用光电管为受光器的较高级的可见分光光度计。其波长范围为 360~800 nm，在 410~710 nm 之间的灵敏度较好。

使用方法如下。

（1）打开电源。

（2）调节波长。

（3）打开样品室盖，将遮光体插入比色皿架。

（4）盖好样品室盖，将"功能"键置于透射比模式（T），按"T=0%"键，调节 T=0。

（5）将参比溶液和被测溶液放入比色皿架，参比溶液置于光路中。

（6）将"功能"键置于吸光度模式（A），按"T=100%"键，调节 T=100（显示器显示"BLA"，后显示"0.000"）。

（7）将被测溶液置于光路中，显示器显示被测溶液的吸光度。

（8）比色完毕后，取出比色皿，清洗比色皿并晾干，关上电源开关。

实验 1 血红蛋白及其某些衍生物吸收光谱测定

实·验·目·的

（1）掌握 721 型分光光度计的使用。

（2）掌握血红蛋白标准曲线的绘制。

（3）熟悉血红蛋白及其衍生物吸收光谱测定的方法。

实 验 原 理

血红蛋白(Hb)在不同条件下具有不同的衍生物。血红蛋白可以与 O_2 结合生成氧合血红蛋白(HbO_2);与 CO 结合生成樱桃红色的碳氧血红蛋白(HbCO);血红蛋白还可以与高铁氰化钾[$K_3Fe(CN_6)$]在酸性或中性环境中,生成棕色的高铁血红蛋白(MHb)。

血红蛋白及其衍生物分子结构不同,所吸收的光波各异,可产生特有的吸收光谱,可作为定性和定量分析的基础(表 1-3)。

表 1-3　血红蛋白及其衍生物吸收光谱波长

项　　目	吸 收 峰 数	吸收峰波长/nm			
HbO_2	2			540	578
HbCO	2			535	572
MHb	4	630	578	540	500

本实验先制备血红蛋白及其衍生物,然后在不同波长下测其吸光度,以吸光度(A)为纵坐标,波长为横坐标在坐标纸上绘制成吸收光谱曲线,由此可以确定它们最大的吸收波长。

1. 试剂

(1) 100 g/L 高铁氰化钾溶液:临用前配制。称取高铁氰化钾 10 g 置于 100 mL 容量瓶内,用蒸馏水定容。

(2) 0.15 mol/L NaCl 溶液:称取 NaCl 8.766 g 溶于 1000 mL 容量瓶内,用蒸馏水定容。

2. 器材

721 型分光光度计等。

1. Hb 溶液的制备

采静脉血 4~5 mL,抗凝处理,各种抗凝剂均可使用。离心分层,取红细胞用生理盐水 10 倍稀释、洗涤,混合,离心,吸出上清液,如此重复 3~4 次,以除去血浆蛋白质。将洗过的红细胞一份,与蒸馏水一份和氯仿半份混合,用力振摇约 5 min,离心后取上清液,即血红蛋白溶液。调节血红蛋白溶液浓度至 100 g/L。

2. 血红蛋白衍生物的制备

(1) HbO_2 溶液:取 Hb 溶液 3 滴,加蒸馏水 5 mL。

(2) HbCO 溶液:取 Hb 溶液 3 滴,加蒸馏水 5 mL,再加辛醇 1 滴,摇匀,用滴管通入 CO 至溶液呈樱桃红色。

(3) MHb 溶液:取 Hb 溶液 3 滴,加蒸馏水 5 mL,加新鲜配制的 100 g/L 高铁氰化钾溶液 3 滴,混匀,溶液呈棕色。

3. 吸光度的测定

以蒸馏水调零,在波长 480～680 nm 范围内,每隔 20 nm 测其吸光度,在接近吸收峰时,每隔 2 nm 测其吸光度。

4. 吸收光谱曲线的绘制

以波长为横坐标,吸光度为纵坐标描点,并将各点连接成曲线,即为血红蛋白及其衍生物的吸收光谱,但由于使用仪器不同,绘制出的血红蛋白及其衍生物的吸收光谱会有一些差异。

注·意·事·项

(1) 对所使用的分光光度计进行波长校正。

(2) 高铁氰化钾溶液临用前配制,储存于棕色瓶中。

(3) MHb 溶液应尽可能快比色。

实验 2 铜的比色测定

实·验·目·的

(1) 掌握 721 型分光光度计的使用。

(2) 掌握吸量管及微量加样器的使用。

实·验·原·理

氢氧化铵作为显色剂与 Cu^{2+} 结合成深蓝色的铜氨配离子$[Cu(NH_3)_4]^{2+}$,其颜色的深浅与 Cu^{2+} 浓度成正比关系,与同样处理的标准液进行比色,可求得待测液中 Cu^{2+} 的含量。

试·剂·和·器·材

1. 试剂

(1) 氢氧化铵溶液(氨水溶液):2 mol/L。

(2) 标准 Cu^{2+} 溶液:称取 3.927 g 化学纯 $CuSO_4 \cdot 5H_2O$ 置于 100 mL 容量瓶中,加 40 mL 水溶解,再加入 5 mL 浓 H_2SO_4 防止铜盐水解,最后加水至刻度并充分混匀。

2. 器材

刻度吸量管及微量加样器、721 型分光光度计等。

操·作·步·骤

取试管 3 支,编号,按表 1-4 操作:

表 1-4 铜的比色测定相关数据表

试剂/mL	空白管(B)	标准管(S)	测定管(U)
未知 Cu^{2+} 溶液	—	—	0.5
标准 Cu^{2+} 溶液	—	0.5	—
蒸馏水	2.5	2.0	2.0
NH_4OH(2 mol/L)	2.0	2.0	2.0

室温充分混匀,在 580 nm 波长处,以空白管调零,读取各管吸光度。

结果计算

$$w_{Cu^{2+}} = \frac{A_{测定管}}{A_{标准管}} \times 100\%$$

注意事项

(1) 测定用玻璃器皿必须用去离子水冲洗干净,不得有离子污染。

(2) 标准 Cu^{2+} 溶液有较强的酸性,而氢氧化铵溶液有较强的碱性,使用时应注意安全。

┄┄┄ 实验 3　血糖含量测定(邻甲苯胺法) ┄┄┄

实验目的

(1) 掌握 721 型分光光度计的使用。

(2) 掌握吸量管及微量加样器的使用。

(3) 掌握邻甲苯胺法测血糖的原理。

实验原理

在热的醋酸溶液中,葡萄糖醛基与邻甲苯胺缩合、脱水,生成希夫氏碱,经分子重排生成蓝绿色化合物,其颜色深浅在一定范围内与血糖浓度成正比。

葡萄糖　　　　　　　　　　　　　　　　羟甲基糠醛

羟甲基糠醛　　　　　邻甲苯胺　　　　　　　　醛亚胺(蓝绿色)

试剂和器材

1. 试剂

(1) 邻甲苯胺试剂:称取硫脲 2.5 g,溶于冰醋酸 750 mL 中。将此液转入 1 L 容量瓶内,加邻甲苯胺 150 mL,2.4% 硼酸溶液 100 mL,用冰醋酸定容至刻度。此溶液应置棕色瓶内室温保存,至少可使用 2 个月。新配制试剂应放置 24 h 后待"老化"使用,否则反应产物的吸光度偏低。

(2) 100 mmol/L 葡萄糖标准储存液:称取已干燥至恒重的无水葡萄糖 1.802 g,溶于 12 mmol/L 苯甲酸溶液约 70 mL 中,以 12 mmol/L 苯甲酸溶液定容至 100 mL。2 h 以后方可使用。

(3) 5.0 mmol/L 葡萄糖标准应用液:吸取葡萄糖标准储存液 5.0 mL 放于 100 mL 容量瓶中,用 12 mmol/L 苯甲酸溶液稀释至刻度,混匀。

(4) 0.3 mol/L 三氯醋酸溶液:称取三氯醋酸 5 g,溶于蒸馏水 70 mL 中,然后用蒸馏水定容至 100 mL,混匀即可。

2. 器材

刻度吸量管及微量加样器、721 型分光光度计等。

操作步骤

(1) 取试管 3 支,编号,按表 1-5 操作。

表 1-5　相关数据表

试剂/mL	空白管(B)	标准管(S)	测定管(U)
蒸馏水	0.1	—	—
葡萄糖标准应用液(5.0 mmol/L)	—	0.1	—
血清(血浆)	—	—	0.1
邻甲苯胺试剂	3.0	3.0	3.0

混匀,置于沸水中煮沸 12 min,取出置流水中冷却 3 min,在 630 nm 处比色,以空白管调零,读取各管吸光度。

(2) 严重黄疸、溶血、乳糜样血清需制备无蛋白血滤液:取血清 0.2 mL,与 0.3 mol/L 三氯醋酸溶液 1.8 mL 混匀,室温静置 5 min,离心 5 min 后取上清液按表 1-6 操作。

表 1-6　相关数据表

试剂/mL	空白管(B)	标准管(S)	测定管(U)
0.3 mol/L 三氯醋酸溶液	1.0	0.9	—
葡萄糖标准应用液(5.0 mmol/L)	—	0.1	—
无蛋白血滤液	—	—	1.0
邻甲苯胺试剂	5.0	5.0	5.0

　　混匀,置于沸水浴中煮沸 12 min,取出置流水中冷却 3 min,在波长 630 nm 处比色,以空白管调零,读取各管吸光度。

 结·果·计·算

$$血糖浓度(mmol/L) = \frac{A_{测定管}}{A_{标准管}} \times 5.0$$

 参·考·范·围

　　3.89～6.11 mmol/L。

 注·意·事·项

　　(1) 邻甲苯胺为浅黄色油状液体,易氧化。配制前宜重蒸馏,收集 199～201 ℃ 的馏出部分,此部分馏出液应为无色或浅黄色,然后加入盐酸精胺(1 g/L)防止氧化,置棕色瓶密封、避光保存。

　　(2) 邻甲苯胺在冰醋酸中并不十分稳定,易氧化产生棕色物质而干扰比色,故在邻甲苯胺试剂中加入硫脲,使试剂有抗氧化作用,减少棕色干扰,增加试剂的稳定性,降低空白管的吸光度,并有一定的增色效应。

　　(3) 硼酸与 α-葡萄糖的羟基结合,能促进葡萄糖转为醛式构型,增加反应的活性。

　　(4) 沸水浴时沸水一定要盖过管内的液面,否则温度不均匀,影响显色。

　　(5) 此法受煮沸时间、比色时间、试剂存放时间等因素的影响。一般不宜以校正曲线法进行计算,故每次应同时作标准管比色。

　　(6) 最终反应液偶尔会产生混浊,最常见原因是高脂血症。此时,可向显色液 3 mL中加入异丙醇 1.5 mL,充分混匀;溶解脂质可消除混浊,所测吸光度乘以 1.5。注射右旋糖酐时,由于右旋糖酐不溶于邻甲苯胺试剂而产生混浊;冷水浴太冷时也会出现混浊。

···· 实验 4　血浆(或血清)总蛋白双缩脲比色测定法 ····

实·验·目·的

　　(1) 掌握 721 型分光光度计的使用。

（2）掌握吸量管及微量加样器的使用。

（3）掌握双缩脲法测蛋白的原理。

蛋白质含肽键,在碱性溶液中与铜离子反应,生成紫红色配合物,颜色深浅与蛋白质浓度成正比,与同样处理的标准液比色,可求得待测样品中蛋白质含量。

1.试剂

（1）双缩脲试剂:硫酸铜 2.5 g 加蒸馏水 100 mL,加微热助溶,取酒石酸钾钠 10 g、碘化钾 5 g 溶于 500 mL 水中,再加 15％氢氧化钠溶液 300 mL 混合,然后将硫酸铜溶液倒入,加水 1000 mL,如有暗红色沉淀则弃之不用。

（2）蛋白标准液（70 g/L）。

（3）待测血清。

（4）0.9％NaCl 溶液。

2. 器材

刻度吸量管及微量加样器、721 型分光光度计等。

取试管 3 支,编号,按表 1-7 操作。

表 1-7　相关数据表

试剂/mL	空白管（B）	标准管（S）	测定管（U）
蛋白标准液（70 g/L）	—	0.1	—
血清	—	—	0.1
0.9％NaCl 溶液	0.1	—	—
双缩脲试剂	4.0	4.0	4.0

混匀上述各管,37 ℃水浴 10 min,520 mn 波长比色,空白管调零,记录各管吸光度。

$$w_{蛋白质} = \frac{A_{测定管}}{A_{标准管}} \times 70$$

60～80 g/L。

（1）黄疸血清、严重溶血、葡萄糖、酚酞及磺溴酞钠对本法有明显的干扰,要做标本空

白管来消除。

（2）高脂血症浑浊血清会干扰比色。

实验 5 紫外吸收法测定核酸含量

实·验·目·的

掌握用紫外吸收法测定核酸含量的原理和方法。

实·验·原·理

核苷、核苷酸、核酸的组成成分中都有嘌呤、嘧啶碱基，这些碱基含有共轭双键，它能强烈吸收 250~280 nm 的紫外光。最大吸收峰在 260 nm 左右。比色皿光径 1 cm，波长 260 nm，1 个吸光度相当于大约 50 μg/mL 双螺旋 DNA、40 μg/mL 单螺旋 DNA 或 RNA、20 μg/mL 寡核苷酸。

试·剂·和·器·材

1. 试剂

DNA 溶液、RNA 溶液等。

2. 器材

紫外分光光度计、微量移液器等。

操·作·步·骤

1. DNA 浓度的测定

（1）取 2 μLDNA 溶液，与 48 μL 蒸馏水混合（25 倍稀释）。

（2）用蒸馏水调零，分别测定 260 nm、280 nm、230 nm 的吸光度。

（3）计算：

$$DNA\ 浓度(\mu g/\mu L) = \frac{A_{260} \times 50 \times 稀释倍数}{1000}$$

（4）DNA 的纯度：A_{260}：A_{280} 大约为 1.8。若低于 1.8，表明有蛋白质污染，可用酚或酚-氯仿-异戊醇混合液抽提；高于 2.0 疑有 RNA 污染。A_{260}/A_{230} 大约为 2.5，若比值太小，说明有机杂质残存。

2. RNA 浓度的测定

（1）取 2 μL RNA 溶液，与 48 μL 蒸馏水混合（25 倍稀释）。

（2）用蒸馏水调零，分别测定 260 nm、280 nm、230 nm 的吸光度。

（3）计算：

$$RNA\ 浓度(\mu g/\mu L) = \frac{A_{260} \times 40 \times 稀释倍数}{1000}$$

（4）RNA 的纯度：A_{260}/A_{280} 大约为 2.0。一般在 1.8～2.0 之间都可以接受,若低于 1.8,考虑有蛋白质的污染。

（1）加样量要准确,先将核酸溶液混匀后再加样。

（2）RNA 在空气中极易降解,可用 DEPC 水进行稀释,快速比色。

（马 佳）

第二章
离心分析法

离心技术主要用于各种生物样品的分离和制备,生物样品悬浮液在高速旋转下,由于巨大的离心力作用,使悬浮的微小颗粒(细胞器、生物大分子等)以一定的速度沉降,从而与溶液得以分离,而沉降速度取决于颗粒的质量、大小和密度。离心技术在生物科学,特别是在生物化学和分子生物学研究领域已得到十分广泛的应用,每个生物化学和分子生物学实验室都要装备多种不同型号的离心机。

第一节 原 理

当一个粒子(生物大分子或细胞器)在高速旋转下受到离心力作用时,此离心力"F"由下式定义,即

$$F = ma = m\omega^2 r$$

式中:a——粒子旋转的加速度;

$\quad\quad m$——沉降粒子的有效质量;

$\quad\quad \omega$——粒子旋转的角速度;

$\quad\quad r$——粒子的旋转半径(cm)。

通常离心力用相对离心力"RCF"表示,相对离心力是指在离心场中,作用于颗粒的离心力相当于地球重力的倍数,RCF 可用下式计算:

$$RCF = \frac{\omega^2 r}{980}$$

$$\omega = \frac{2\pi n}{60}$$

故 $$RCF = 1.119 \times 10^{-5} n^2 r$$

式中:n——每分钟转数,r/min。

由上式可见,只要给出旋转半径 r,则 RCF 和 n 之间就可以相互换算。但由于转头的形状及结构上的差异,使每台离心机的离心管从管口至管底的各点与旋转轴之间的距离不一样,所以在计算时规定旋转半径均用平均半径"r_{av}"代替:$r_{av} = (r_{min} + r_{max})/2$,$r$ 的测量如图 2-1 所示。

一般情况下,低速离心时常以转速"r/min"来表示,高速离心时则以"g"表示。计算

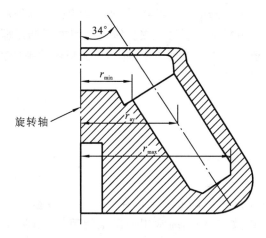

图 2-1　r 测量示意图

颗粒的相对离心力时,应注意离心管与旋转轴中心的距离"r"不同,即沉降颗粒在离心管中所处位置不同,则所受离心力也不同。因此在报告超速离心条件时,通常总是用地心引力的倍数"$\times g$"代替每分钟转数"r/min",因为它可以真实地反映颗粒在离心管内不同位置的离心力及其动态变化。科技文献中离心力的数据通常是指其平均值($\mathrm{RCF_{av}}$),即离心管中点的离心力。

　　为便于进行转速和相对离心力之间的换算,Dole 和 Cotzias 利用相对离心力的计算公式,制作了转速、相对离心力和旋转半径三者关系的列线图,图示法比公式计算法方便。换算时,先在旋转半径标尺上取已知的半径和在转速标尺上取已知的离心机转数,然后在这两点间划一条直线,与相对离心力标尺上的交叉点即为相应的相对离心力数值。注意,若已知的转数值处于转速标尺的右边,则应读取相对离心力标尺右边的数值;转数值处于转速标尺的左边,则应读取相对离心力标尺左边的数值。

第二节　离心机的分类和构造

　　离心机可分为工业用离心机和实验用离心机。实验用离心机又分为制备性离心机和分析性离心机。制备性离心机主要用于分离各种生物材料,每次分离的样品容量比较大。分析性离心机一般都带有光学系统,主要用于研究纯的生物大分子和颗粒的理化性质,依据待测物质在离心场中的行为(用离心机中的光学系统连续监测),能推断物质的纯度、形状和分子质量等。

一、制备性离心机

(一)普通离心机

　　最大转速 6000 r/min 左右,最大相对离心力近 6000g,容量为几十毫升至几升,分离形式是固液沉降分离;转子有角式和外摆式,其转速不能严格控制。通常不带冷冻系统,于室温下操作,用于收集易沉降的大颗粒物质,如红细胞、酵母细胞等。这种离心机多用交流整流子电动机驱动,电机的碳刷易磨损。转速是用电压调压器调节,启动电流大,速度升降不均匀;转头一般是置于一个硬质钢轴上,因此精确地平衡离心管及内容物就极为重要,否则会损坏离心机。

(二) 高速冷冻离心机

最大转速为 20000～25000 r/min,最大相对离心力为 89000g,最大容量可达 3 L,分离形式也是固液沉降分离;配有各种角式转头、荡平式转头、区带转头、垂直转头和大容量连续流动式转头,一般都有制冷系统,以消除高速旋转转头与空气之间摩擦而产生的热量,离心室的温度可以调节和维持在 0～4 ℃;转速、温度和时间都可以严格、准确地控制,并有指针或数字显示,通常用于微生物菌体、细胞碎片、大细胞器、免疫沉淀物等的分离纯化工作,但不能有效地沉降病毒、小细胞器(如核蛋白体)或单个分子。

(三) 超速离心机

转速可达 50000～80000 r/min,相对离心力最大可达 510000g,离心容量由几十毫升至 2 L,分离的形式是差速沉降分离和密度梯度区带分离;离心管平衡允许的误差要小于 0.1 g。超速离心机的出现,使生物科学的研究领域有了新的扩展,它能使过去仅仅在电子显微镜下观察到的亚细胞器得到分级分离,还可以分离病毒、核酸、蛋白质和多糖等。

超速离心机主要由驱动和速度控制、温度控制、真空系统和转头四部分组成。超速离心机的驱动装置是由水冷或风冷电动机通过精密齿轮箱或皮带变速,或直接用变频感应电机驱动,并由微机进行控制。由于驱动轴的直径较细,因而在旋转时此细轴可有一定的弹性弯曲,以适应转头轻度的不平衡,而不至于引起振动或转轴损伤。除速度控制系统外,还有一个过速保护系统,以防止转速超过转头最大规定转速而引起转头的撕裂或爆炸,为此,离心腔用能承受此种爆炸的装甲钢板密闭。

超速离心机的温度控制是由安装在转头下面的红外线射量感受器直接并连续监测离心腔的温度,以保证更准确、更灵敏的温度调控,这种红外线温控比高速离心机的热电偶控制装置更敏感、更准确。

超速离心机装有真空系统,这是它与高速离心机的主要区别。离心机的速度在 2000 r/min 以下时,空气与旋转转头之间的摩擦只产生少量的热,速度超过 20000 r/min 时,由摩擦产生的热量显著增大,当速度在 40000 r/min 以上时,由摩擦产生的热量就成为严重的问题,为此,将离心腔密封,并由机械泵和扩散泵串联工作的真空泵系统抽成真空,温度的变化容易控制,摩擦力很小,这样才能达到所需的超高转速。

二、分析性离心机

分析性离心机使用了特殊设计的转头和光学检测系统,以便连续地监测物质在一个离心场中的沉降过程,从而确定其物理性质。

分析性离心机的转头是椭圆形的,以避免应力集中于孔处。此转头通过一个有柔性的轴连接到一个高速的驱动装置上,转头在一个冷冻的和真空的腔中旋转,转头上有 2～6 个装离心杯的小室,离心杯是扇形石英的,可以上、下透光,离心机中装有一个光学系统,在整个离心期间都能通过紫外吸收或折射率的变化监测离心杯中沉降着的物质,在预定的期间可以拍摄沉降物质的照片。在分析离心杯中物质沉降情况时,在重颗粒和轻颗粒之间形成的界面就像一个折射的透镜,结果在检测系统的照像底板上产生了一个"峰",由于沉降不断进行,界面向前推进,因此峰也不断移动,从峰移动的速度可以计算出样品颗粒的沉降速度。

分析性离心机的主要特点就是能在短时间内,用少量样品就可以得到一些重要信息,能够确定生物大分子是否存在及其大致的含量,计算生物大分子的沉降系数,结合界面扩散,估计分子的大小,检测分子的不均一性及混合物中各组分的比例,测定生物大分子的分子质量,还可以检测生物大分子的构象变化等。

三、离心机的主要构造

(一) 转头

离心机的转头是当代离心机发展的重要内容之一,正确地选择转头有利于获得良好的实验结果。自 20 世纪 50 年代至今已有上百种转头出现。常用的转头有以下 5 种。

1. 角式转头

角式转头是指离心管腔与转轴成一定倾角的转头。它是由一块完整的金属制成的,其上有 4～12 个装离心管用的机制孔穴,即离心管腔,孔穴的中心轴与旋转轴之间的角度在 20°～40°之间,角度越大沉降越结实,分离效果越好。这种转头的优点是具有较大的容量,且重心低,运转平衡,寿命较长。颗粒在沉降时先沿离心力方向撞向离心管,然后沿管壁滑向管底(图 2-2),因此管的一侧就会出现颗粒沉积,此现象称为"壁效应",壁效应容易使沉降颗粒受突然变速所产生的对流扰乱,影响分离效果。

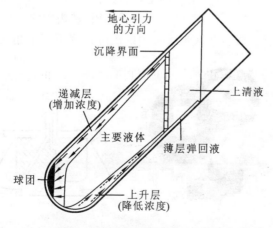

图 2-2 角式转头壁效应示意图

2. 荡平式转头

这种转头是由吊着的 4 或 6 个自由活动的吊桶(离心套管)构成。当转头静止时,吊桶垂直悬挂(图 2-3(a)),当转头转速达到 200～800 r/min 时,吊桶荡至水平位置(图 2-3(b)),这种转头最适合作密度梯度区带离心,其优点是梯度物质可放在保持垂直的离心管中,离心时被分离的样品带垂直于离心管纵轴,而不像角式转头中样品沉淀物的界面与离心管成一定角度,因而有利于离心结束后由管内分层取出已分离的各样品带。其缺点是颗粒沉降距离长,离心所需时间也长。如图 2-3(a)所示,转头静止时,吊桶垂直悬挂;如图 2-3(b)、(c)所示,转头 200～800 r/min 时吊桶荡至水平;如图 2-3(d)所示,离心停止,吊桶垂直。

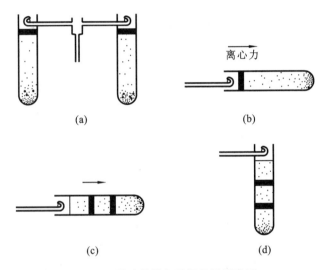

图 2-3 转头旋转与吊桶位置示意图

3. 区带转头

区带转头无离心管,主要由一个转子桶和可旋开的顶盖组成,转子桶中装有十字形隔板装置,把桶内分隔成 4 个或多个扇形小室,隔板内有导管(图 2-4),梯度液或样品液从转头中央的进液管泵入,通过这些导管分布到转子四周,转头内的隔板可保持样品带和梯度介质的稳定。沉降的样品颗粒在区带转头中的沉降情况不同于角式和外摆式转头,在径

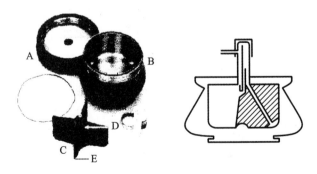

图 2-4 区带转头及其截面示意图

向的散射离心力作用下,颗粒的沉降距离不变,因此区带转头的"壁效应"极小,可以避免区带和沉降颗粒的紊乱,分离效果好(图 2-5)。而且还有转速高,容量大,回收梯度容易和不影响分辨率的优点,使超速离心用于制备和工业生产成为可能。区带转头的缺点是样品和介质直接接触转头,耐腐蚀要求高,操作复杂。

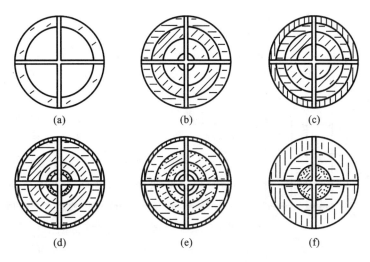

图 2-5 区带转头壁效应示意图

4. 垂直转头

其离心管是垂直放置,样品颗粒的沉降距离最短,离心所需时间也短,适合用于密度梯度区带离心,离心结束后液面和样品区带要做 90°转向,因而降速要慢。

5. 连续流动转头

可用于大量培养液或提取液的浓缩与分离,转头与区带转头类似,由转子桶和有入口和出口的转头盖及附属装置组成,离心时样品液由入口连续流入转头,在离心力作用下,悬浮颗粒沉降于转子桶壁,上清液由出口流出。

(二)离心管

离心管主要用塑料和不锈钢制成,塑料离心管常用材料有聚乙烯(PE)、聚碳酸酯(PC)、聚丙烯(PP)等,其中 PP 管性能较好。塑料离心管的优点是透明(或半透明),硬度小,可用穿刺法取出梯度。缺点是易变形、抗有机溶剂腐蚀性差、使用寿命短。不锈钢管强度大,不变形,能抗热、抗冻、抗化学腐蚀。但用时也应避免接触强腐蚀性的化学药品,如强酸、强碱等。塑料离心管都有管盖,离心前管盖必须盖严,倒置不漏液。管盖有三种作用。

(1)防止样品外泄。用于有放射性或强腐蚀性的样品时,这点尤其重要。

(2)防止样品挥发。

(3)支持离心管,防止离心管变形。

第三节 离心方法

一、差速沉降离心法

这是最普通的离心法。即采用逐渐增加离心速度或低速和高速交替进行离心,使沉降速度不同的颗粒,在不同的离心速度及不同的离心时间下分批分离的方法。此法一般用于分离沉降系数相差较大的颗粒。

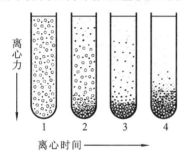

离心力 →

离心时间 →

图 2-6 不同离心力与离心时间对
离心效果影响的示意图

差速离心首先要选择好颗粒沉降所需的离心力和离心时间。当以一定的离心力在一定的离心时间内进行离心时,在离心管底部就会得到最大和最重颗粒的沉淀,分出的上清液在加大转速下再进行离心,又得到第二部分较大、较重颗粒的沉淀及含较小和较轻颗粒的上清液,如此多次离心处理,即能把液体中的不同颗粒较好地分离开(图 2-6)。此法所得的沉淀是不均一的,仍杂有其他成分,需经过 2～3 次的再悬浮和再离心,才能得到较纯的颗粒。

此法主要用于组织匀浆液中分离细胞器和病毒,其优点:操作简易,离心后用倾倒法即可将上清液与沉淀分开,并可使用容量较大的角式转子。缺点:需多次离心,沉淀中有夹带、分离效果差,不能一次得到纯颗粒,沉淀于管底的颗粒受挤压,容易变性失活。

二、密度梯度区带离心法

密度梯度区带离心法,简称区带离心法,是将样品加在惰性梯度介质中进行离心沉降或沉降平衡,在一定的离心力下把颗粒分配到梯度中某些特定位置上,形成不同区带的分离方法。

此法的优点:①分离效果好,可一次获得较纯颗粒;②适应范围广,能像差速离心法一样分离具有沉降系数差的颗粒,又能分离有一定浮力密度差的颗粒;③颗粒不会挤压变形,能保持颗粒活性,并防止已形成的区带由于对流而引起混合。

此法的缺点:①离心时间较长;②需要制备惰性梯度介质溶液;③操作严格,不易掌握。

密度梯度区带离心法又可分为两种。

(一) 差速区带离心法

当不同的颗粒间存在沉降速度差时(不需要像差速沉降离心法所要求的那样大的沉降系数差),在一定的离心力作用下,颗粒各自以一定的速度沉降,在密度梯度介质的不同区域上形成区带的方法称为差速区带离心法。此法仅用于分离有一定沉降系数差的颗粒

（20％的沉降系数差或更少）或分子质量相差 3 倍的蛋白质（图 2-7），与颗粒的密度无关。大小相同，密度不同的颗粒（如线粒体、溶酶体等）不能用此法分离。

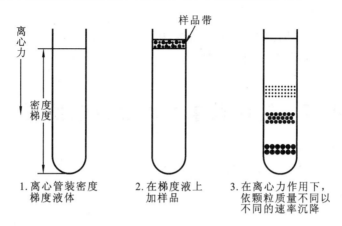

图 2-7　差速区带离心示意图

离心管先装好密度梯度介质溶液，样品液加在梯度介质的液面上，离心时，由于离心力的作用，颗粒离开原样品层，按不同沉降速度向管底沉降，离心一定时间后，沉降的颗粒逐渐分开，最后形成一系列界面清楚的不连续区带，沉降系数越大，往下沉降越快，所呈现的区带也越低。离心必须在沉降最快的大颗粒到达管底前结束，样品颗粒的密度要大于梯度介质的密度。梯度介质通常用蔗糖溶液，其最大密度和浓度可达 1.28 kg/cm³ 和 60%。此离心法的关键是选择合适的离心转速和时间。

（二）等密度区带离心法

离心管中预先放置好梯度介质，样品加在梯度液面上，或样品预先与梯度介质溶液混合后装入离心管，通过离心形成梯度，这就是预形成梯度和离心形成梯度的等密度区带离心产生梯度的两种方式。

离心时，样品的不同颗粒向上浮起，一直移动到与它们的密度相等的等密度点的特定梯度位置上，形成几条不同的区带，即为等密度离心法（图 2-8）。体系到达平衡状态后，再延长离心时间和提高转速已无意义，处于等密度点上的样品颗粒的区带形状和位置均不再受离心时间的影响，而提高转速可以缩短达到平衡的时间，离心所需时间以最小颗粒到达等密度点（即平衡点）的时间为基准，有时可长达数日。

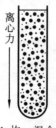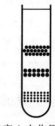

1. 均一混合样品和梯度

2. 在离心力作用下，梯度重新分配等密度颗粒在同一位置

图 2-8　等密度区带离心示意图

等密度区带离心法的分离效率取决于样品颗粒的浮力密度差，密度差越大，分离效果越好，与颗粒大小和形状无关，但大小和形状决定着达到平衡的速度、时间和区带宽度。

等密度区带离心收集区带的方法有许多种，例如：①用注射器和滴管由离心管上部吸出;②由针刺穿离心管底部滴出;③用针刺穿离心管区带部分的管壁,把样品区带抽出;④用一根细管插入离心管底,泵入超过梯度介质最大密度的取代液,将样品和梯度介质压出,用自动部分收集器收集。

等密度区带离心法所用的梯度介质通常为氯化铯 CsCl,其密度可达 $1.7\ g/cm^3$。此法可分离核酸、亚细胞器等,也可分离复合蛋白质,但简单蛋白质不适用。

第四节 普通教学用离心机的使用方法

LD-2A 型离心机为教学常用离心机。

(一) 转速范围

0~3800 r/min。

(二) 可控时间

0~60 min。

(三) 使用方法

(1) 将所离心溶液移入离心管中,把离心管插入离心桶内。

(2) 将天平调节平衡。

(3) 将两个离心桶放在天平上,用滴管吸取自来水加入较轻的一侧离心桶内,调节平衡。

(4) 将平衡后的两个离心桶对称插入离心机的托架上,盖好离心机盖子。

(5) 开启电源"POWER"按钮,指示灯亮。

(6) 设定时间"TIME"旋钮至 0~60 min。

(7) 按"START"按钮后,使"SPEED"旋钮至所需转速。

(8) 离心结束后,使 SPEED 还原至 0,取出离心桶。

(9) 盖好离心机盖,关闭电源"POWER"按钮,把离心桶倒置在桌面上。

(四) 注意事项

(1) 最高转速为 4000 r/min,通常使用最高转速为 3800 r/min。

(2) 平衡后的两个离心桶必须对称插入离心机托架上,且盖好机盖。

(3) 调转速应平稳、缓慢,即缓慢顺时针调"SPEED"旋钮至所需转速。

(4) 离心结束后,将"SPEED"旋钮还原,取出离心桶,并倒置于桌面上。

(5) 将使用时间、转速及使用情况登记在使用记录本上。

实验 6 动物组织中核酸的提取与鉴定

实·验·目·的

熟悉动物组织中 DNA 与 RNA 分离、提取、鉴定的实验原理和实验方法。

实·验·原·理

（一）组织核酸的分离提取

动物组织细胞中的核糖核酸（RNA）与脱氧核糖核酸（DNA）大部分与蛋白质结合，以核蛋白形式存在。三氯醋酸能使核蛋白与其他蛋白质发生沉淀；用 95％乙醇与沉淀共热时，可以去除沉淀中的脂溶性物质。核酸溶于 10％氯化钠溶液而不溶于乙醇，故用 10％氯化钠溶液，从沉淀中抽提出核酸钠盐，在抽提液中加入乙醇可使核酸钠沉淀析出。

（二）核酸的水解与鉴定

核酸在强酸溶液中煮沸，即得核酸的水解液，RNA 与 DNA 被水解产生磷酸、有机碱（嘌呤与嘧啶）和戊糖（RNA 为核糖，DNA 为脱氧核糖），可分别鉴定之。

（1）磷酸能与钼酸铵作用生成磷钼酸，后者在还原剂氨基萘酚磺酸作用下，形成蓝色的钼蓝。

（2）含羟基的嘌呤碱能与硝酸银作用生成灰白色的絮状嘌呤银盐。

（3）核糖与浓盐酸或浓硫酸作用生成糖醛，后者能和 3,5-二羟甲苯反应，在 Fe^{3+} 或 Cu^{2+} 作用下，生成鲜绿色化合物。

（4）脱氧核糖与浓硫酸作用生成 ω-羟基-γ-酮基戊醛，它与二苯胺反应生成蓝色化合物。

试·剂·和·器·材

1. 试剂

（1）新鲜肝组织。

（2）0.9％氯化钠溶液。

（3）10％氯化钠溶液。

（4）5％三氯醋酸溶液。

（5）15％三氯醋酸溶液。

（6）95％乙醇溶液。

（7）二苯胺试剂：称取二苯胺结晶 1 g 溶于 100 mL 冰醋酸中，再加入浓 H_2SO_4

2.75 mL,临用前再加入 1.6% 乙醛溶液 0.5 mL。储于棕色瓶中,放入冰箱内保存。

（8）3,5-二羟甲苯试剂:取相对密度为 1.19 的 HCl 溶液 100 mL,加入 $FeCl_3 \cdot 6H_2O$ 100 mL,重结晶 3,5-二羟甲苯 100 mg,混匀溶解后,置于棕色瓶中,此试剂可用一周,颜色变绿即已变质,不能使用。

（9）浓氨水。

（10）5% $AgNO_3$ 溶液。

（11）钼酸铵试剂:取 2.5 g 钼酸铵溶于 20 mL 水中,加入 5 mol/L H_2SO_4 溶液 30 mL,用蒸馏水稀释至 100 mL。此试剂可在冷处保存 1 个月不变质。

（12）氨基萘酚磺酸:商品氨基萘酚磺酸为暗红色,可在 100 mL 热水（90 ℃）中溶解 15 g $NaHSO_3$ 及 1 g Na_2SO_3,加 1.5 g 氨基萘酚磺酸,搅匀使其大部分溶解（仅少量杂质不溶解）,趁热过滤,再迅速使滤液冷却,从而提纯。加 1 mL 浓盐酸（12 mol/L）,则有白色氨基萘酚磺酸沉淀析出。过滤并用水洗涤固体数次,再用乙醇洗涤,直至纯白色为止。最后用乙醚洗涤,并将固体放置在暗处,使乙醚挥发。将此提纯的氨基萘酚磺酸保存于棕色瓶中。

取 195 mL 的 15% $NaHSO_3$ 溶液,加入 0.5 g 提纯的氨基萘酚磺酸及 20% Na_2SO_3 溶液 5 mL,在热水浴中搅拌使固体溶解（如不能全部溶解,可再加 20% Na_2SO_3 溶液数滴,但以 1.0 mL 为限度）,此为浓溶液,置冷处可存放 2～3 周。使用时用蒸馏水稀释 10 倍。

2. 器材

离心机、刻度离心管、沸水浴、研钵、722 型分光光度计、带有长玻璃管的胶塞等。

操·作·步·骤

（一）组织 DNA 与 RNA 的分离、提取

1. 制备匀浆

取新鲜肝组织 1 g,用生理盐水洗去血液,放入研钵中,用剪刀剪碎,加入 15% 三氯醋酸溶液约 1 mL,充分研磨成肝匀浆。

2. 分离提取

将上述肝匀浆全部倾入 10 mL 刻度离心管中,再以少量 15% 三氯醋酸溶液,分两次将研钵中肝匀浆洗入离心管中,重复三次。最后加至 10 mL,用玻璃棒搅匀,静置 2～3 min 后离心 3 min（2500 r/min）。

倾去上清液,往沉淀中加入 95% 乙醇溶液 5 mL,搅匀,再用带长玻璃管的塞子,塞紧离心管的管口,在水浴中加热,沸腾 2 min,注意乙醇沸腾后应将火力减小,避免突然沸腾喷出,损失离心管内样品。待冷却后离心 5 min（3000 r/min）。

倾去上层乙醇液,将离心管倒置于滤纸上,吸干上清液,再向沉淀中加入 10% 氯化钠溶液 4 mL,搅匀,置于沸水浴中不断用玻璃棒搅匀,共加热 8 min,取出冷却后离心 3 min（2500 r/min）。

将上清液倒入另一洁净的离心管中,取等量 95% 乙醇溶液,逐滴加入该管内,混匀,可见白色沉淀逐渐析出,静置 10 min,离心 5 min(3000 r/min);倾去上清液,管底白色沉淀物即核酸钠。

（二）核酸的水解与鉴定

1. 核酸水解

向有核酸钠沉淀的离心管中加入 5% 三氯醋酸溶液 5 mL,用玻璃棒搅匀,再用带长玻璃管的塞子塞紧管口,于沸水浴中加热 15 min,加入 5% 三氯醋酸溶液至 10 mL 刻度处,即得核酸的水解液。

2. 核酸水解成分的鉴定

（1）嘌呤的鉴定:取小试管 1 支,依次添加核酸水解液 20 滴、浓氨水 5 滴及 5% $AgNO_3$ 溶液 10 滴,加入 $AgNO_3$ 溶液后,观察试管内有何变化。静置 15 min,进一步观察管内沉淀情况。

（2）磷酸的鉴定:取小试管 1 支,依次添加核酸水解液 10 滴、钼酸铵试剂 5 滴及氨基萘酚磺酸 20 滴,放置数分钟,观察试管内颜色有何变化。

（3）核糖的鉴定:取小试管 1 支,依次添加核酸水解液 0.1 mL、蒸馏水 1.9 mL 及 3,5-二羟甲苯试剂 3.0 mL,充分混匀后,置沸水浴中煮沸 25 min,取出冷却,观察颜色变化。

（4）脱氧核糖的鉴定:取小试管 1 支,添加核酸水解液 2.0 mL 及二苯胺试剂 4.0 mL,混匀,沸水浴中加热 15 min,取出冷却后,观察颜色变化。

注·意·事·项

（1）研磨要充分。

（2）放入乙醇溶液后,在沸水浴中加热时要特别注意乙醇沸点低,容易沸腾喷出,应随时观察。

（3）二苯胺试剂及 3,5-二羟甲苯试剂是用浓酸配制的,浓酸具有高度腐蚀性,易引起严重的烧伤,在操作中应注意,不要洒在身上、桌上及仪器上,比色后的废液,倒入废液缸中。

实验7 肝细胞核的分离提纯与鉴定

实·验·目·的

了解细胞核分离、提纯与鉴定的方法。

实·验·原·理

为研究细胞核及其组分(如染色质、DNA、胞核酶等)需分离制备细胞核。对于所分离的细胞核,要求保持形态上的完整性,核内成分不渗漏,并且有较高的获得率,常用的方法是高密度介质的分离方法。

在柠檬酸介质中分离细胞核可以有效地除去附着于细胞核膜上的细胞质成分。由于柠檬酸降低了溶液的 pH 值,可以减少细胞核的破碎率,从而减少核内成分对胞质的污染,并提高胞核的获得率。柠檬酸还能抑制 DNA 酶而维持染色质中 DNA 的正常。将此种细胞核保存在含有少量 Ca^{2+} 的等渗蔗糖溶液(0.25 mol/L)中,既可以保持细胞核正常的形态结构,又可以防止细胞核的凝集现象,使细胞核分散于介质之中。

用均一的低浓度介质离心分离细胞核,则凡是近于或大于细胞核的颗粒或结构(如细胞膜碎片、未破碎的完整细胞等)皆易随细胞核一起很快沉下来,得到的仅是细胞核的粗制品。如果让细胞核在离心沉淀时,通过 0.88 mol/L 或更高浓度(通常可高至 2.2 mol/L)的高渗蔗糖溶液,进行梯度离心,并适当调整离心速度,可使细胞核单独通过高渗介质沉淀到管底,从而与其他有形成分分开。再经洗涤,就可以得到较纯净的细胞核制剂,通过染色后的形态和颜色观察,即可鉴定分离出的细胞核。

试剂和器材

1. 试剂

(1) 0.9% NaCl 溶液、1.5% 柠檬酸钠溶液。

(2) 0.25 mol/L 蔗糖柠檬酸溶液(含 3.3 mol/L $CaCl_2$):蔗糖 86 g,$CaCl_2$ 363 mg,用 1.5% 柠檬酸溶液配制,总量 1000 mL。

(3) 0.88 mol/L 蔗糖柠檬酸溶液:蔗糖 306 g,$CaCl_2$ 363 mg,用 1.5% 柠檬酸溶液配制,总量 1000 mL。

(4) 0.05 mol/L Tris-HCl-NaCl 缓冲液(pH 7.5):取 0.2 mol/L Tris-HCl 250 mL,加入 NaCl 8.7 g,用蒸馏水稀释到 1000 mL。

2. 器材

组织捣碎机、低速离心机、离心管、玻璃棒、滴管、吸量管、试管及试管架等。

操作步骤

(1) 匀浆制备:称取肝脏 20 g,用生理盐水洗净,剪碎,置于匀浆机内,加入 1.5% 柠檬酸钠溶液 80 mL,匀浆 1~2 min,再加入 1.5% 柠檬酸钠溶液 40 mL,混匀。

(2) 取肝匀浆 5 mL,置离心管内,2500 r/min 离心 10 min,小心取出上清液移入另一离心管内,沉淀留用。上清液再次离心。上清液留用,此为细胞质,沉淀弃之。

(3) 在上述沉淀中加入 1.5% 柠檬酸钠溶液 4 mL,搅匀,2500 r/min 离心 10 min,小心除去上清液。往沉淀中加入 0.25 mol/L 蔗糖柠檬酸溶液 2 mL,搅匀(此乃粗制的核悬液)。

(4) 另取小试管 4 支,每管加入 0.88 mol/L 蔗糖柠檬酸溶液 4.5 mL,小心加入粗制的核悬液 0.5 mL(用滴管),使其呈界面。1000 r/min 离心 10~15 min。小心除去上清液(此步为梯度离心)。

(5) 向上步得到的沉淀中加入 0.05 mol/L Tris-HCl-NaCl 缓冲液 3.0 mL,搅匀,2000 r/min 离心 10 min,小心吸去上清液。再重复一次,倾去上清液后,试管倒立于滤纸上,尽量吸干液体。此为核沉淀,留用。

（6）形态鉴别:分别将肝匀浆、肝细胞核、肝细胞质涂片,涂片干燥(可 40 ℃ 烘干)后滴加苏木精染色液染色 2 min,清水漂洗后晾干或烘干。再滴加伊红染色液数滴染色 2～3 min,清水漂洗后晾干或烘干。光学显微镜观察比较其形态和数量。染色红色为细胞膜和细胞质,染色蓝色为细胞核。

注·意·事·项

（1）研磨要充分。

（2）注意离心机的正确使用。

（3）离心后,要小心取出或去除上清液。

（王桂云　张　杰）

第三章

电泳技术

1908 年,俄国物理学家 Pейce 观察到黏土颗粒的电泳现象。1909 年 Michaelis 首次将胶体离子在电场中的移动称为电泳。1937 年瑞典学者 Tiselius 成功地研制了用界面电泳仪进行血清蛋白质电泳,之后电泳技术逐步得到应用。1948 年 Wieland 和 Fischer 研制了以滤纸作为支持介质的电泳方法,之后,各种固体物质,如纤维素粉、醋酸纤维素薄膜、琼脂凝胶、淀粉凝胶等都被作为支持介质应用于电泳中。1959 年 Raymond 和 Weintraub 利用人工合成的凝胶作为支持介质,创建了聚丙烯酰胺凝胶电泳,极大地提高了电泳技术的分辨率,开创了近代电泳的新时代。20 世纪 80 年代发展起来的毛细管电泳技术,是生物化学分析鉴定技术的重要新发展,受到人们的充分重视。目前电泳技术已成为分子生物学研究工作中不可缺少的重要分析手段,被广泛应用于基础理论研究、医药卫生、工业生产、农业科学、国防科研、环境保护、法医学以及商检等众多领域。

第一节 电泳的基本原理

一、电泳的基本原理

电泳(electrophoresis)技术是指在电场作用下,带电颗粒由于所带电荷不同及分子大小差异而有不同的迁移行为,从而彼此分离开来的一种实验技术。许多生物分子(如蛋白质、核酸等)都带有电荷,其电荷的多少取决于分子性质及其所在介质的 pH 值和组成,由于混合物中各组分所带电荷性质、电荷数量以及分子质量的不同,在同一电场的作用下,各组分泳动的方向和速度也各异,因此,在一定时间内,由于各组分移动距离的不同,从而达到分离、鉴定各组分的目的。

设一带电颗粒在电场所受的力为 F,F 的大小取决于质点所带电荷 Q 和电场强度 E,即

$$F = QE$$

根据 Stokes 定律,一球形的颗粒运动时所受的阻力 F' 与分子运动的速度 v、分子的半径 r、介质的黏度 η 的关系为

$$F' = 6\pi r \eta v$$

当带电颗粒匀速移动时,$F = F'$,达到动态平衡:

$$QE = 6\pi r\eta v$$

移项得

$$\frac{v}{E} = \frac{Q}{6\pi\eta} \tag{3-1}$$

$\frac{v}{E}$ 表示带电颗粒在单位电场强度下的运动速度,称为迁移率,也称为电泳速度,以 m 表示,即

$$m = \frac{v}{E} = \frac{Q}{6\pi r\eta} \tag{3-2}$$

由式(3-2)可见,带电颗粒的迁移率不仅取决于其本身所带的电荷,而且还与电场强度、介质的 pH 值、离子强度、黏度、电渗等因素有关。

二、电泳所需的仪器

电泳所需的仪器有电泳槽和电源。

(一) 电泳槽

电泳槽是电泳系统的核心部分,根据电泳的原理,电泳支持物都放在两个缓冲液之间,电场通过电泳支持物连接两种缓冲液,不同的电泳采用不同的电泳槽。常用的电泳槽如下。

1. 圆盘电泳槽

有上、下两个电泳槽和带有铂金电极的盖子。上槽中有若干孔,不用时用硅胶塞塞住。要用的孔配以可插电泳管(玻璃管)的硅胶塞。电泳管的内径早期为 5～7 mm,为保证冷却和微量化,现在则越来越细。

2. 垂直板电泳槽

垂直板电泳槽的基本原理和结构与圆盘电泳槽基本相同。差别只在于制胶和电泳不在电泳管中,而是在两块垂直放置的平行玻璃板中间进行,常用于聚丙烯酰胺凝胶电泳中蛋白质的分离。

3. 水平电泳槽

水平电泳槽的形状各异,但结构大致相同。一般包括电泳槽基座、冷却板和电极。

(二) 电源

电源提供直流电,在电泳槽中产生电场,驱动带电颗粒的移动。电泳速度和分辨率与电泳时的电参数密切相关。不同的电泳技术需要不同的电压、电流和功率范围,所以主要根据电泳技术的需要选择电源。

三、电泳的分类

(一) 根据工作原理的不同分类

移界电泳、区带电泳、等速电泳、等电聚焦电泳、免疫电泳等。

（二）根据有无固体支持物分类

自由电泳和支持物电泳。

（三）根据支持载体的装置形式分类

水平电泳、垂直电泳、板状电泳、柱状电泳、U 形管电泳、倒 V 字形电泳、毛细管电泳等。

（四）根据支持物的物理性状不同分类

（1）滤纸及其他纤维素（醋酸纤维素、玻璃纤维素、聚氯乙烯纤维素等）薄膜电泳。
（2）粉末（纤维粉、淀粉、玻璃粉等）电泳。
（3）凝胶（琼脂、琼脂糖、硅胶、淀粉胶、聚丙烯酰胺凝胶等）电泳。
（4）丝线（尼龙丝、人造丝等）电泳。

（五）根据电源控制的不同分类

恒压电泳、恒流电泳、恒功率电泳。

（六）根据自动化程度的不同分类

半自动和全自动型。

（七）根据其功能的不同分类

制备电泳、分析电泳、定量免疫电泳、连续制备电泳等。

（八）根据用法的类型分类

双向电泳、交叉电泳、连续纸电泳、电泳-层析相结合技术等。

（九）根据不同的使用目的分类

核酸电泳、血清蛋白电泳、制备电泳、DNA 测序电泳等。

第二节　影响电泳分离的主要因素

电场、带电颗粒和促使带电颗粒移动的介质是电泳的三大要素。影响迁移率的因素很多，主要和被分离物质的性质、电泳缓冲液、电场、支持介质等有关。

一、待分离生物大分子的性质

待分离生物大分子所带的电荷、分子大小和形状都会对电泳产生直接的影响。一般来说，分子所带的净电荷量越大、直径越小、形状越接近球形，其电泳迁移速度越快。

二、缓冲液的性质

1. 缓冲液的 pH 值

缓冲液的 pH 值会影响待分离生物大分子的解离程度。溶液 pH 值距离其等电点越远,其所带净电荷量则越大,电泳速度越快。对于蛋白质等两性分子,缓冲液的 pH 值还会影响到其电泳方向,当缓冲液 pH 值大于蛋白质等电点时,蛋白质分子带负电荷,向正极泳动。

2. 缓冲液的离子强度

溶液的离子强度(ion intensity)是指溶液中各离子的物质的量浓度与离子价数平方的积的总和的 1/2。增加缓冲液离子强度,缓冲液所载的电流随之增加,样品所载的电流则降低,因此降低了样品的迁移率。同时,离子强度的增加使得总电流增加,热量的产生增多。降低离子强度时,缓冲液所载的电流下降,样品所载的电流增加,因此加速了样品的迁移。低离子强度的缓冲液降低了总电流,结果减少了热量的产生,但是扩散较严重,使分辨力明显降低。所以,选择离子强度时必须两者兼顾,一般离子强度的选择范围在 $0.02\sim0.2$ mol/L 之间。

溶液离子强度的计算:

$$I = \frac{1}{2} \sum c_i Z_i^2$$

式中:I——离子强度;

c_i——物质的量浓度;

Z_i^2——离子的价数。

如:0.154 mol/L 氯化钠溶液的离子强度

$$I = \frac{1}{2} \sum (0.154 \times 1^2 + 0.154 \times 1^2) = 0.154$$

0.1 mol/L 硫酸锌溶液的离子强度

$$I = \frac{1}{2} \sum (0.1 \times 2^2 + 0.1 \times 2^2) = 0.4$$

三、电场强度

电场强度和电泳速度成正比关系。电场强度越大,电泳速度越快。但过高的电场强度会引起通过介质的电流增大,而造成电泳过程产生的热量增加。温度升高,容易使某些样品如蛋白质发生变性;使溶液的扩散速度增加,易出现样品分离带增宽的现象;使溶液产生对流,引起待分离物的混合;使缓冲液中水分蒸发过多,支持物(滤纸、薄膜或凝胶等)上离子强度增加。降低电流,可以减小生热,但会延长电泳时间,引起待分离物扩散的增加而影响分离效果。所以电泳实验中应选择适当的电场强度,可以适当冷却,降低温度以获得较好的分离效果。

根据实验的需要,电泳可分为两种:一种是高压电泳,电压在 $500\sim1000$ V 或更高。由于电压高,电泳时间短(有的样品仅需数分钟),适用于低分子化合物的分离,如氨基酸、无机离子等。另一种为常压电泳,产热量小,无需冷却装置,一般分离时间较长。

四、电渗现象

电渗现象的产生与缓冲液的水分子和支持介质的表面之间所产生的一种相关电荷有关。支持介质表面会存在一些带电基团,如滤纸表面通常有一些羧基,琼脂可能会含有一些硫酸基,而玻璃表面通常有 Si-OH 基团等。这些基团电离后会使支持介质表面带电,介质周围由此吸附一些带相反电荷的离子,在电场的作用下向电极方向移动,形成介质表面溶液的流动。因此,将电场中液体对固体支持介质的移动称为电渗(图 3-1)。

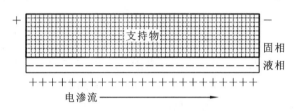

图 3-1　电渗示意图

如滤纸含有表面带负电荷的羧基,滤纸周围的溶液因而带有正电荷,向着负极移动。由于电渗现象与电泳同时存在,所以电泳粒子的移动距离也受电渗影响,如纸上电泳蛋白质移动的方向与电渗现象相反,则实际上蛋白质泳动的距离,等于电泳距离减去电渗距离。如电泳方向和电渗方向一致,则蛋白质移动距离等于电泳距离和电渗距离相加。电渗现象所造成的移动距离可用不带电的有色染料或有色葡聚糖点在支持物的中间,观察电渗方向和距离。

五、支持介质的筛孔

在电泳凝胶中,半刚性支持介质(凝胶)的分子筛特性有助于分离不仅在电泳移动率方面有所区别而且在大小和形状上也有所不同的生物大分子,如蛋白质、核酸等。凝胶介质是由高分子化合物链自由缠绕构成的一种筛样结构,其孔径大小可以在一定范围内有所不同,从而使之适合于特殊的分析。琼脂、淀粉和聚丙烯酰胺凝胶的分子筛原理基本相似,大分子的移动随凝胶交联度的增加、孔径的减少,而阻力逐渐增加。因此支持介质的筛孔大小对待分离生物大分子的电泳迁移速度有明显的影响,在筛孔大的介质中泳动速度快,反之则泳动速度慢。

第三节　电泳技术的应用

1946 年瑞典物理化学家 Tiselius 教授研制的商品化移界电泳系统问世以来,电泳技术得以迅速发展。20 世纪 60 年代至 20 世纪 70 年代,随着滤纸、琼脂糖凝胶、聚丙烯酰胺凝胶等介质的相继引入,使丰富多彩的电泳技术得以广泛应用。电泳技术除了用于小分子物质(如氨基酸、核苷酸、多肽、有机物、无机离子等)的分离分析外,最主要用于蛋白质、核酸、酶的分离分析,甚至病毒与细胞的研究。由于某些电泳设备简单,操作方便,具有高分辨率及选择性好等特点,已成为医学中重要的研究技术。

一、纸电泳和醋酸纤维素薄膜电泳

纸电泳和醋酸纤维素薄膜电泳是利用滤纸或醋酸纤维素薄膜作为支持物的电泳技术。纸电泳是在 1940 年前后和纸层析一起发展起来的分离分析技术,由于它们都具有简便、迅速而且分离效果好等特点,到 20 世纪 50 年代已成为应用非常普遍的实验室方法,并在此基础上发展了一批类似的使用固相支持物薄膜的分离方法,醋酸纤维素薄膜电泳就是其中发展较早的一种常用技术。与纸电泳相比,醋酸纤维素薄膜电泳具有灵敏度高、血清用量少、电渗作用及拖尾现象不明显、分离速度快、分离清晰、应用面广等优点。

纸电泳与醋酸纤维素薄膜电泳皆为水平电泳:电泳槽内部有两个分隔的缓冲液槽,分别装有铂丝或其他材料的电极,电极经隔离导线穿过槽壁与外接电泳仪电源相连,电源为具有稳压器的直流电源。在两个缓冲液槽中间的上部有支架,供放置滤纸或薄膜用。在电泳槽上部有盖,以减少缓冲液蒸发,有时还装有适当的冷却装置,以减轻发热对电泳结果造成的影响。

适用于纸电泳及醋酸纤维素薄膜电泳的缓冲液种类很多,分离氨基酸和核苷酸时常采用 pH2～3.5 的酸性缓冲液,分离蛋白质时常用碱性缓冲液,例如血清蛋白质电泳常用 pH 8.6 的巴比妥盐缓冲液,浓度可在 0.05～0.1 mol/L 之间选用。纸电泳时需选用厚度均匀的滤纸作为载体,常用国产新华滤纸和进口的 Whatman 1 号滤纸。醋酸纤维素是纤维素的醋酸酯,由纤维素的羟基经乙酰化而制成,它溶于丙酮等有机溶液中,即可涂布成均一、细密的醋酸纤维素薄膜,厚度以 0.1～0.15 mm 为宜。这种薄膜对蛋白质样品吸附性小,几乎能完全消除纸电泳中出现的"拖尾"现象,又因为膜的亲水性比较小,它所容纳的缓冲液也少,电泳时电流的大部分由样品传导,所以分离速度快,电泳时间短,样品用量少,5 μg 的蛋白质即可得到满意的分离效果。因此特别适合于病理情况下微量异常蛋白的检测。醋酸纤维素薄膜经过冰醋酸溶液或其他透明液处理后可使膜透明化,有利于对电泳图谱的光吸收扫描测定和膜的长期保存。

纸电泳及醋酸纤维素薄膜电泳的基本过程类似,包括如下几个步骤。

(1)准备:包括电泳槽和电泳缓冲液的准备。此外,醋酸纤维素薄膜电泳还需进行膜的预处理,必须于电泳前将膜片浸泡于缓冲液,浸透后,取出膜片并用滤纸吸去多余的缓冲液,不可吸得过干。

(2)点样:用点样器或毛细管将样品点在点样线上。纸电泳的点样分为干点法和湿点法。干点法是将样品溶液点于滤纸上,吹干、再点,反复数次,直至点完规定量的样品溶液。然后用喷雾器将滤纸喷湿,点样处最后喷湿,本法适用于稀的样品溶液。湿点法与醋酸纤维素薄膜电泳类似,在点样前将滤纸用缓冲液浸湿,取出,用滤纸吸干多余的缓冲液,用微量注射器精密点加样品溶液,样品溶液要求较浓,不要多次点样。

(3)电泳:对于纸电泳应选择较低的电压(或电流),而醋酸纤维素薄膜电泳则可选择较高的电压(或电流),因此纸电泳的通电时间相应要长一些,而醋酸纤维素薄膜电泳则相应短一些。由于后者的电渗和吸附能力小,分离效果好,可以用较短的电泳距离(即较短的电泳薄膜条),电泳时间可缩短到 0.5～1 h。

(4)染色:纸电泳在染色前要先将滤纸条加热烘干,而醋酸纤维素薄膜则不必先烘干,可直接进行染色。染色后通常要用适当漂洗液(例如,甲醇(或乙醇)与冰醋酸、水的比例为 4.5∶0.5∶5)漂洗数次,直到背景清楚为止。

(5)定量:定量测定的方法有洗脱法和光密度法。洗脱法是将确定的样品区带剪下,用适当的洗脱剂洗脱后进行比色或分光光度测定。光密度法是将染色后的干滤纸用光密度计直接定量测定各样品电泳区带的含量。对于醋酸纤维素薄膜电泳,还可以将干的薄膜条浸入新鲜配制的透明液(3∶7 混合的冰醋酸-无水乙醇溶液),经 10～20 min,贴在玻璃板上,干后即形成透明薄膜,再用光密度计定量。

二、琼脂糖凝胶电泳

琼脂糖(agarose)凝胶电泳是用琼脂糖作为支持介质的一种电泳方法。琼脂糖是从琼脂中提纯出来的一种线性多糖,主要由 D-半乳糖和 3,6-脱水 L-半乳糖连接而成。将干的琼脂糖(通常 1%～3%)悬浮于缓冲液中,加热煮沸至溶液澄清,注入模板后室温冷却凝聚即成琼脂糖凝胶。琼脂糖以分子内和分子间氢键形成较为稳定的交联结构,使其具有一定大小的孔径。琼脂糖凝胶的孔径可以通过浓度加以控制,低浓度的琼脂糖形成较大的孔径,而高浓度的琼脂糖凝胶则形成较小的孔径。尽管琼脂糖本身没有电荷,但是其糖基可能会被羧基、甲氧基特别是硫酸根不同程度地取代,使得琼脂糖凝胶表面带有一定的电荷,引起电泳过程中发生电渗以及样品和凝胶间的静电相互作用,影响分离效果。市售的琼脂糖有不同的提纯等级,主要以硫酸根的含量为指标,硫酸根的含量越少,纯度等级越高。

琼脂糖凝胶电泳的分离原理与其他支持物电泳的最主要区别在于它兼有"电泳"和"分子筛"的双重作用,带电颗粒的分离不仅取决于净电荷的性质和数量,而且还取决于分子大小,这就大大提高了分辨能力。琼脂糖凝胶可以用于蛋白质和核酸电泳,但由于其孔径相当大,对蛋白质的阻碍作用较小,这时蛋白质分子大小对电泳迁移率的影响相对较小,所以适用于一些忽略蛋白质大小而只根据蛋白质天然电荷来进行分离的电泳技术,如免疫电泳、平板等电聚焦电泳等。琼脂糖凝胶电泳现广泛应用于核酸的提纯、分析研究中。琼脂糖凝胶约可区分相差 100 bp 的 DNA 片段,其分辨率虽比聚丙烯酰胺凝胶低,但它制备容易,分离范围广。由于 DNA、RNA 分子通常较大,所以在分离过程中会存在一定的摩擦阻碍作用,这时分子的大小会对电泳迁移率产生明显影响。例如对于双链 DNA,电泳迁移率的大小主要与 DNA 分子大小有关,而与碱基排列及组成无关。分子构型对迁移率有影响:共价闭环 DNA>线性 DNA>开环双链 DNA。普通琼脂糖凝胶分离 DNA 的范围为 0.2～20 kb。

由于琼脂糖凝胶的弹性较差,难以从小管中取出,所以一般琼脂糖凝胶不适合于管状电泳,管状电泳通常采用聚丙烯酰胺凝胶。琼脂糖凝胶通常是形成水平式板状凝胶,用于等电聚焦、免疫电泳等蛋白质电泳,以及 DNA、RNA 的分析。垂直式电泳应用得相对较少。

用于核酸分析的琼脂糖凝胶的制备方法如下:熔化琼脂糖至完全透明,冷却至 55 ℃左右,加溴化乙锭(Ethidium Bromide,简称 EB)于琼脂糖溶液中,混匀后倒胶,放置

0.5 h。EB 是一种荧光染料、DNA 染色剂,可嵌入核酸双链的配对碱基之间,在紫外线激发下,发出红色荧光(590 nm,见图 3-2)。EB 是中度毒性的强诱变剂,这是它的突出缺点。因此凡操作中涉及 EB,均应戴一次性手套以加强自我保护。含 EB 的废液必须经净化处理后才能丢弃,否则会造成环境污染。

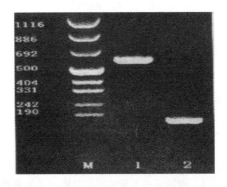

图 3-2　琼脂糖凝胶电泳结果示意图

三、聚丙烯酰胺凝胶电泳

聚丙烯酰胺凝胶电泳简称为 PAGE(polyacrylamide gel electrophoresis),是以聚丙烯酰胺凝胶作为支持介质。聚丙烯酰胺凝胶由单体丙烯酰胺(acrylamide)和 N,N′-甲叉双丙烯酰胺聚合而成。常用的催化聚合方法有两种:化学聚合和光聚合。化学聚合通常加入催化剂过硫酸铵(AP)以及加速剂四甲基乙二胺(TEMED),四甲基乙二胺催化过硫酸铵产生自由基。光聚合是用核黄素代替过硫酸铵和 TEMED,灌胶后将其置于强光下照射 2～3 h。核黄素在光作用下产生自由基,自由基可以诱发聚合反应。以上的聚合反应,受许多因素的影响:①大气氧能淬灭自由基,终止聚合反应,故反应液应与空气隔绝;②有些材料,如有机玻璃能抑制聚合反应,在有机玻璃容器中,反应液和容器表面接触的一层,不能形成凝胶;③某些化学物质可以减慢反应速度,如铁氰化钾;④温度会影响聚合反应,温度高,反应快;温度低,反应慢。因此在设计电泳装置和制备凝胶时,要注意这些因素的影响。

聚丙烯酰胺凝胶按丙烯酰胺的总浓度来定义,可以通过改变丙烯酰胺和 N,N′-甲叉双丙烯酰胺的浓度来控制凝胶孔径的大小。

100 mL 凝胶溶液中含有的单体和交联剂总质量(g)称为凝胶浓度,记为 T。

$$T = (m_{Acr} + m_{Bis})/V \times 100\%$$

凝胶溶液中,交联剂占单体加交联剂总量的百分数为交联度,记为 C。

$$C = m_{Bis}/(m_{Acr} + m_{Bis}) \times 100\%$$

凝胶浓度通常控制在 3%～30%,浓度过高时,凝胶硬而脆,容易破碎;浓度太小,凝胶稀软,不易操作。凝胶浓度主要影响筛孔的大小。实验表明,筛孔的平均直径和凝胶浓度的平方根成反比。

$$P = Kd/T^{1/2}$$

式中:P——筛孔的平均直径;

T——多聚体浓度；

d——多聚体分子直径(5Å)；

K——常数，若多聚体链结构近似直角交联的，则 K 为 1.5。

例如：$T=5\%$ 时，$P=1.5\times5Å/5\%^{1/2}\approx33.5Å$

$T=7\%$ 时，$P=1.5\times5Å/7\%^{1/2}\approx28.3Å$

交联度 C 反映凝胶结构中甲撑桥的密度。交联过高，凝胶不透明，并且缺乏弹性；交联过低，呈糜糊状。交联度可以决定筛孔的最大直径。

在实验中观察到，要获得透明而有合适机械强度的凝胶，单体用量高时，交联剂量应减少，单体用量低时，交联剂量应增大。下式是一个良好的电泳用凝胶的经验公式。

在 100 mL 溶液中：

$$m_{Acr}\,m_{Bis}\approx 常数 (约 1.3)$$

凝胶浓度与被分离物的相对分子质量大小关系，可用表 3-1 表示。

表 3-1　相对分子质量范围与凝胶浓度的关系

相对分子质量范围	适用的凝胶浓度/(%)
蛋白质：	
$<10^4$	$20\sim30$
$(1\sim4)\times10^4$	$15\sim20$
$4\times10^4\sim1\times10^5$	$10\sim15$
$(1\sim5)\times10^5$	$5\sim10$
$>5\times10^5$	$2\sim5$
核酸：	
$<10^4$	$15\sim20$
$10^4\sim10^5$	$10\sim15$
$10^5\sim2\times10^6$	$5\sim10$

由于聚丙烯酰胺凝胶具有突出的优点，因而得到广泛的应用，目前尚无更好的支持介质能够取代它。其主要的优点如下。

① 可以通过控制凝胶浓度"T"和交联度"C"，得到不同的有效孔径，用于分离不同分子质量的生物大分子。低浓度的凝胶具有较大的孔径；高浓度的凝胶具有较小的孔径，对蛋白质有分子筛作用，可用于根据蛋白质的分子质量进行分离的电泳。例如 3% 的凝胶，对蛋白质没有明显的阻碍作用，可用于平板等电聚焦或 SDS-聚丙烯酰胺凝胶电泳的浓缩胶，也可以用于分离 DNA。$10\%\sim20\%$ 的凝胶，用于 SDS-聚丙烯酰胺凝胶电泳的分离胶。

② 能把分子筛作用和电荷效应结合在同一方法中，达到更高的灵敏度：$10^{-12}\sim10^{-9}$ mol/L。

③ 由于聚丙烯酰胺凝胶是由—C—C—键结合的酰胺多聚物，侧链只有不活泼的酰胺基—CO—NH$_2$，没有带电的其他离子基团，化学惰性好，电泳时不会产生电渗。

④ 由于可以制得高纯度的单体原料，因而电泳分离的重复性好。

⑤ 透明度好,便于照相和复印。机械强度好,有弹性,不易碎,便于操作和保存。

⑥ 无紫外吸收,不需染色就可以用于紫外波长的凝胶扫描,做定量分析。

⑦ 可以用作固定化酶的惰性载体。

目前聚丙烯酰胺凝胶电泳可用于蛋白质、核酸等分子大小不同的物质的分离、定性和定量分析;还可结合解离剂十二烷基硫酸钠(SDS),测定蛋白质亚基的分子质量。现将常用的聚丙烯酰胺凝胶电泳介绍如下。

(一)聚丙烯酰胺凝胶圆盘电泳

聚丙烯酰胺凝胶分离蛋白质最初在玻璃管中进行。玻璃管通常直径为 7 mm,长 10 cm,将凝胶装入多个管中进行电泳,又称为柱状电泳。由于样品经电泳分离后与多个圆盘叠加在一起相似,又称为聚丙烯酰胺凝胶圆盘电泳,目前仍有应用,尤其用于二维电泳中的第一维电泳。由于不同玻璃管以及装胶时的差异会使每管的分离条件有所不同,所以对各管样品进行比较时可能会出现一定误差。后来发展起来的垂直平板电泳一次最多可以容纳 20 个样品,电泳过程中样品所处的条件比较一致,样品间可以进行更好的比较,重复性也更好,所以垂直平板电泳目前应用得更为广泛,常用于蛋白质及 DNA 序列分析过程中 DNA 片段的分离、鉴定。

聚丙烯酰胺凝胶电泳的体系分为两种。一种为连续缓冲体系,采用的缓冲液 pH 值及凝胶浓度相同,分离样品的作用主要靠电荷及分子筛效应。一种为不连续电泳体系:由于凝胶孔径(浓度)、缓冲液离子成分、pH 值、电位梯度的不连续性,带电颗粒在电场中泳动不仅有电荷效应、分子筛效应,还具有浓缩效应,故分离效果更好。

不连续体系由电极缓冲液、样品胶、浓缩胶及分离胶组成,排列顺序依次为上层样品胶、中间浓缩胶、下层分离胶。样品胶的 $T=3\%$,$c=2\%$,其中含有一定量的样品及 pH6.7 的 Tris-HCl 缓冲液,其作用是防止对流,促使样品浓缩以免被电极缓冲液稀释。目前,一般不用样品胶,直接在样品液中加入等体积 40% 蔗糖,同样具有防止对流及样品被稀释的作用。

浓缩胶是样品胶的延续,凝胶浓度及 pH 值与样品胶完全相同,其作用是使样品进入分离胶之前,被浓缩成窄的区带,从而提高分离效果。

分离胶的 $T=7.0\%\sim7.5\%$,$c=2.5\%$,缓冲液为 pH8.9 的 Tris-HCl,大部分蛋白质在此 pH 值条件下带负电荷。分离胶主要起分子筛的作用。

1. 样品浓缩效应

1) 凝胶孔径的不连续性

上述三层凝胶中,样品胶及浓缩胶为大孔胶;分离胶为小孔胶。在电场作用下,样品颗粒在大孔胶中泳动的阻力小,移动速度快;当进入小孔胶时,受到的阻力大,移动速度减慢。因而在两层凝胶交界处,样品迁移受阻而被压缩成很窄的区带。

2) 缓冲体系离子成分及 pH 值的不连续性

在三层凝胶中均有三羟甲基氨基甲烷(简称 Tris)及 HCl。Tris 的作用是维持溶液的电中性及 pH 值,是缓冲配对离子。HCl 在任何 pH 值溶液中均易解离出 Cl^-,在电场中迁移率快,称为快离子。电极缓冲液中除有 Tris 外,还有甘氨酸(glycine),其 pI=6.0,

在 pH8.3 的电极缓冲液中,易解离出甘氨酸根（$NH_2CH_2COO^-$）,而在 pH6.7 的凝胶缓冲体系中,Gly 解离度仅为 $0.1\%\sim1\%$,因而在电场中迁移很慢,称为慢离子。

血清中大多数蛋白质 pI 在 5.0 左右,在 pH6.7 或 8.3 时均带负电荷向正极移动,迁移率介于快离子与慢离子之间,于是蛋白质就在快、慢离子形成的界面处,被浓缩成为极窄的区带。

当进入 pH8.9 的分离胶时,Gly 解离度增加,有效迁移率超过蛋白质,因此 Cl^- 及 $NH_2CH_2COO^-$ 沿着离子界面继续前进。蛋白质分子由于相对分子质量大,被留在后面,逐渐分成多个区带。

3) 电位梯度的不连续性

电泳开始后,快离子的快速移动会在其后形成一个离子强度很低的低电导区,使局部电位梯度增高,将蛋白质浓缩成狭窄的区带。

2. 分子筛效应

大小和形状不同的蛋白质通过一定孔径的分离胶时,受阻滞的程度不同而表现出不同的迁移率,称为分子筛效应。蛋白质进入 pH8.9 的同一孔径的分离胶后,分子小且为球状的蛋白质分子所受阻力小,移动快,走在前面;反之,则阻力大,移动慢,走在后面,从而通过凝胶的分子筛作用将各种蛋白质分成各自的区带。这种分子筛效应不同于柱层析中的分子筛效应,后者是大分子先从凝胶颗粒间的缝隙流出,小分子后流出。

3. 电荷效应

在 pH8.9 的分离胶中,各种带净电荷不同的蛋白质有不同的迁移率。净电荷多,则迁移快;反之,则慢。因此,各种蛋白质按电荷多少、分子质量及形状不同,以一定顺序排成一个个区带,因而称为区带电泳。

目前,PAGE 连续体系应用也很广泛,虽然电泳过程中无浓缩效应,但利用分子筛及电荷效应也可使样品得到较好的分离,加之在温和的 pH 值条件下,不致使蛋白质、酶、核酸等活性物质变性失活,也显示了它的优越性。

（二）SDS-聚丙烯酰胺凝胶电泳

SDS 即十二烷基硫酸钠（sodium dodecyl sulfate）,是一种阴离子表面活性剂,能以一定的比例和蛋白质结合,形成一种 SDS-蛋白质复合物。此复合物可用具有 SDS 的聚丙烯酰胺凝胶（包括连续的和不连续的系统）电泳进行分离,通常把这种电泳称为 SDS-聚丙烯酰胺凝胶电泳（简称 SDS-PAGE）。它的主要用途是分离蛋白质和测定其分子质量。

PAGE 电泳的分离效应主要依赖分子筛效应和电荷效应,蛋白质在电场中的迁移率取决于它所带净电荷以及分子的大小和形状等因素。如果加入一种试剂使电荷等因素消除,那么电泳迁移率就取决于分子的大小,就可以用电泳技术测定蛋白质的分子质量。SDS 有如下作用。①消除蛋白质原有电荷差别。1 g 蛋白质可定量结合 1.4 g SDS,由于十二烷基硫酸根带负电荷,使得各种蛋白质-SDS 复合物都带上相同密度的负电荷,大大超过了蛋白质分子原有的电荷量,从而使天然蛋白质分子间的电荷差别降低乃至消除。②消除原有蛋白质构型的差别。SDS-PAGE 的样品溶于含有巯基乙醇和 SDS 的样品缓冲液中,巯基乙醇使蛋白质分子中的二硫键保持还原状态,SDS 和蛋白质结合并使蛋白质完全变性,其多肽链因结合 SDS 呈长椭圆棒状。这样的蛋白质-SDS 复合物,在凝胶中的迁移率,不再受蛋白质原有的电荷和形状的影响,而仅取决于分子质量的大小。由于蛋白质-SDS 复合物在单位长度上带有相等的电荷,所以它们以相等的迁移速度从浓缩胶进入分离胶,进入分离胶后,由于聚丙烯酰胺凝胶的分子筛作用,小分子的蛋白质容易通过凝胶孔径,阻力小,迁移速度快;大分子蛋白质则受到较大的阻力而被滞后,这样蛋白质在电泳过程中就会根据其各自分子质量的大小而被分离。因而 SDS 聚丙烯酰胺凝胶电泳可以用于测定蛋白质分子质量。

当分子质量在 15～200 kD 时,蛋白质的迁移率和分子质量的对数呈线性关系,符合下式:

$$\lg M_r = \lg K - bm$$

式中:M_r——蛋白质分子质量;

K——常数;

b——斜率;

m——迁移率。

若将已知分子质量的标准蛋白质的迁移率对分子质量对数作图,可获得一条标准曲线,未知蛋白质在相同条件下进行电泳,根据它的电泳迁移率即可在标准曲线上求得分子质量。

应该注意的是,SDS-PAGE 电泳测得的是蛋白质亚基的分子质量,对寡聚体蛋白来说,为了正确反映蛋白质的完整结构,还应用连续密度梯度电泳或凝胶过滤等方法测定天然构象状态下的分子质量和分子中亚基的数目。

SDS-PAGE 也有不足之处,尤其是电荷异常或构象异常的蛋白质、带有较大辅基的蛋白质(如糖蛋白)及一些结构蛋白等测出的 M_r 不太可靠。如组蛋白 H_1,本身带有大量正电荷,虽然结合了正常量的 SDS,仍不能完全掩盖其原有的正电荷,故用 SDS-PAGE 测得的 M_r 为 35 kD,而用其他方法测定的分子质量仅为 21 kD。因此要确定某种蛋白质的分子质量时,最好用两种以上测定方法互相验证。

(三)连续密度梯度电泳

为弥补 SDS-PAGE 测得的分子质量不一定是天然蛋白质分子质量这一缺陷,Margolis 和 Slater 等人将聚丙烯酰胺凝胶制备成孔径梯度(pore gradient,简称 PG)或称为梯度凝胶(gradient gels),进行 PAGE(简称 PG-PAGE),分离和鉴定各种蛋白质组分,并首次用来测定蛋白质分子质量。

线性梯度凝胶制备,不同于均一浓度凝胶制备,应预先配制低浓度胶(2%或4%),置于储液瓶中;高浓度胶(16%或30%),置于混合瓶中(两者体积比为1:1),在梯度混合仪及蠕动泵的协助下,从下至上灌胶。

凝胶聚合后,形成从上至下,从稀至浓,依次排列的线性梯度凝胶。在 pH 值大于蛋白质 pI 的缓冲体系中电泳时,蛋白质样品从负极向正极移动,即从上向下,向着凝胶浓度增加(孔径逐渐减小)的方向移动,随着电泳的继续进行,蛋白质颗粒的迁移由于孔径渐小,阻力越来越大。

蛋白质在凝胶中的迁移速度主要受两个因素影响:①蛋白质本身的电荷密度,电荷密度越高,迁移速度越快;②蛋白质本身的大小,分子质量越大,迁移速度越慢。当蛋白质迁移到所受阻力最大时,则完全停止前进。此时,低电荷密度的蛋白质将"赶上"与它大小相似,但具有较高电荷密度的蛋白质。因此,在梯度凝胶电泳中,蛋白质的最终迁移位置仅取决于其本身分子的大小,而与蛋白质本身的电荷密度无关(图 3-3)。

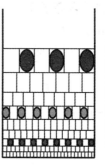

(a) 电泳开始前   (b) 电泳结束时

图 3-3 梯度凝胶电泳结果示意图

图 3-3 中方格代表凝胶孔径,自上而下,孔径逐渐变小,形成梯度。圆球分别代表大、中、小 3 种不同分子质量的蛋白质。图 3-3(a)代表电泳开始前分子的状况;图 3-3(b)代表经过一定时间电泳后,所有大小不同的分子均进入凝胶孔中,大、中、小分子分别滞留在与分子大小相当的凝胶孔中,不再前进,因而分离成 3 个区带。

从上述过程中可看出,在梯度凝胶电泳中,凝胶的分子筛效应极为重要。

可粗略估计分子质量范围,选择适宜浓度范围的梯度凝胶。若分子质量在 50~2000 kD,用 4%~30% PG 凝胶;分子质量在 100~5000 kD,选用 2%~16% PG 凝胶及一组相应分子质量标准蛋白。将分子质量标准蛋白与未知样品同时电泳,染色后,根据标准蛋白的相对迁移率对其分子质量的对数作图(标准曲线),即可从未知样品相对迁移率查出其分子质量。

与单一浓度的凝胶相比,梯度凝胶具有如下优点:①由于梯度凝胶孔径的不连续性,可使样品中各组分充分浓缩,即使样品很稀,在电泳过程中,分二、三次加样,也可由于分子质量大小不同,最终均滞留于相应的凝胶孔中而得到分离;②可提供更清晰的蛋白质区带,用于蛋白质纯度的鉴定;③分离范围更宽,可在一个凝胶板上,同时测定数个分子质量相差很大的蛋白质,例如用 4%~30%PG-PAGE 可分辨分子质量为 50~2000 kD 的各种蛋白质;④可直接测定天然状态蛋白质分子质量,不被解离为亚基(研究寡聚蛋白用)。因此,本法可作为 SDS-PAGE 测定蛋白质分子质量的补充。

尽管本法有上述优点,但主要适用于测定球状蛋白分子质量,对纤维状蛋白分子质量的测定误差较大。另外,由于分子质量测定仅仅是在未知蛋白质和标准蛋白质达到了被限定的凝胶孔径时(即完全被阻止迁移时)才成立,电泳时要求足够高的电压(一般不低于 2000 V),否则将达不到预期的效果。因此,采用 PG-PAGE 测定蛋白质分子质量也有一定的局限性,需用其他方法进一步验证。

（四）等电聚焦电泳

以聚丙烯酰胺凝胶为电泳支持物，在其中加入两性电解质载体（carrier ampholyte），在电场作用下，两性电解质载体在凝胶中移动，形成连续的 pH 梯度；蛋白质在凝胶中迁移至其 pI 的 pH 值处，即不再泳动而聚焦成带，这种方法称为等电聚焦电泳（isoelectric focusing，IEF）。

等电聚焦电泳的显著特点有：①分辨率高，可将等电点相差仅 0.01～0.02 pH 单位的蛋白质分开；②灵敏度高，可以分离浓度很低的样品，且重现性好；③随电泳时间的延长，区带越来越窄，而其他电泳随着时间的延长和移动距离的增加，由于扩散作用会使区带越来越宽；④样品混合液可以加在电泳系统的任何部位，通过等电聚焦作用，各组分均能聚焦到各自等电点 pH 位置；⑤可以准确测定多肽、蛋白质等两性电解质的等电点。

等电聚焦电泳的主要缺点有：①对某些在等电点时溶解度低或可能变性的组分不适用；②由于电泳过程要求使用无盐溶液，而有些酶和蛋白质在无盐溶液中溶解度较低，可能会产生沉淀。

1. 两性电解质载体

两性电解质载体是由许多种多乙烯多胺与丙烯酸进行加成反应而制备得到的混合物，其中不同的分子因氨基和羧基比例不同而具有不同的 pI，在外电场作用下，自然形成 pH 梯度。目前，两性电解质载体由于生产厂家不同，合成方式各异而有不同的商品名称，如 Ampholine（LKB 公司）、Servalyte（德国 Serva 公司）、Pharmalyte（Pharrnacia 公司）。国内生产的均称为两性电解质载体，生产厂家有上海东风生化试剂厂、北京军事医学科学院等。一般配成 40% 水溶液，其 pH 值范围有 3.5～5、5～7、6～8、3～10、9～11 等，可供选择使用。

用 IEF-PAGE 分离蛋白质并测定 pI 时可先选用 pI3～10 的两性电解质载体及同一范围的标准 pI 蛋白，将其与未知样品同时电泳，固定染色后，以 pH 值为纵轴，距阴极迁移距离（cm）为横轴作出 pH 梯度标准曲线，根据染色后未知蛋白质迁移距离可推知其 pI。

为进一步精确测定未知物的 pI，还可选择较窄范围的两性电解质载体进行电泳，以提高分辨率。如果没有标准 pI 蛋白，则电泳后立即用表面微电极每隔 0.5 cm 直接测定胶板的 pH 值，制作 pH 梯度曲线，染色后根据迁移距离推知某种蛋白质的 pI。

2. 电极溶液

应选择在电极上不产生易挥发物的液体作为电极缓冲液，阴、阳电极溶液的作用是避免样品及两性电解质载体在阴极还原或在阳极氧化，其 pH 值应比形成 pH 梯度的阴极略高，比阳极略低。在等电聚焦电泳中，阳极槽装酸液（如磷酸溶液等），阴极槽装碱液（如氢氧化钠溶液等）。不同厂家合成两性电解质的方法不同，应根据说明书选用有关电极溶液。

3. 丙烯酰胺的聚合

在采用过硫酸铵催化化学聚合时，为防止氧分子存在影响聚合，在加过硫酸铵前应对溶液脱气。此催化系统在碱性条件下容易聚合，在酸性条件（pH<5）下凝胶聚合比较困难，这可能是在酸性条件下，过硫酸铵不能充分产生氧原子，使单体成为游离基，因而阻碍

凝胶聚合,可在凝胶中加入 1% 的 $AgNO_3$ 促使凝胶聚合。凝胶聚合后,为防止酶的钝化,在加样前进行 15～30 min 预电泳,然后将样品放在其 pI 附近。

4. 样品预处理及加样方法

实验证实盐离子可干扰 pH 梯度形成并使区带扭曲。为防止上述影响,进行 IEF-PAGE 时,样品应透析或用 Sephadex G-25 脱盐,也可将样品溶解在水或低盐缓冲液中使其充分溶解,以免不溶小颗粒引起拖尾。

常用的加样方法是将其放在一特制的塑料小框中或用一小块泡沫塑料及高质量的滤纸或擦镜纸吸取样品放在凝胶表面。也可以将样品在制胶前直接加入到凝胶溶液中。由于 IEF-PAGE 是按蛋白质 pI 分离,电泳后各种蛋白质被浓缩并停留在其 pI 处,因此样品可加在凝胶表面任何位置,既可将样品放在中间,也可放在整个凝胶板中。电泳后均可得到同样的结果。对不稳定的样品可先将凝胶进行 15～30 min 预电泳,使 pH 值梯度形成,然后将样品放在靠近 pI 的位置以缩短电泳的时间。但不要将样品正好加在 pI 处和紧靠阳、阴极的胶面上,以免引起蛋白质变性造成条带扭曲。一般加样电泳 0.5 h 后,取出加样滤纸以免引起拖尾现象。

5. 功率、时间、温度等因素

功率是电流和电压的乘积。在 IEF 电泳中,样品的迁移越接近 pI 位置,电流越小。为使各组分能更好地分离,应不断增加电压,缩短 pH 梯度形成和蛋白质分离所需的时间。但过高的电压会使凝胶板局部过热,在电泳过程中,应通冷却水。水温以 4～10 ℃ 为宜,流量 5～10 L/min,避免使用过低的温度,以免冷凝水滴形成。超薄板(0.5 mm)IEF 分辨率高就是因为易冷却。

IEF-PAGE 时间与功率取决于多种因素,如聚丙烯酰胺的质量、AP 和 TEMED 用量、胶板厚薄、两性电解质载体的导电性和 pH 值范围等。窄 pH 值范围电泳时间比宽 pH 值范围时间长,因为在窄 pH 值范围蛋白质迁移接近 pI,带电荷少,故迁移慢。为提高分辨率,需增加电压,缩短电泳时间,防止生物活性丧失。

IEF-PAGE 操作简单,只要有一般的电泳设备即可进行,电泳时间短,分辨率高,精确度达 0.01 pH,可用于蛋白质分离及 pI 测定。随着其他技术的不断改进,等电聚焦电泳也不断充实完善,从柱电泳发展到垂直板,又进而发展到超薄型水平板等,还可与其他技术,如 SDS-PAGE 结合,进一步提高灵敏度与分辨率。等电聚焦电泳示意图见图 3-4,从阳极到阴极 pH 值由低至高呈线性梯度分布。

阳极酸性:磷酸溶液。

阴极碱性:NaOH 溶液。

(五) 双向凝胶电泳

双向凝胶电泳也称为二维凝胶电泳(2D-PAGE),由两种类型的 PAGE 组合而成。样品经第一向电泳分离后,再以垂直于第一向的方向进行第二向电泳。

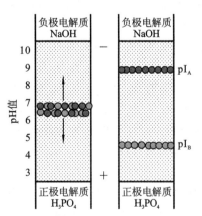

(a)电泳开始前 (b)电泳结束时

图 3-4 等电聚焦电泳示意图

1975 年,O'Farrell 等人根据不同生物分子间等电点及分子质量不同的特点,建立了以第一向为 IEF-PAGE、第二向为 SDS-PAGE 的双向分离技术,简称为 IEF/SDS-PAGE;这两项技术结合形成的双向凝胶电泳是分离分析蛋白质最有效的一种电泳手段,基本原理与 IEF-PAGE、SDS-PAGE 完全相同。如果这两向电泳体系 pH 值及凝胶浓度完全相同,则电泳后样品中不同组分的斑点基本上呈对角线分布,对提高分辨率作用不大。

通常第一向 IEF-PAGE 用超薄水平板,电泳结束后切取所需泳道用于第二向电泳,或在 1～3 mm 内径的细管中进行第一向 IEF-PAGE,取出胶条用于第二向电泳。第一向电泳的方法同 IEF-PAGE,只是制胶时要加入 2% 两性电解质和 8 mol/L 尿素。

第二向电泳时,先将 SDS-PAGE 灌在垂直玻璃板之间,上部留 2 cm 左右空间,聚合。将第一向凝胶从管中取出,用含 SDS 的缓冲液处理 30 min,使 SDS 与蛋白质充分结合。将处理过的凝胶条放在 SDS-PAGE 浓缩胶上,加丙烯酰胺溶液或熔化的琼脂糖溶液使其固定并与浓缩胶连接。在第二向电泳过程中,结合 SDS 的蛋白质从等电聚焦凝胶中进入 SDS-PAGE,在浓缩胶中被浓缩,在分离胶中依据其分子质量的大小被分离。这样各个蛋白质根据等电点和分子质量的不同而被分离、分布在双向凝胶电泳图谱上。第二向电泳时,若用梯度混合仪将凝胶制成 7.5%～15% 的浓度梯度,可以提高电泳分辨率。

目前,已有 5000 余种蛋白质采用 IEF/SDS-PAGE 得到很好的分离,其高分辨率是各种类型单向 PAGE 及其他双向 PAGE 所无法比拟的。因此,IEF/SDS-PAGE 双向凝胶电泳已成为当前分子生物学领域内常用的实验技术,可广泛用于生物大分子如蛋白质,核酸酶切片段及核糖体蛋白质的分离和精细分析。

例如,细胞提取液的双向凝胶电泳可以分辨出 1000～2000 种蛋白质,有些报道可以分辨出 5000～10000 个斑点,这与细胞中可能存在的蛋白质数量接近。由于双向凝胶电泳具有很高的分辨率,它可以直接从细胞提取液中检测某种蛋白质。例如将某种蛋白质的 mRNA 转入某种受体细胞中,通过对细胞提取液双向凝胶电泳图谱的比对,观察转入 mRNA 的细胞提取液双向凝胶电泳图谱中是否存在一特殊的蛋白质斑点,从而直接检测 mRNA 的翻译结果。双向凝胶电泳是一项技术性强且很辛苦的工作,目前已有一些计算机控制系统可以直接记录并比较复杂的双向凝胶电泳图谱。

四、免疫电泳技术

免疫电泳技术是将蛋白电泳与免疫沉淀反应相结合的产物。该技术有两大优点,一是加快了抗原抗体沉淀反应的速度,二是将某些蛋白组分先利用电泳将其分开,再分别与抗体反应,以此做更细微的分析。

免疫电泳技术是先利用区带电泳技术将不同电荷和分子质量的蛋白抗原在琼脂内分离开,然后与电泳方向平行在两侧开槽,加入抗血清。置室温或 37 ℃ 使两者扩散,各区带蛋白在相应位置与抗体反应形成弧形沉淀线。

该方法可以用来研究:①抗原和抗体的对应性;②测定样品的各成分及其电泳迁移率;③根据蛋白质的电泳迁移率、免疫特性及其他特性,确定该复合物中是否含有某种蛋白质;④鉴定抗原或抗体的纯度。

常用的免疫电泳技术有:①对流免疫电泳;②火箭免疫电泳;③免疫固定电泳等。

五、毛细管电泳

毛细管电泳(capillary electrophoresis,CE)又称高效毛细管电泳(HPCE),是以弹性石英毛细管为分离通道,以高压直流电场为驱动力,依据样品中各组分之间淌度和分配行为上的差异而实现分离的电泳分离分析方法。毛细管电泳可以用来分离各种各样的生物分子,包括氨基酸、肽、蛋白质、DNA片段和核酸以及小分子有机物,如药物和金属离子;并已成功用于手性化合物的分离。

1981年Jorgenson和Lukacs首先提出在7.5 mm内径毛细管柱内用高电压进行分离,创立了现代毛细管电泳。1984年Terabe等建立了胶束毛细管电动力学色谱。1987年Hjerten建立了毛细管等电聚焦,Cohen和Karger提出了毛细管凝胶电泳。1988—1989年出现了第一批毛细管电泳商品仪器。毛细管电泳实际上包含电泳、色谱及其交叉内容,短短几年内,由于毛细管电泳符合了以生物工程为代表的生命科学各领域中对多肽、蛋白质(包括酶、抗体)、核苷酸乃至脱氧核糖核酸(DNA)的分离、分析要求,得到了迅速的发展。

由于毛细管内径小,表面积和体积的比值大,易于散热,可承受高电场($100 \sim 1000$ V/cm);因此,毛细管电泳可以减少热量的产生,这是CE和传统电泳技术的根本区别。

(一)基本概念

1. 有效长度(cm)

毛细管的入口端到检测器窗口的距离。

2. 迁移时间(min)

带电粒子在电场作用下做定向移动的时间。

3. 电泳速度(cm/s)

在单位时间内,带电粒子在毛细管中定向移动的距离。

4. 电场强度(V/cm)

在给定长度毛细管的两端施加一个电场后所形成的电效应的强度。

5. 电泳淌度($cm^2/(V \cdot s)$)

带电粒子在毛细管中定向移动的速度与所在电场强度之比。

6. 电渗流

毛细管内壁表面的电荷所引起的管内液体的整体流动,来源于外加电场对管壁溶液双电层的作用。其作用特点有:①使液体沿毛细管壁均匀移动;②使携带不同电荷的分子均向负极移动,中性分子也随着电渗流一起移动。

(二)毛细管电泳基本分离原理

毛细管电泳仪系统通常由进样系统、分离系统、检测系统和数据处理系统四部分组成。

毛细管的两端分别浸在含有电解质的储液槽中,管内也充满同样的电解质,其中一端与检测器相连。当样品被引入后,便开始施加电压,样品中各组分分别向检测器方向移动,溶质的迁移时间为

$$t_{m} = \frac{L_{t}^{2}}{UV}$$

其中

$$U = \frac{U_{e}}{U_{eo}}$$

式中:L_{t}——有效长度;

V——施加电压;

U——溶质总流速;

U_{e}——电泳速度;

U_{eo}——电渗流速度。

可见,在毛细管长度一定、某时刻电压相同的条件下,迁移时间取决于电泳速度 U_{e} 和电渗流速度 U_{eo},而两者均随组分的不同荷质比而异。所以,基于荷质比的差异就可以实现组分的分离。毛细管电泳工作原理见图 3-5。

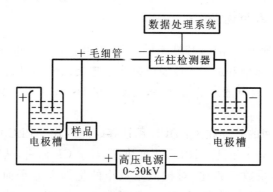

图 3-5　毛细管电泳工作原理示意图

(三)毛细管电泳的分离模式

1. 毛细管区带电泳(capillary zone electrophoresis,CZE)

毛细管区带电泳又称为自由溶液毛细管电泳,是毛细管电泳中最简单、应用最广泛的一种形式。其分离原理在于:不同离子按照各自表面电荷密度的差异也即淌度的差异,以不同的速度在电解质中移动,而实现分离。中性物质的淌度差为零,所以不能以这种形式分离。

2. 胶束电动毛细管色谱(micellar electrokinetic capillary chromatography,MECC)

在缓冲液中加入离子型表面活性剂如十二烷基硫酸钠(SDS),形成胶束,被分离物质在水相和胶束相(准固定相)之间发生分配并随电渗流在毛细管内迁移,达到分离。本模式能用于中性物质的分离。

3. 毛细管凝胶电泳(capillary gel electrophoresis,CGE)

在毛细管中装入单体,引发聚合形成凝胶,主要用于测定蛋白质、DNA 等大分子化合

物。另采用聚合物溶液等具有分子筛作用的物质,如葡聚糖、聚环氧乙烷,装入毛细管中进行分析,称为毛细管无胶筛分电泳,故有时将此种模式总称为毛细管筛分电泳,可分为凝胶和无胶筛分两类。

4. 毛细管等电聚焦电泳(capillary isoelectric focusing,CIEF)

通过内壁涂层使电渗流减到最小,再将样品和两性电解质混合进样,两个电极槽中分别为酸液和碱液,加高电压后,在毛细管内建立了 pH 梯度,溶质在毛细管中迁移至各自的等电点,形成区带。聚焦后改变检测器末端电极槽储液的 pH 值,使聚焦的溶质依次通过检测器得以确认。

5. 毛细管等速电泳(capillary isotachophoresis,CITP)

采用先导电解质和后继电解质,使溶质按其电泳淌度不同得以分离。常用于分离离子型物质。

6. 毛细管电色谱(capillary electro chromatography,CEC)

毛细管电色谱,是将 HPLC 的固定相填充到毛细管中或在毛细管内壁涂布固定相,以电渗流为流动相驱动力的色谱过程,此模式兼具电泳和液相色谱的分离机制。

(四)毛细管电泳的优势

毛细管电泳与普通电泳相比,其显著特点有:①由于采用高电场,因此分离速度要快得多;②检测器则除了未能和原子吸收及红外光谱连接以外,其他类型检测器均已和 CE 实现了连接检测;③一般电泳定量精度差,而 CE 和 HPLC 相近;④CE 操作自动化程度比普通电泳要高得多。

CE 与 HPLC 之间的差异在于:①CE 用迁移时间取代 HPLC 中的保留时间,CE 的分析时间通常不超过 30 min,比 HPLC 速度快;②对于 CE 而言,从理论上推得其理论塔板高度和溶质的扩散系数成正比,对扩散系数小的生物大分子而言,其柱效能就要比 HPLC 高得多;③CE 所需样品为 nL 级,最低可达 270 fL,流动相用量也只需几毫升,而 HPLC 所需样品为 mL 级,流动相则需几百毫升乃至更多;④CE 仅能实现微量制备,而 HPLC 可作常量制备。

CE 的优点可概括为"三高二少"。①高灵敏度:紫外检测器的检测限可达 $10^{-13} \sim 10^{-15}$ mol,激光诱导荧光检测器则达 $10^{-19} \sim 10^{-21}$ mol;②高分辨率:每米理论塔板数为几十万,高者可达几百万乃至千万,而 HPLC 一般为几千到几万;③高速度:最快可在60 s 内完成,在 250 s 内分离 10 种蛋白质,1.7 min 分离 19 种阳离子,3 min 内分离 30 种阴离子;④样品少:只需 nL(10^{-9} L)级的进样量;⑤成本低:只需少量(几毫升)流动相和价格低廉的毛细管。

⋯⋯ 第四节　电泳中蛋白质的检测、鉴定与回收 ⋯⋯

用于检测蛋白质最常用的染色剂是 0.1% 或 0.25% 的考马斯亮蓝 R-250,在甲醇-水-冰醋酸混合溶液(体积比 45:45:10)中进行。这种酸-甲醇混合物用作变性剂沉淀或固定胶中的蛋白,从而在染色中避免蛋白质的丢失。染色一般需 2 h 左右,而脱色通常需要过夜,脱色时所用溶液与染色时酸-甲醇溶液相同,只是不含染料。

考马斯亮蓝染色具有很高的灵敏度,在聚丙烯酰胺凝胶中可以检测到 0.1 g 的蛋白质形成的染色带。但考马斯亮蓝与某些纸介质结合非常紧密,所以不能用于染色滤纸、醋酸纤维素薄膜以及蛋白质印迹(在硝化纤维素纸上)。在这种情况下通常是用 10% 三氯醋酸溶液浸泡使蛋白质变性,而后使用不对介质有强烈染色的染料如溴酚蓝、氨基黑等对蛋白质进行染色。

银染是比考马斯亮蓝染色更灵敏的一种方法。银染法是以组织学的技术和照相原理为基础,通过银离子(Ag^+)在蛋白质上被还原成金属银形成黑色来指示蛋白质区带。银染可以直接进行,也可以在考马斯亮蓝染色后进行,这样凝胶主要的蛋白质区带可以通过考马斯亮蓝染色分辨,而细小的考马斯亮蓝染色检测不到的蛋白质区带由银染检测。银染的灵敏度比考马斯亮蓝染色高 100 倍,可以检测低于 1 ng 的蛋白质。

通过扫描光密度仪可以对染色的凝胶进行定量分析,从而确定样品中各种蛋白质的相对含量。另外一种简单的方法是切下染色的蛋白质区带,在一定体积的 50% 吡啶溶液中摇晃过夜溶解染料,而后通过分光光度计测定吸光度,即可估算蛋白质的含量。但要注意的是,蛋白质只有在一定的浓度范围内其含量才与吸光度呈线性关系。不同的蛋白质即使在含量相同的情况下染色程度也可能有所不同,所以上述方法测定蛋白质含量只是一种半定量分析。

凝胶电泳还可以用于蛋白质的纯化制备,电泳后需将蛋白质从凝胶中回收。切下所需蛋白质区带部分的凝胶,通过电泳方法将蛋白质从凝胶中洗脱下来(称为电洗脱)。目前有各种商品化电洗脱装置,洗脱程序如下:

切下凝胶→装入透析袋→加缓冲液浸泡→透析袋浸入缓冲液中进行电泳→蛋白质离开凝胶进入透析袋内的缓冲液→通几秒钟反向电流→吸附在透析袋上的蛋白质进入缓冲液→凝胶中的蛋白质回收。

······ 实验 8 血清蛋白质的电泳分离—— 醋酸纤维素薄膜法 ······

实·验·目·的

掌握醋酸纤维素薄膜(CAM)电泳分离血清蛋白质的原理和方法。

实·验·原·理

蛋白质由氨基酸组成,是一种两性电解质,在一定 pH 值条件下可带电荷,带电荷的蛋白质在电场中可发生泳动,这种现象称为电泳。

各种蛋白质都有一定的等电点,在等电点时它呈电中性,在电场中既不向阳极移动也不向阴极移动。血清蛋白质的等电点一般低于7.3,在pH值高于它们等电点的缓冲液中带负电荷,在电场中向阳极移动。由于各种蛋白质分子大小和所带的电荷量不同,在电场中泳动的速度也不相同,蛋白质分子小、带电荷多者泳动速度较快,反之较慢。利用醋酸纤维素薄膜为支持物可将血清蛋白质分为清蛋白、α_1-球蛋白、α_2-球蛋白、β-球蛋白和γ-球蛋白。经染色后,则成为有色区带,各区带的宽窄及色带深浅表示各种蛋白质含量的多少(图3-6),可用比色法分别测出各种蛋白质的百分含量(表3-2)。

表3-2　正常人血清蛋白质各组分理化性质

血清蛋白组分	pI	相对分子质量	迁移率 /[cm^2/(V·s)]	百分含量/(%)
清蛋白	4.6~4.7	6.9×10^4	5.9×10^{-5}	57~72
α_1-球蛋白	5.06	20×10^4	5.1×10^{-5}	2~5
α_2-球蛋白	5.06	30×10^4	4.1×10^{-5}	4~9
β-球蛋白	5.12	(9~15)×10^4	2.8×10^{-5}	6.2~12
γ-球蛋白	6.85~7.3	(15.6~30)×10^4	1.0×10^{-5}	12~20

醋酸纤维素薄膜电泳由于具有对样品没有吸附现象、电泳时各区带分界清楚、拖尾现象不明显、样品用量少和电泳时间短等优点,已被广泛应用于临床诊断。

临床上常用此法测定血清蛋白质各组分的百分含量,以辅助诊断肝脏、肾脏等疾病。

1. 试剂

(1) 巴比妥盐缓冲液(pH8.6):巴比妥钠12.76 g,巴比妥1.66 g置于盛有200 mL蒸馏水的烧杯中,稍加热溶解后,移至1000 mL容量瓶中,加蒸馏水稀释至刻度。

(2) 染色液:氨基黑10B 0.5 g,加甲醇50 mL,冰醋酸10 mL,蒸馏水40 mL,溶解后备用。

(3) 漂洗液:甲醇或乙醇45 mL,加冰醋酸5 mL,蒸馏水50 mL,混匀备用。

(4) 洗脱液:0.4 mol/L NaOH溶液。

(5) 新鲜血清:无溶血。

2. 器材

电泳仪、醋酸纤维素薄膜(8 cm×2 cm)、点样器、滤纸、玻璃棒、721型分光光度计等。

 操作步骤

1. 准备与点样

取 8 cm×2 cm 醋酸纤维素薄膜,将其浸泡在 pH8.6 缓冲液中,待薄膜完全浸透后,取出轻轻夹于滤纸中,吸去多余的液体。然后用点样器蘸新鲜血清,在无光泽面距一端约 2 cm 处点样。待血清全部渗入膜内,移开点样器。

2. 电泳

取已点样的薄膜,点样面向下两端紧贴在四层滤纸桥上,注意点样端放阴极。盖好电泳槽盖,平衡 10 min,打开电源开关,调节电压至 110~130 V,电流至 0.4~0.6 mA,通电 45~60 min。

3. 染色与漂洗

电泳结束后,关闭电源。将薄膜从电泳槽中取出,浸入氨基黑 10B 染色液中 5~10 min。待充分染色后,取出薄膜,浸入漂洗液中漂洗 3~4 遍,直至背景无色为止。用滤纸吸干薄膜。

4. 定量

取试管 6 支,编号,将电泳薄膜按蛋白质区带剪开,分别置于试管中,另于薄膜的空白部分剪一平均大小的薄膜条放入空白管中。各管中加入 0.4 mol/L NaOH 溶液 5 mL,反复振摇,使其颜色充分洗脱。用 721 型分光光度计进行比色,波长 650 nm,以空白管调零,读取各管的吸光度。

各种蛋白质占总蛋白百分含量的计算:

$$A_T = A_A + A_{\alpha_1} + A_{\alpha_2} + A_\beta + A_\gamma$$

$$W_A = \frac{A_A}{A_T} \times 100\%$$

$$W_{\alpha_1} = \frac{A_{\alpha_1}}{A_T} \times 100\%$$

$$W_{\alpha_2} = \frac{A_{\alpha_2}}{A_T} \times 100\%$$

$$W_\beta = \frac{A_\beta}{A_T} \times 100\%$$

$$W_\gamma = \frac{A_\gamma}{A_T} \times 100\%$$

式中:A_T——吸光度总和;

W_A——清蛋白(A)百分含量;

W_{α_1}——α_1-球蛋白百分含量;

W_{α_2}——α_2-球蛋白百分含量;

W_β——β-球蛋白百分含量;

W_γ——γ-球蛋白百分含量。

实·验·结·果

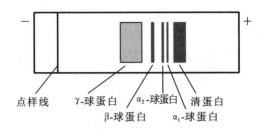

图 3-6　血清蛋白质醋酸纤维素薄膜电泳示意图

注·意·事·项

（1）醋酸纤维素薄膜一定要充分浸透后才能点样。点样后，电泳槽一定要密闭。电流不宜过大，以防止薄膜干裂，电泳图谱出现条痕。

（2）电泳缓冲液的离子强度不应过小或过大。过小可使区带拖尾，过大则使区带过于紧密。若电泳图谱分离不清或不整齐，常见的原因有：①点样过多；②点样不均匀、不整齐，样品触及薄膜边缘；③薄膜过湿，样品扩散；④薄膜未完全浸透或温度过高导致局部干燥或水分蒸发；⑤薄膜与滤纸桥接触不良；⑥薄膜位置歪斜、弯曲，与电流方向不平行；⑦缓冲液变质；⑧样品不新鲜；⑨CAM 膜质量不高等。

（3）电泳槽中缓冲液要保持清洁（数天要过滤一次），两极溶液要交替使用，最好将连接正、负极的线路调换使用。

（4）通电完毕后，应先断开电源后再取薄膜，以免触电。

（5）实验结束后，洗净双手，方可离开实验室。

······· 实验 9　血清蛋白质的电泳分离—— ·······
聚丙烯酰胺凝胶电泳

实·验·目·的

（1）掌握聚丙烯酰胺凝胶电泳的原理。

（2）掌握聚丙烯酰胺凝胶垂直电泳的操作技术。

实·验·原·理

聚丙烯酰胺凝胶电泳简称为 PAGE(polyacrylamide gel electrophoresis)，支持介质为聚丙烯酰胺凝胶，是由丙烯酰胺单体(acrylamide，简称 Acr)和交联剂 N,N′-甲叉双丙烯酰胺(N,N′-methylene bis-acrylamide 简称 Bis)在催化剂作用下聚合交联而成的三维网状结构的凝胶。通过改变单体浓度与交联剂的比例，可以得到不同孔径的凝胶，用于分离分子质量大小不同的物质。催化聚丙烯酰胺凝胶聚合有两种方法。本实验使用化学聚合法即通过加入催化剂过硫酸铵(AP)、加速剂四甲基乙二胺(简称 TEMED)起始聚合反应。光聚合通常用核黄素代替过硫酸铵和 TEMED,灌胶后置于强光下照射完成聚合。

聚丙烯酰胺凝胶电泳常分为两大类:第一类为连续的凝胶(仅有分离胶)电泳;第二类为不连续的凝胶(浓缩胶和分离胶)电泳。后者的分离效应包括三种。①浓缩效应:浓缩胶与分离胶中聚丙烯酰胺的浓度及 pH 值不同,样品在浓缩胶内被浓缩成高浓度的薄层。②电荷效应:进入分离胶后,不同的蛋白质根据所带电荷的差异性进行分离。③凝胶的分子筛效应:大小和形状不同的蛋白质通过一定孔径的分离胶时,受阻滞的程度不同而表现出不同的迁移率。因此,样品分离效果好,分辨率高。

本实验采用化学聚合法制胶,进行不连续的凝胶电泳,并用考马斯亮蓝快速染色,以分离血清中混合蛋白质。

试·剂·和·器·材

1. 试剂

(1) 分离胶缓冲液(Tris-HCl 缓冲液,pH8.9):称取 Tris 36.3 g,取 1 mol/L HCl 溶液 48 mL,加去离子水至 80 mL,调节 pH 值至 8.9,再用去离子水定容至 100 mL,置棕色瓶中,4 ℃冰箱保存。

(2) 浓缩胶缓冲液(Tris-HCl 缓冲液,pH6.7):称取 Tris 5.98 g,取 1 mol/L HCl 溶液 48 mL,加去离子水至 80 mL,调节 pH 值至 6.7,再用去离子水定容至 100 mL,置棕色瓶中,4 ℃冰箱保存。

(3) 30%凝胶储备液:称取丙烯酰胺(Acr)29.2 g,N,N′-甲叉双丙烯酰胺(Bis)0.8 g,加蒸馏水溶解后定容至 100 mL,过滤,将未溶物滤去,盛于棕色瓶中,4 ℃冰箱保存,可使用 1 个月。

(4) 电极缓冲液(Tris-甘氨酸缓冲液,pH8.3):称取甘氨酸 28.8 g,Tris 6.0 g,加去离子水至 850 mL,调 pH 值至 8.3,再用去离子水定容至 1000 mL,4 ℃冰箱保存,用前做 10 倍稀释。

(5) 催化剂(10%过硫酸铵溶液):称取过硫酸铵 0.5 g,加蒸馏水 5 mL。临用前配制。

(6) 加速剂(四甲基乙二胺,TEMED):原包装液,存于 4 ℃冰箱备用。

(7) 染色液:称取考马斯亮蓝 R-250 1.25 g,加入 50%甲醇溶液 454 mL 溶解,再加入冰醋酸 46 mL,混匀,过滤后用棕色瓶保存。

(8) 洗脱液:取冰醋酸 30 mL,甲醇 125 mL,用蒸馏水定容至 500 mL。

(9) 保存液:7%冰醋酸溶液。

(10) 0.05%溴酚蓝溶液:现配现用。

(11) 40%蔗糖溶液:现配现用。

(12) 固定液:12.5%三氯醋酸(TCA)溶液。

2. 器材

电泳仪、垂直板电泳槽、小烧杯、微量加样器等。

1. 准备及安装垂直板电泳槽

将凝胶板依次用水、无水乙醇、水洗涤干净,然后使其自然风干或烘干。样品格(梳子)临用前用无水乙醇擦拭,让其挥发至干。安装玻璃板和板条,并将玻璃板固定在电泳槽中,以 5% 琼脂封底,注意不要有渗漏。确定分离胶液面标志线(距样品梳子底部 0.5~1.0 cm 处)。

2. 分离胶的制备及灌制

取一小烧杯,按照表 3-3 依次加入各种试剂,用磁力搅拌器充分混匀,此液为 7.5% 分离胶 20 mL。用吸管轻轻将凝胶溶液加至固定好的两层玻璃板之间,使其液面至标志线位置(注意不要产生气泡)。用吸管加蒸馏水覆盖胶平面(3~4 cm),用于隔绝空气,使胶面平整。

表 3-3　分离胶和浓缩胶的配制

试　　剂	分离胶溶液	浓缩胶溶液
分离胶缓冲液/mL	2.5	—
浓缩胶缓冲液/mL	—	1.25
30% 凝胶储备液/mL	5.0	1.0
蒸馏水/mL	12.3	7.65
催化剂/mL	0.1	0.05
加速剂/mL	0.1	0.05

3. 浓缩胶的制备及灌制

在分离胶聚合的过程中,配制浓缩胶。取小烧杯,按照表 3-3 加入各种试剂,用磁力搅拌器充分混匀。此液总体积为 10 mL,凝胶浓度为 3%。

待分离胶凝固后,可以看到水与凝固的胶面折射率不同。倒掉蒸馏水,用滤纸吸去多余的水分。将凝胶板重新垂直放置,轻轻加入 3% 浓缩胶液(注意避免产生气泡),插入样品梳,使液面至样品梳上标志线位置,浓缩胶聚合完全后,小心拔出梳子,用移液器吸取电极缓冲液,清洗加样孔数次,以除去未聚合的丙烯酰胺。在上、下电泳槽中加入足量的电泳缓冲液。

4. 加样

取血清 0.1 mL,40% 蔗糖溶液 0.1 mL,0.05% 溴酚蓝溶液 0.05 mL 混合后,用微量加样器取 8 μL 上述混合液,将样品轻轻加至凝胶孔中。

5. 电泳

打开直流稳压电泳仪,开始时将电流调至 10 mA。待样品进入分离胶后,将电流调至 20~30 mA,当蓝色染料迁移至底部时,停止电泳。

6. 固定、染色及脱色

从电泳装置上卸下玻璃板，用刀片小心撬开玻璃板，在胶板一端切除一角作为标记，移入固定液中固定 30 min。除去固定液，将凝胶放入考马斯亮蓝 R-250 染色液中，使染色液没过胶板，染色 1～2 min。从染色液中取出凝胶，将其浸泡于脱色液中，直至背景脱至无色，其间更换脱色液 3～4 次。

注意事项

（1）Acr 和 Bis 具有神经毒性，因此称量时要戴手套和口罩。两者聚合后即无毒性，但为避免接触少量可能未聚合的单体，所以建议在配胶和制板过程中都要戴上手套。另外，配好的溶液之所以要避光保存，是因为此溶液见光极易脱氨基分解为丙烯酸和双丙烯酸。30％凝胶储备液 4 ℃保存能部分地防止水解，但也只能保存 1～2 个月。可测定 pH 值（4.9～5.2）来检查是否失效，失效液不能聚合。

（2）AP 和 TEMED 是催化剂，加入的量要合适，过少则凝胶聚合很慢甚至不聚合，过多则聚合过快，影响灌胶。如室温过高，为防止过快聚合，可置冰浴中操作。如果凝胶不聚合，通常是由于制备的试剂浓度不准确，或者凝胶混合液中漏加某一试剂，也可能是试剂不纯所致。应重新配制混合液。

（3）两玻璃板间凝胶底部的大气泡可阻断电流，因此必须除去。

（4）用移液器冲洗梳孔可将孔中的凝胶除去，以免点样孔不平齐或影响蛋白样品的沉降。

（5）分离胶灌制后，上层加水是为了阻止空气中的氧气对凝胶聚合的抑制作用，加水时要特别小心，缓缓滴加，避免冲坏胶面。

（6）为防止电泳后区带拖尾，样品中盐离子强度应尽量低，含盐高的样品可用透析或凝胶过滤法脱盐。

（7）凝胶玻璃板要定期做硅化处理：用氯仿或庚烷配成 5％二氯二甲硅烷溶液，用其浸泡或擦拭玻璃板，有机溶剂挥发时，二氯二甲硅烷即沉积在玻璃制品上。使用前用水反复冲洗多次或于 180 ℃烘烤 2 h。

实验 10　DNA 琼脂糖凝胶电泳

实验目的

掌握琼脂糖凝胶电泳分离 DNA 的实验原理及操作方法。

实验原理

各种生物大分子在一定的 pH 值条件下，可以解离成带电荷的离子，在电场中向相反的电极移动。琼脂糖在所需缓冲液中溶化成清澈、透明的溶液，凝固后，形成一种固体基质，DNA 分子沿其双螺旋骨架两侧带有富含负电荷的磷酸根残基，接通电源后，在中性

pH 值条件下带负电荷的 DNA 分子由负极向正极迁移。不同长度的 DNA 片段会表现出不同的迁移率,当 DNA 长度增加时,来自电场的驱动力和来自凝胶的阻力之间的比率就会降低,DNA 分子越大,摩擦阻力越大,越难以在凝胶孔隙中穿行,因而迁移得越慢,据此,DNA 分子可以在凝胶中获得有效分离并测得其分子质量大小。该过程可通过示踪染料或分子质量标准参照物和样品一起进行电泳而得到检测。

琼脂糖凝胶电泳不仅可以分离不同分子质量的 DNA,也可以鉴别分子质量相同但构型不同的 DNA 分子。常规方法抽提的质粒 DNA 通常具有三种不同的构象:超螺旋、线状和开环形。在一般情况下,超螺旋质粒 DNA 迁移速度最快,其次为线状,最慢的为开环形。提取的质粒 DNA 样品中,还有染色体 DNA、RNA 或蛋白质,在琼脂糖凝胶电泳中也可以观察到,如蛋白质与 DNA 结合,在点样孔内产生荧光亮点,提取的质粒 DNA 如有 RNA 未被处理完全,在 DNA 条带前方有云雾状的亮带,由此可分析样品的纯度。

1. 试剂

(1) 5×TBE(1 L):54.0 g Tris,27.5 g 硼酸,20 mL 0.5 mol/L EDTA 溶液(pH8.0),用时稀释成 10 倍,使用终浓度 0.5×TBE。

(2) 溴化乙锭(EB):用水配制成 10 mg/mL 的储存液,分装,避光,4 ℃保存。

(3) 10×上样缓冲液:0.25%溴酚蓝溶液,0.25%二甲苯青 FF 溶液,50%甘油溶液,10 mmol/L EDTA 溶液,4 ℃保存。

(4) 电泳级琼脂糖。

(5) DL2000 标准分子 Marker。

2. 器材

稳压稳流电泳仪、水平式凝胶电泳槽、紫外检测仪、凝胶成像系统及凝胶图像分析软件等。

一、制备琼脂糖凝胶

1. 准备电泳槽及制胶板

选择合适的水平式凝胶电泳槽,调节电泳槽平面至水平,检查稳压电源与正、负极的连接线路。将制胶板洗净,晾干,用胶带将制胶板两端封好,插入适当的梳子后备用。

2. 配胶

根据被分离 DNA 的大小,决定凝胶中琼脂糖的百分含量(参照表 3-4)。

表 3-4　凝胶浓度与 DNA 分子的有效分离范围

凝胶中的琼脂糖含量/(%)	线状 DNA 分子的有效分离范围/kb
0.3	5.0～60
0.6	1.0～20

续表

凝胶中的琼脂糖含量/(%)	线状 DNA 分子的有效分离范围/kb
0.7	0.8～10
0.9	0.5～7
1.2	0.4～6
1.5	0.2～3
2.0	0.1～2

根据所需浓度称取一定量琼脂糖,置于三角烧瓶中,加入所需量的电泳缓冲液(0.5×TBE),微波炉中加热至琼脂糖全部熔化。凝胶加热时间不宜过长,以免引起暴沸;如蒸发过多应补充部分缓冲液。

3. 倒胶

待凝胶冷至 55 ℃左右时,在凝胶中加入 EB 至终浓度0.5 μg/mL,摇匀后缓缓倒入制胶板中。凝胶的厚度在 3～5 mm 之间。注意不要产生气泡,尤其梳子周围不能有气泡,若有气泡,可用吸管小心吸去。

4. 凝固

凝胶通常需要在室温中放置 30～45 min。低熔点琼脂糖凝胶或低浓度凝胶应放入 4 ℃冰箱,加速凝固,增强硬度。

5. 加电泳缓冲液

凝胶完全凝固后,轻轻拔去梳子,注意保持点样孔的完整。将凝胶放入电泳槽中,点样孔端放在负极端。加入电泳缓冲液,使液面恰好没过凝胶板表面,这样凝胶两端的电压几乎与外加电压相等,电泳效率高。

二、加样

取 5 μL DNA 样品与 2 μL 10×上样缓冲液,混合均匀,用微量加样器加至加样孔中。加样时 Tip 头不必插入孔中,可对准加样孔,在孔的上方加样,样品会沉入孔内。同时,根据待分离片段的大小选择不同分子质量的标准 DNA 作对照,同时起标识样品顺序的作用。

三、电泳

接通电源,开启电源开关,观察正、负两极是否有气泡出现,如负极气泡比正极多,则表示电泳槽已经接通电源。电泳时需先采用高压(80～100 V),待电泳几分钟后溴酚蓝指示剂迁移至凝胶中,调整电压至1～5 V/cm(按两极间距离计算),继续电泳。电泳时间视具体样品而定。

四、观察和拍照

当溴酚蓝染料移动到距凝胶前沿 1～2 cm 处,停止电泳。小心取出凝胶,置于紫外检测仪中,打开紫外灯,观察电泳结果。DNA 存在处应显示出橘红色荧光条带(在紫外灯下观察时可戴上防护眼镜)。利用凝胶成像系统及专门的凝胶分析软件可将结果保存下来。

(1) 溴化乙锭(EB)是一种强诱变剂,有毒性,使用含有该染料的溶液时必须戴手套,注意防护。溴化乙锭是核酸的染色剂,它与DNA形成荧光配合物,用低浓度的溴化乙锭(0.5 μg/mL)对凝胶进行染色,可确定DNA在凝胶中的位置。而发射的荧光强度正比于DNA的含量,如将已知浓度的标准样品作电泳对照,就可估计出待测样品的浓度。实验室使用溴化乙锭的染色方法一般有两种:①在凝胶中加入EB至终浓度0.5 μg/mL,这是实验室常用的方法;②电泳结束后,取出凝胶放入含有0.5 μg/mL EB的电泳缓冲液(或双蒸水)中染色10～30 min。

(2) 上样缓冲液的目的有三个:①溴酚蓝呈蓝紫色,二甲苯青呈绿色,与样品混合后,使加样操作便利;②上样缓冲液含蔗糖、聚蔗糖400和甘油等,可以增加样品密度,以确保DNA样品均匀进入点样孔内;③作为DNA电泳前沿指示剂,因溴酚蓝在不同浓度的凝胶中迁移速度基本相同,二甲苯青在凝胶中迁移速度比溴酚蓝慢,以0.5×TBE作电泳缓冲液时,溴酚蓝的迁移速度约与300 bp双链DNA分子相同,而二甲苯青约与4 kb双链DNA分子相同,迁移速度与胶的浓度关系不大。可以参照指示剂的迁移情况决定是否停止电泳。

(夏　俊)

第四章

层析法

层析法是利用混合物中各组分物理化学性质的差异(如吸附力、分子形状及大小、分子亲和力、分配系数等),使各组分在两相(一相为固定的,称为固定相;另一相流过固定相,称为流动相)中的分布程度不同,从而使各组分以不同的速度移动而达到分离的目的。

层析法也称色谱法(chromatography),是 1906 年俄国植物学家 Michael Tswett 在分离植物色素的过程中发明的。他将植物叶子的色素通过装填有吸附剂的柱子,各种色素以不同的速率流动后形成不同的色带而被分开,由此得名为"色谱法"。后来无色物质也可利用此方法进行分离。

自 1944 年出现纸层析法以后,层析法不断发展,形式多种多样,相继出现了液相层析、薄层层析、气相层析、离子交换层析、凝胶层析、亲和层析、反相层析、正相层析、高效液相层析以及层析与电泳结合的产物——毛细管电泳层析。目前,每一种层析法都已发展成为一门独立的生化技术,是生物化学领域中发展最快、应用最广的分析方法之一。尤其是该技术与光电仪器、电子计算机结合,可组成各种各样的高效率、高灵敏度的自动化分离分析装置,更充分显示了色谱技术的强大生命力,成为近代生物化学发展的关键技术之一。

第一节　层析法理论概述

层析法或色谱法所涉及的理论主要包括热力学与动力学两方面。热力学理论是从平衡的观点来研究组分分离过程,故亦称平衡理论,可用 1941 年 Martin 和 Synge 所提出的塔板理论(plate theory)来描述;动力学理论是从动力学的观点以速率来研究各种动力因素对柱效能的影响,可用 1956 年 Van Deemter 等人提出的速率理论来描述。

这两个理论主要是从研究分配层析中得出的,也被认为是一切层析法的基本理论。

一、层析法中的基本术语

1. 洗脱曲线和层析图谱

在层析分离过程中,组分浓度随流动相体积或时间的改变而变化,符合正态分布曲线,可用洗脱曲线(图 4-1)表示。

由整个层析分离过程所得的组分流出曲线称为这些组分的层析图谱或色谱图。

2. 层析峰

流出曲线所呈的峰形称为层析峰,如果分离完全,每个峰代表一个组分。洗脱曲线中 A 和 B 代表两个不同组分(图 4-1)。

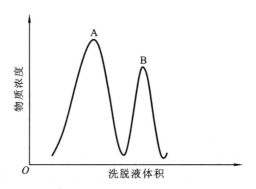

图 4-1 洗脱曲线

3. 基线

在操作条件下,当层析柱后没有组分峰流出时的流出曲线称为基线(base line)。稳定的基线应是一条平行于横轴的直线。基线反映仪器(主要是检测器)的噪声随时间的变化。

4. 保留值

保留值(retention value)表示样品各组分在层析柱中停留时间的长短或组分流出时所需流动相体积的大小,是保留体积与保留时间的总称。

(1) 保留时间和保留体积。

保留时间(retention time, t_R)是指样品组分通过层析柱出峰所需的时间。

保留体积(retention value, V_R)是指样品组分通过层析柱出峰时所需流动相的体积。保留体积应是保留时间与流动相流速的乘积。在气相层析中,载气流速为 F_c,则

$$V_R = t_R F_c$$

流速越大,保留时间越小,V_R 不随 F_c 而变。t_R 与 V_R 均取决于样品的性质,所以是定性的基本参数。

(2) 死体积和死时间。

死体积(dead volume, V_M)是指层析柱中未被固定相所占有的空间。如柱的接口、柱出口管路和检测器内腔空间及柱内填充空隙等。

死时间(dead time, t_M)为流动相充满这段空间所需的时间,在气相层析中就是空气出峰的时间。同样:

$$V_M = t_M F_c$$

(3) 调整保留体积和调整保留时间。

调整保留体积(adjusted retention volume, V_R')是从保留体积中扣除死体积后的体积。

调整保留时间(adjusted retention time, t_R')是由保留时间中扣除死时间后的时间,它

表示样品通过层析柱(为固定相)所滞留的时间。V'_R也不随F_c而改变。

$$V'_R = t'_R F_c$$

保留体积及保留时间可以用来描述色谱峰在色谱图上的位置(图 4-2)。

5. 峰高和峰面积

从峰顶至基线的高度称为峰高,以 h 表示,曲线下所包含的面积称为峰面积。峰高和峰面积是定量的基础。

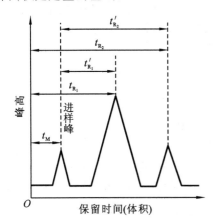

图 4-2 色谱峰在色谱图上的位置

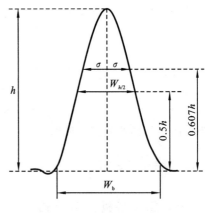

图 4-3 峰宽表示方法

6. 色谱峰区域宽度

色谱峰区域宽度(peak width)简称色谱峰宽度。色谱峰宽度通常有 3 种表示方法,见图 4-3。

(1)标准差(standard deviation,σ):正常的流出曲线是正态分布曲线,两侧拐点之间的距离为 2 个标准差。σ 的大小表示组分被带出色谱柱的分散度,σ 大说明组分流出分散,色谱峰宽度也大,是柱效能不高的表现。σ 小表示组分在色谱柱中集中,色谱峰就窄,柱效能也高。

从流出峰拐点到基线的距离为峰高的 0.607 倍,所以 σ 是峰高 0.607 倍处色谱峰宽度的一半。

(2)半峰宽(peak width at half height,$W_{h/2}$):峰高一半处的峰宽。

(3)峰宽(peak width at base,W_b):又称峰的基线宽度,是通过色谱峰两侧拐点作切线交于基线上的截距。

标准差、半峰宽及峰宽三者关系如下:

$$W_b = 4\sigma$$
$$W_b = 1.699 W_{h/2}$$
$$W_{h/2} = 2.354\sigma$$

W_b 和 $W_{h/2}$ 都是由 σ 派生而来的,可用来衡量柱效能,还可以与峰高一起计算峰面积。

7. 分配系数与分配比

(1)分配系数(distribution coefficient):当某组分在固定相和流动相之间分配达到平衡时,该组分在固定相和流动相中的浓度比即为分配系数,用 K 来表示:

$$K = \frac{C_s}{C_m}$$

C_s 及 C_m 分别代表平衡时组分在固定相及流动相中的浓度,K 值是浓度之比。在已确定的两相中,在一定的温度和压力条件下,同一种物质其 K 值是常数,不同的物质在同一条件下,K 值是不同的。但由于许多物质在两相中的溶解度是随温度、压力及两相溶剂的不同而改变,故应把 K 值看作是一随条件变化的常数,而不是一个标准的定值。

（2）分配比（partition）:又称容量因子、容量比、分配容量,指的是当某物质在固定相和流动相中分配达到平衡时,该物质在固定相与流动相中的重量比,用 K' 来表示:

$$K' = \frac{W_s}{W_m}$$

K' 与 K 的关系如下:

$$K' = \frac{W_s}{W_m} = \frac{C_s V_s}{C_m V_m} = K \frac{V_s}{V_m}$$

故当该两相的体积确定不变时: $\qquad K \propto K'$

二、塔板理论

（一）理论塔板数与理论塔板高度

塔板理论把层析柱看作是一个分馏塔,由许多塔板组成。塔板间距离(亦称理论塔板高度)为 H。在每个塔板上,组分在固定相和流动相间达成一次平衡,经过多次平衡后,分配系数小(在流动相中溶解度大)的组分,先离开层析柱;分配系数大(即在固定相中溶解度大)的组分则后离开层析柱,从而实现组分间的分离。只要层析柱相对应的塔板数很大,就能使分配系数差异微小的组分也能得到很好的分离。显然,对一定的柱长 L 而言,每达成一次分配平衡所需的理论塔板高度 H 越小,理论塔板数 n 越大,柱效能就越高,所以,对一定的柱长 L,可用理论塔板数 n 来描述柱的分离效能:

$$n = \frac{L}{H}$$

由塔板理论导出的理论塔板数 n 的计算式为

$$n = 5.54 \left(\frac{t_R}{W_{h/2}} \right)^2 = 16 \left(\frac{t_R}{W_b} \right)^2$$

（二）有效理论塔板数与理论塔板高度

组分保留时间越长、峰形越窄,则理论塔板数越大。由于 t_R 中包含了死时间,为消除其影响,提出用有效理论塔板数或理论塔板高度来衡量柱效能的高低:

$$n_{有效} = 5.54 \left(\frac{t'_R}{W_{h/2}} \right)^2 = 16 \left(\frac{t'_R}{W_b} \right)^2$$

$$H_{有效} = \frac{L}{n_{有效}}$$

式中:$n_{有效}$——有效理论塔板数;

$H_{有效}$——有效理论塔板高度；

t'_R——调整保留时间；

$W_{h/2}$——半峰宽；

W_b——基线峰宽。

气相层析柱的有效理论塔板高度一般为 1 mm，柱长 1 m 的层析柱约有 1000 个理论塔板数。高效液相层析柱的有效理论塔板高度一般可小于 0.05 mm，一根柱长 0.3 m 的高效液相层析的理论塔板数往往高达 5000～10000。毛细管电泳层析柱的理论塔板数可高达每米 10^6 个。

三、速率理论

塔板理论描述了组分在层析柱中的分配平衡和分离过程，它在解释层析流出曲线的形状、浓度极大点的位置以及在计算、评价柱效能等方面是成功的。但它不能解释同一层析柱在流动相流速不同的情况下柱效能并不相同的实验事实。虽然在计算理论塔板的公式中包含了色谱峰宽项，但塔板理论本身不能说明为什么色谱峰会展宽，也未能指出哪些因素影响塔板高度，从而未能指明如何才能减少组分在柱中的扩散和传质过程的影响。

速率理论在塔板理论的基础上指出组分在柱中运行的多路径及浓度梯度造成的分子扩散，以及在两相间质量传递不能瞬间实现平衡，是造成色谱峰展宽，使柱效能下降的原因。如果色谱条件已经确定，只有流速是变量时，速率理论可用 Van Deemter 方程描述：

$$H = A + \frac{B}{u} + Cu$$

式中：H——理论塔板高度，cm；

u——流动相流速，cm/s；

A、B、C——与柱性能有关的常数，其单位分别为 cm、cm^2/s 及 s。

$$u \approx \frac{L}{t_M}$$

L——柱长，cm；

t_M——死时间，s。

上述公式说明：在流动相流速（u）一定时，A、B 及 C 三个常数越小，峰越锐，柱效能越高。反之，则峰扩张，柱效能低。用 Van Deemter 方程可以解释理论塔板高度-流速曲线（图4-4）。

在低流速（0～$u_{最佳}$ 之间）时 u 越小，B/u 项越大，Cu 项越小。此时，Cu 项可以忽略，B/u 项起主导作用，u 增加则 H 降低，柱效能增高。在高流速（$u > u_{最佳}$）时，u 越大，Cu 越大，B/u 越小。这时 Cu 项起主导作用，u 增加，H 增加，柱效能降低。

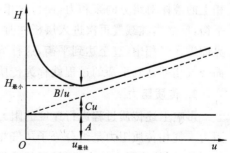

图 4-4 理论塔板高度-流速曲线

(一) 涡流扩散项 A 的物理意义

填充柱中固定相的颗粒大小、形状不可能完全相同,填充的均匀性也有差别。组分在流动相载带下流过柱子时,会因碰到填充物颗粒和填充的不均匀性,而不断改变流动的方向和速度,使组分在气相中形成紊乱的类似涡流的流动。涡流的出现使同一组分分子在气流中的路径长短不一,因此同时进入色谱柱的组分到达柱出口所用的时间也不相同,从而导致色谱峰的展宽。以涡流扩散项 A 表示:

$$A = 2\lambda d_p$$

其中,d_p 为固定相粒子直径,λ 代表装柱的不均匀度。粒子越小,粒度越均匀,装柱越均匀,则 A 值就越小,柱效能即提高。

(二) 分子扩散项 B/u

样品以及分离后的各组分在层析柱中沿纵向存在着浓度梯度并产生沿纵向的扩散。这种纵向扩散的大小与组分在色谱柱内的停留时间有关,流动相流速 u 越小,组分停留的时间长,纵向扩散就大。要降低纵向扩散的影响,应加大流动相流速。以分子扩散项 B/u 来描述这种影响,其中 B 可用下式计算:

$$B = 2\gamma D_g$$

γ 是与组分分子在柱内扩散路径弯曲程度有关的因子,称为弯曲因子,它可以理解为由于固定相颗粒的存在,使分子不能自由扩散,从而使扩散程度降低。空心柱由于无填充物的阻碍,扩散程度最大,$\gamma = 1$;由于填充物的阻碍,使填充柱的 $\gamma < 1$。

D_g 为溶质在流动相中的扩散系数(cm^2/s),它与流动相的性质(相对分子质量),组分本身的性质及温度、压力等有关。流速如果太慢,物质停留时间长,则扩散严重。由于溶质分子在液体中的扩散系数仅相当气体的 10^{-5} 倍,液相层析中的分子扩散影响远较气相层析小。

(三) 传质阻力项 Cu

1. 传质作用

在气液层析中,组分在气、液两相中进行分配,当组分随载气进入层析柱时,由于固定相上的液体对组分的亲和力,使得气相中的组分分子要经过气液界面进入液相,直至达到平衡,反之当纯载气再次进入层析柱时,分配在固定相液体中的组分分子就要再次经液气界面进入气相中,直至达到平衡,这种溶质(组分)分子从气相→气液界面→液相→液气界面→气相并达到平衡的过程就称为传质过程或传质作用。

2. 传质阻力

影响上述传质过程进行速度的阻力就称为传质阻力,包括气相传质阻力和液相传质阻力。气相传质阻力是组分分子从气相→气液界面→液相时的传质阻力,此过程所花时间越长,则传质阻力越大,峰扩展越明显。液相传质阻力是组分从液相→液气界面→气相时的传质阻力。由于上面两个过程都不能瞬间达到平衡,而是需要一定时间,就使得这些从固定相出来的分子一定会落后于流动相中向前方移动的另外一些同组分的分子,造成峰的扩展。气相传质阻力和液相传质阻力的系数 C 有所不同。

（1）对于气-液层析，传质阻力系数 C 包括气相传质阻力系数 C_g 和液相传质阻力系数 C_l 两相，即

$$C = C_g + C_l$$

对于填充柱，气相传质阻力系数 C_g 由如下公式求得：

$$C_g = \frac{0.01k^2}{(1+k)^2} \frac{d_p^2}{D_g}$$

式中：k——容量因子；

d_p——填充物粒度；

D_g——溶质在流动相中的扩散系数。

液相传质阻力系数 C_l 由如下公式求得：

$$C_l = \frac{2}{3} \frac{k}{(1+k)^2} \frac{d_f^2}{D_l}$$

式中：k——容量因子；

d_f——固定相液膜厚度；

D_l——溶质在液相（气液层析中的固定相）中的扩散系数。

（2）对于液-液层析，传质阻力系数 C 包括流动相传质阻力系数 C_m 和固定相传质阻力系数 C_s 两项，即

$$C = C_m + C_s$$

其中流动相传质阻力系数 C_m 又包括流动的流动相中的传质阻力系数和被滞留的流动相的传质阻力系数，即

$$C_m = \frac{\omega_m d_p^2}{D_m} + \frac{\omega_{sm} d_p^2}{D_m}$$

式中：ω_m 是由柱和填充的性质决定的因子，ω_{sm} 与颗粒微孔中被流动相所占据部分的分数及容量因子有关。

液相层析中固定相传质阻力系数 C_s 可用下式表示：

$$C_s = \frac{\omega_s d_f^2}{D_s}$$

综合以上所述，流动相流速和固定相粒子大小是影响层析柱理论塔板高度（H）的两个主要因素。

在气相层析中，当流速低时，因气体分子扩散快，分子扩散严重，H 较大；随流速增加 H 下降，并达到一最低值，这时的流速就是气相层析的最佳流速。当流速再加大时，则传质影响起了主要作用，使得流速增加，H 也随着增加。

在液相层析中，因液体分子扩散仅为气体的 10^{-5} 倍，分子扩散项 B/u 基本可以忽略，所以流速低时，H 较小；随着流速的增加，传质阻力项 Cu 使得 H 略有增大。在高压液相层析中，流速对 H 影响不大，但是在凝胶过滤层析中，因为物质要渗透凝胶内部，所以传质因素影响大，流速快了就会降低柱效能（图4-5）。

固定相颗粒越小，柱效能越高，但这对流动相流动的阻力就增大，需要用高压使它流动，高效液相色谱（HPLC）就是根据这一理论而发展起来的。常规液相层析用的固定相

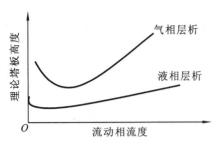

图 4-5　理论塔板高度与流动相流速的关系

颗粒直径在 100 μm 左右,高压液相层析则仅为 10 μm、5 μm 或更小。颗粒直径小则表面积大,传质快,大大提高了柱效能。

(1)塔板理论是由研究分配色谱时所得出的半经验理论,但它是一切色谱法的理论基础。

(2)塔板理论是从热力学的观点来研究平衡过程,并由此提出了理论塔板数和理论塔板高度的概念。

(3)速率理论则是从动力学的观点来看待色谱的过程,Van Deemter 方程提出了影响理论塔板高度的一些因素,如担体的粒度、均匀性、柱填充的均匀性、固定相液层的厚度及流动相的流速等。在实际操作中,如能很好地调节和控制这些因素,色谱柱将能充分发挥其分离效能,获得最佳的分离效果。

四、分离度

分离度(resolution,R_s)是层析分离效能的总指标。根据色谱图中色谱峰的位置及峰宽,可计算出理论塔板数。而理论塔板数,只能表示某一物质在层析柱上的分离效能,并不能说明某两种物质实际是否可分离开来。在色谱技术中,常使用分离度这一概念来说明某两种物质的分离情况。在色谱图中,它表达了两个相邻峰的分离程度,是层析柱分离效能的指标,分离度也称分辨率。

R_s 定义为两相邻组分色谱峰保留时间之差与两峰基线宽度总和一半的比值,可在色谱图中用下式计算而得:

$$R_s = \frac{t_{R_2} - t_{R_1}}{\frac{1}{2}(W_{b_1} + W_{b_2})} = \frac{2\Delta t_R}{W_{b_1} + W_{b_2}}$$

当 $W_{b_1} = W_{b_2}$ 时,分离度 R_s 定量地描述了混合物中相邻两组分在色谱柱中的分离情况,概括了色谱过程的热力学与动力学两个效应。比较全面地评述了柱效能,故可用其作为色谱柱的总分离效能的指标。

(1)两组分的保留值的差距($t_{R_2} - t_{R_1}$)越大,R_s 值也越大,表示两峰分离效果越好,柱分离效能越高,反映了色谱作用中的热力学过程。

(2)两峰宽总和($W_{b_1} + W_{b_2}$)越小(即两峰越窄),R_s 值也越大,两组分分离越好、越集中,分离效能越高,反映了色谱作用中的动力学过程。

当 $R_s = 1.5$ 时,$t_{R_2} - t_{R_1} = 6\sigma$,两峰完全分开,分离程度可达 99.7%;

当 $R_s = 1$ 时,$t_{R_2} - t_{R_1} = 4\sigma$,两峰基本分开,分离程度可达 98%;

当 $R_s < 1$ 时,$t_{R_2} - t_{R_1} < 4\sigma$,两峰部分重叠;

当 $R_s = 0$ 时,$t_{R_2} - t_{R_1} = 0$,则只有一个峰。

柱效能和选择性对分离效果的影响如图 4-6 所示。图中曲线 a 色谱峰距离近而且峰形宽,两峰相叠,表示选择性差、柱效能低;图中曲线 b 色谱峰虽然距离拉开但峰形很宽,说明选择性好但柱效能低;图中曲线 c 分离效果最理想,说明选择性好、柱效能也高。

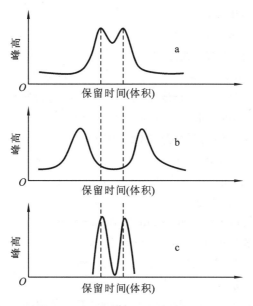

图 4-6 柱效能和选择性对分离效果的影响

第二节 层析法分类

层析法的种类繁多,分类的方法也多种多样,一般可按两相所处的状态、分离机制和操作形式等三种方式进行分类。

一、按两相所处的状态分类

层析法中总是要有两相,流动相可以是液体也可以是气体。按流动相的状态不同,可以分为液相层析法和气相层析法两大类。

固定相可以是固体也可以是液体,但是这个液体必须附载在某个固体物质上,这个固体物质称为载体。按固定相所处状态不同,液相层析法又可分为液固层析法及液液层析法。气相层析法又可分为气固层析法及气液层析法。

二、按层析的分离机制分类

按照层析的分离机制进行的分类方法是最重要和最基本的分类方法,通常可分为下面几种。

(1)吸附层析(absorption chromatography):固定相是固体吸附剂,利用各组分在吸附剂表面吸附能力的差别而分离。

(2)分配层析(partition chromatography):固定相是一种被载体固定住的液体,利用各组分在固定相与流动相中的溶解度不同,引起分配系数的差别而分离。液液层析法与气液层析法都属于分配层析法范围。流动相的极性大于固定相极性的液相层析法,称为反相层析法,反之称为正相层析法。

（3）离子交换层析（ion exchange chromatography）：固定相是离子交换剂,利用各组分对离子交换剂的可交换基团交换能力（交换系数）的不同而进行分离的方法。

（4）凝胶层析（gel chromatography）：固定相是一种多孔性凝胶,利用各组分的分子大小不同,因而在凝胶上受阻滞的程度不同而获得分离。凝胶层析法也称为分子筛层析（molecular sieve chromatography）,凝胶起到分子筛的的作用,对分子大小不同的组分起过滤作用,故凝胶层析又可称为凝胶过滤（gel filtration）。

（5）亲和层析（affinity chromatography）：将具有生物学活性（如酶、辅酶、抗体等）的配基键合到载体或基质表面形成固定相。利用蛋白质或生物大分子与亲和层析固定相配基的亲和力进行分离的层析方法。

（6）化学键合相层析（chemical bonded phase chromatography）：将固定相的功能基团键合在载体表面,形成的固定相称为化学键合相。使用这种固定相的层析法称为化学键合相层析法,简称键合相层析法。化学键合相可作为液液分配层析、离子交换层析,亲和层析、高效液相层析等层析法的固定相。

（7）毛细管电泳法（capillary electrophoresis,CE）：又称高效毛细管电泳（HPCE）,是一类以毛细管为分离通道、以高压直流电场为驱动力的新型液相分离分析技术。它实际上包含层析和电泳两种分离机制或作用,依据样品组分的分配系数及电泳的迁移率差别而对样品组分进行分离。毛细管电泳法是 20 世纪 80 年代后期迅速发展起来的,它的柱效能高、灵敏度好,应用范围广泛,在分析技术中,是高效液相色谱之后的又一重大进展。

三、按操作形式不同分类

按操作形式不同可分为柱层析法和平面层析法。

1. 柱层析法

柱层析法（column chromatography）是将固定相装在层析柱内,层析过程在层析柱内进行,是最常用的层析方法。按层析柱粗细,可分为一般柱层析法、毛细管层析法及微粒填充柱层析法等类别。

高效液相层析法与经典的柱液相层析法不同,主要在于层析柱内填料的性能不同,前者使用微粒高效固定相,而后者用一般固定相。另外是装置不同,前者为自动化仪器,由微机控制,后者一般由手工操作。

2. 平面层析法

平面层析法（planar chromatography）是层析过程在固定相构成的平面层内进行的层析法。主要有下面几种。

（1）纸层析法：是用滤纸作为固定相液体的载体,点样后用流动相展开,使组分达到分离。

（2）薄层层析法：是将适当粒度的固定相均匀涂铺在玻璃板上,点样后,用流动相展开,使组分达到分离的目的。

（3）薄膜层析法：将适当的高分子有机吸附剂制成薄膜,以类似薄层层析的方法进行物质的分离。

主要层析法及其特点见表 4-1。

表 4-1　主要层析法及其特点

层析法名称	固定相	流动相	分 离 依 据	层 析 载 体
吸附层析	固体	液体	疏水作用和静电引力	硅胶、氧化铝、疏水性吸附剂
分配层析	液体	液体	溶解度	滤纸、纤维素、硅胶、硅藻土
离子交换层析	固体	液体	离子间静电引力	离子交换剂
凝胶过滤层析	固体	液体	分子大小（分子筛效应）	葡聚糖、琼脂糖
亲和层析	固体	液体	亲和力	葡聚糖和琼脂糖
高效液相层析	固体	液体	随固定相基质变化而变化	吸附剂、离子交换剂、亲和吸附剂
气相层析	固体	气体	疏水作用和静电引力	吸附剂和有机溶剂

第三节　吸附层析与分配层析

一、吸附层析

吸附作用是指某些物质能够从溶液中将溶质浓集在其表面的现象。在吸附剂从溶液中吸附物质的同时，也有部分已被吸附的该物质从吸附剂上脱离下来。在一定条件下，这种吸附与脱附之间可建立动态平衡，这就是吸附平衡。在达到平衡时，在吸附剂表面上被吸附的物质的数量多少，是该吸附剂对该物质的吸附能力强弱的反映。

吸附剂的吸附能力除取决于吸附剂及被吸附物质本身的性质外，还和周围溶液的组成有密切关系。当改变吸附剂周围溶剂的成分时，吸附剂的吸附能力即可发生变化，往往可使被吸附物质从吸附剂上解吸下来，这种解吸过程亦称为洗脱（elution）或展层（developing）。

吸附层析（absorption chromatography）就是利用吸附剂这种吸附能力可受溶媒影响而发生改变的性质，在样品中的物质被吸附剂吸附后，用适当的洗脱液冲洗，改变吸附剂的吸附能力，使被吸附的物质解吸，随洗脱液向前移动。但这些解吸下来的物质向前移动时，要遇到前面新的吸附剂而被吸附，它要在后来的洗脱液冲洗下重新解吸下来，继续向前移动。经过这样反复的吸附—解吸—再吸附—再解吸的过程，物质即可沿洗脱液的前进方向移动，其移动速度取决于当时条件下吸附剂对该物质的吸附能力。若吸附剂对该物质的吸附能力强，该物质向前移动的速度就慢；反之，若吸附能力弱，移动速度就快。由于吸附剂对样品中各组分的吸附能力不同，所以在洗脱过程中各组分便会由于移动速度不同而逐渐分离开来，这就是吸附层析的基本过程。

适用于吸附层析的吸附剂种类很多，其中应用最广的是氧化铝、硅胶及活性炭等，可根据待分离的物质的种类与实验的要求适当选用。在进行吸附层析实际操作时，可以将吸附剂装在玻璃管内进行，即所谓柱层析法（column chromatography），也可以将吸附剂铺在玻璃板上进行,即所谓薄层层析法(thin layer chromatography,TLC)。

(一) 柱层析法

柱层析是利用玻璃柱装载固定相的一类层析方法。柱层析所用的玻璃柱,是一根适当大小的细长玻璃管,下端封闭而只留下一个细的出口管。在柱的底部要铺垫细孔尼龙网、玻璃棉、垂熔滤板或其他适当的细孔滤器,使装入柱内的固定相不流失。

在进行柱层析时,柱中充填用溶剂湿润的吸附剂,然后在柱顶部加入样品溶液,使液体缓慢向下流过层析柱,溶质即被吸附剂吸附。通常加入的样品量有限,溶质全部被顶部一薄层吸附剂所吸附。待样品液全部流入后,再加入适当的洗脱液,使被吸附的物质逐步解吸下来,经过反复的吸附—解吸—再吸附—再解吸的过程,不同的组分可以不同的移动速度向下移动,逐渐分离开来,而以不同速度从下端出口流出,分步收集洗脱液,即可得到各个组分分离的溶液,供进一步处理和测定。

(二) 薄层层析法

薄层层析法是将吸附剂均匀地在玻璃板上铺成薄层,再把样品点在薄层板上,点样的位置靠近板的一端。然后把板的这端浸入适当的溶剂中,使溶剂在薄层板上扩散,并在此过程中通过吸附—解吸—再吸附—再解吸的反复进行,而将样品中各个组分分离开来(展层)。由于薄层层析的操作简便、快速、灵敏、分离效果好,所以应用很广泛。

薄层层析的制板方法有多种。最简单的方法是直接将固定相支持物干粉倒在玻璃板上,然后用两端缠有胶布或漆包线(厚度根据所需薄层厚度而定)的玻璃管从板一端推向另一端,使干粉均匀、平整地铺在板上。也可以先将固相支持物加适量水或其他液体调成糊状,倒在玻璃板上,然后用边缘光滑的玻璃片刮平(此玻璃片两侧要用比制板玻璃稍厚的玻璃板垫起),使得到均匀的薄层,经干燥后即可应用。有时将较稀的细粒糊状物倒在玻璃板上,小心把玻璃板作不同方向的倾斜将糊状物均匀漫布在板上,然后平放、干燥也可制得适用的薄层板。应用硅胶制板时,为了使制成的薄层板不易松散,常常要在硅胶中加入10%左右的煅烧石膏作黏合剂(市售的硅胶G是已掺入石膏的薄层层析用硅胶),这样的硅胶必须加水调成糊状铺板,而不能直接用干粉铺板。除煅烧石膏外,羧甲基纤维素及淀粉也是常用的薄层黏合剂。

薄层层析的展层要在密闭的层析缸中进行,展层所需时间因展层的方式(上行、下行或其他方式)及板的长度不同而异,可从数分钟到数小时,一般以展开剂的前沿走到距薄层板边2~3 cm时停止展层,然后取出,记下前沿位置,再行干燥和显色。

二、分配层析

分配层析(partition chromatography)是利用混合物中各组分在两相中分配系数不同而达到分离目的的层析技术。对于同一溶剂体系,不同物质的分配系数往往都不相同,这也就是用有机溶剂从水溶液中提取和分离某些溶质(萃取)的依据。假设该溶剂体系的A相是水,而B相是有机溶剂,当往含有两种分配系数不同的物质的水溶液中加入有机溶剂,充分振荡后,分配系数较大的物质就会在水相中残留较多,而溶解在有机溶剂中的较少;反之,分配系数较小的物质在水相中残留较少,而更多溶解在有机溶剂中。

在分配层析中,固定相是极性溶剂(例如水就是最常用的极性溶剂),它需要和极性溶剂紧密结合的多孔材料作为支持物,使之呈不流动状态。流动相则是非极性的有机溶剂。在分配层析中,分配系数就是指达到平衡时,物质在固定相和流动相两部分的浓度的比值。

分配系数较大的物质,就要分配在固定相多些而在流动相少些;反之,分配系数较小的物质,就分配在固定相少些而在流动相多些。

在层析的过程中,当有机溶剂流动相流经样品点时,样品中的溶质便要按分配系数部分转入流动相向前移动,当遇到前面的固定相时,溶于流动相的溶质又重新进行分配,一部分转入固定相中。通过这样不断地进行流动和再分配,溶质沿着流动相的流动方向不断前进。各种溶质由于分配系数的不同,向前移动的速度也不同,分配系数较小的物质移动较快,而分配系数较大的物质移动较慢,从而将分配系数不同的物质分离开来。

分配层析所用的固定相支持物要选择能够和极性溶剂有较强亲和力,但对溶质的吸附却很弱的惰性材料,其中应用最广的是滤纸,也可以选用纤维素粉、淀粉、硅藻土、硅胶等。根据这些固定相支持物的使用方式不同也可分为柱层析及薄层层析两种。下面仅着重介绍以滤纸为支持物的分配层析法(纸层析),它实际上很类似薄层层析,只不过是不必铺板,而是直接用滤纸进行层析,它的操作方法,包括点样、展层以及显色等,都和薄层层析基本相同。

纸层析法所用的支持物是滤纸,应选用厚度适当、质地均一的产品,而且应尽量少含钙、镁、铜、铁等金属离子。在操作时还应注意不要将纸污染,尽量保持干净、无污点,最好戴上手套进行操作。

滤纸和水有很强的亲和力,所以纸层析通常都以水为固定相。常用的流动相是醇类和酚类。

纸层析的操作方法多采用垂直型,即将滤纸垂直挂起或卷成筒状放在层析缸中;也可以采用水平型,例如将圆形滤纸平放在大型培养皿上进行层析。

纸层析和薄层层析一样,溶质的移动速率都是用迁移率(R_f)来表示:

$$R_f = \frac{溶质层析点中心到原点中心的距离}{溶剂前沿到原点中心的距离}$$

展开后斑点层析谱如图 4-7 所示,其中,O 为原点,S 为斑点中心位置,F 为展开剂前沿。

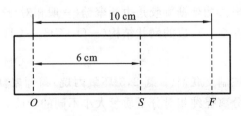

图 4-7 展开后斑点层析谱

例如,若展层结束时溶剂(流动相)在滤纸上扩散运动的前沿距离原点中心 10.0 cm,

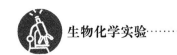

而某一成分显色后得的斑点的中心距离原点中心 6.0 cm,则该成分的 $R_f = \dfrac{6.0}{10.0} = 0.60$。

在纸层析中,R_f 的大小主要取决于该种成分的分配系数,分配系数大的成分移动慢,所以它的 R_f 也小;反之,分配系数小的 R_f 值较大。

因为每种物质在一定条件下对于一定的溶剂系统的分配系数是一定的,所以 R_f 值也是有一个定值,所以可根据测出的 R_f 值来判断层析分离的各种成分。

往往在一个溶液中几个组成的 R_f 值很相近,一次层析很难将它们分离开。在这种情况下,可以在一次层析后将滤纸吸干,把滤纸旋转 90°,换一个溶剂系统再层析一次,往往可以得到比较满意的分离,这样的方法亦称为"双向纸层析法",与一般的"单向纸层析"法相区别。

第四节 凝胶过滤层析

凝胶过滤(gel filtration)或称凝胶层析,是一类利用有一定孔径范围的多孔凝胶的层析技术。当样品流经这类凝胶的固定相时,不同分子大小的各组分便会因进入网孔,受阻滞的程度不同而以不同速度通过层析柱,从而达到分离的目的,所以这类层析技术亦称分子筛层析(molecular sieve chromatography)。当样品溶液通过层析柱时,相对分子质量较大的物质,因为不能或较难以通过网孔而进入,而是沿着凝胶颗粒间的间隙流动,所以流程较短,向前移动速度较快,即受阻滞的程度较小,最先流出层析柱;反之,相对分子质量较小的物质,因为颗粒直径小,可通过网孔进入,所以流程较长,向前移动速度较慢,即受阻滞的程度较大,流出层析柱的时间较晚。由于这类层析方法是根据这种阻滞的作用的差异来达到分离目的,所以这种层析方法也称为凝胶排阻层析(gel exclusion chromatography)。

一、葡聚糖凝胶的结构、性质和作用原理

凝胶过滤层析的分离原理主要是基于一种可逆的分子筛作用。分子筛就像过筛一样,可以把大分子和小分子分开,但和普通过筛的情况恰恰相反,不是小分子先筛下来,而是大分子先下来。凝胶就是一种由有机物制成的分子筛,葡聚糖凝胶是最常用的一种。葡聚糖是某些微生物在含蔗糖的培养基内生成的一类多糖物质的总称,在含有生成葡聚糖的蔗糖溶液中也可生成。葡聚糖凝胶是由葡聚糖(一般相对分子质量从几万到几十万)和甘油基以醚桥形式相互交联形成的网状结构(—O—CH$_2$—CH—CH$_2$—O—)。

$$\overset{\qquad\qquad\qquad\qquad}{\underset{OH}{|}}$$

其网眼大小可通过控制交联剂(1-氯-2,3-环氧丙烷)与葡聚糖的比例来达到,不同型号的葡聚糖凝胶可用来分离提纯相对分子质量大小不同的物质。

葡聚糖凝胶是非离子型的不溶于水的无定形或珠状颗粒(目前市售的大多是珠状的),化学反应能力和葡聚糖相同,最容易作用的部位是糖苷键和羟基,糖苷键在高温、强酸下能被水解,但在室温则较稳定。

葡聚糖凝胶在水、盐溶液、弱酸溶液及弱碱溶液中稳定,遇强碱或氧化剂均可破坏分解。低温时在 0.1 mol/L 盐酸中保持 1～2 h 不改变性质,室温时在 0.02 mol/L 盐酸中放置半年也不改变;0.25 mol/L 氢氧化钠溶液,60 ℃ 两个月没有发现改变。可在 120 ℃ 加热 30 min 灭菌而不破坏,但高于 120 ℃ 即变黄,葡聚糖凝胶湿状储存易长霉,若长时间不用,需加防腐剂。

葡聚糖凝胶具有很弱的酸性,含有羧基(氧化剂可使之产生)。因此,以水为洗脱剂时,对含离子的物质有影响。例如,正离子可被迟滞,而负离子可被排斥。但如洗脱剂中离子强度大于 0.02 时即可消除此影响,所以常用盐液为洗脱剂。

葡聚糖凝胶过滤的分离原理如图 4-8 所示。图 4-8(a)表示大小分子混合在一起,待分离的样品开始加于层析柱的情况;图 4-8(b)表示在层析过程中大分子物质在凝胶颗粒之间,而小分子物质进入凝胶颗粒的网眼内;图 4-8(c)说明大分子物质行程短,已流出柱外,而小分子物质尚在进行中。

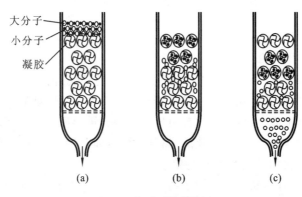

图 4-8　凝胶过滤的原理

含有分子大小不同物质的混合液,通过网状结构的凝胶颗粒的缝隙中,比网眼小的小分子物质都能自由或较易进入颗粒内,大分子物质不能或不易进入网眼,便被排阻于凝胶颗粒外。加入洗脱剂(移动相)后,溶液向下推移,大分子及剩余小分子物质进入下层新的凝胶相中,重复上述扩散和排阻过程。如此则大、小分子可彼此互相筛分,故葡聚糖凝胶是一种分子筛。这样,最先流出的洗脱液中含有分子最大的物质,而最后流出的洗脱液中含有分子最小的物质,因而达到分离和提纯。

用于这类层析的凝胶都是多孔材料的颗粒。胶粒内部和胶粒之间都存有大量液体,所以层析柱中所装的凝胶床总体积(total bed volume,V_t)是凝胶颗粒基质本身的体积(V_g)和凝胶颗粒内体积(V_i)以及颗粒间隙的体积(V_o)的总和(图 4-9):

$$V_t = V_o + V_i + V_g$$

凝胶床总体积(total bed volume,V_t)可以用圆柱形层析柱的体积计算。

$$V_t = \frac{1}{4}\pi D^2 h$$

式中:D——层析柱内径;

　　　h——凝胶高度。

凝胶过滤层析常用溶质在凝胶相和流动相的分配系数 K_d(partition coefficient)来衡

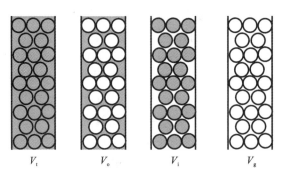

V_t V_o V_i V_g

图 4-9　V_t、V_o、V_i、V_g 关系示意图

量两种物质的分离分辨力。每一种溶质都有一个特定的分配系数 K_d,它是凝胶过滤层析的一个特征性常数,理论上 $0<K_d<1$,但有时 $K_d>1$,说明阻滞作用比理论值要大,因为除了分子的空间位阻以外还有电荷等其他因素的影响。

$$K_d = \frac{V_e - V_o}{V_i}$$

洗脱体积:　　　　　　　　　　$V_e = V_o + K_d V_i$

如果被分离的物质的分子很大,完全不能进入凝胶网孔内,$K_d = 0$,那么它从柱上完全洗脱下来所需的洗脱液体积(V_e)就等于凝胶颗粒间的体积,即 $V_e = V_o$;另一种极端情况是,某种物质的分子极小,可以非常自由地通过网孔进出凝胶颗粒,$K_d = 1$,那么它的洗脱体积就应当等于颗粒内与颗粒间隙的体积的总和,即 $V_e = V_o + V_i$。至于分子大小处于这两个极端之间的,它的洗脱体积就应在 V_o 与 $V_o + V_i$ 之间。因此,分子大小不同的物质,它们的洗脱体积不同,从而可以用于物质的分离;另一方面,相对分子质量和洗脱体积有关,所以在有适当已知相对分子质量的物质作为标准进行比较的条件下,就可以根据洗脱体积来估算物质的相对分子质量。

二、凝胶过滤的材料

适用于凝胶过滤的材料有多种,它们都要求具备如下几个条件:化学性质稳定,不带电荷,与物质的吸附能力极弱,要制成多孔网状结构而且机械性能要好,不易破碎变形,最好呈大小均匀的圆珠状,以保证有较高的流速。

目前应用最多的是葡聚糖凝胶微球,例如瑞典产 Sephadex 就是最常用的(表 4-2)。一般来说,合成的葡聚糖凝胶的化学性质比较稳定。尽管在酸性环境中其糖苷键易水解,但在碱性环境中不易被破坏,因此常用碱除去凝胶上的污染物。但葡聚糖凝胶在氧化剂存在下易使羟基氧化成羧基致使离子电荷增加,从而影响它的层析特性。湿葡聚糖凝胶在加热到 110 ℃时,仍然是稳定的,而干葡聚糖凝胶却可耐受 120 ℃左右的高温。不同型号的葡聚糖凝胶用英文字母 G 表示(如 G-25、G-100),G 后面的阿拉伯数字表示凝胶的吸水量再乘以 10。

此外,还有聚丙烯酰胺凝胶微球(如美国 Bio-Gel)和琼脂糖凝胶微球(如瑞典产的 Sepharose)(表 4-3、表 4-4)。

表 4-2　葡聚糖凝胶参数

型　号	干凝胶溶胀的情况				适用于分离球状蛋白质的相对分子质量范围	层析柱允许的最高液压/cmH$_2$O
	每克干胶得水量/mL	每克溶胀后柱床体积/mL	溶胀所需时间/h			
			22 ℃	100 ℃		
G-10	1.0±0.1	2～3	3	1	～700	100
G-15	1.5±0.2	2.5～3.5	3	1	～1500	100
G-25	2.5±0.2	4～6	3	1	1000～5000	100
G-50	5.0±0.3	9～11	3	1	1500～30000	100
G-75	7.5±0.5	12～15	24	3	3000～70000	50
G-100	10±1.0	15～20	72	5	4000～150000	35
G-150	15±1.5	20～30	72	5	5000～400000	15
G-200	20±2.0	30～40	72	5	5000～80000	10

表 4-3　聚丙烯酰胺凝胶参数

型　号	干凝胶溶胀的情况				适用于分离球状蛋白质的相对分子质量范围	层析柱允许的最高液压/cmH$_2$O
	每克干胶得水量/mL	每克溶胀后柱床体积/mL	溶胀所需时间/h			
			22 ℃	100 ℃		
P-2	1.5	3.8	4	2	200～1800	100
P-4	2.4	5.8	4	2	800～4000	100
P-6	3.7	8.8	4	2	1000～6000	100
P-10	4.5	12.4	4	2	1500～20000	100
P-30	5.7	14.8	12	3	2500～40000	100
P-60	7.2	19.0	12	3	3000～60000	100
P-100	7.5	19.0	24	5	5000～100000	60
P-150	9.2	24.0	24	5	15000～150000	30
P-200	14.7	34.0	48	5	30000～200000	20
P-300	18.0	40.0	48	5	60000～400000	15

表 4-4　琼脂糖凝胶参数

型　号	适用于分离球状蛋白质的相对分子质量范围	层析柱允许的最高液压/cmH$_2$O
6B	4×10^6	100
4B	20×10^6	90
2B	40×10^6	50

　　聚丙烯酰胺凝胶与葡聚糖凝胶不同,聚丙烯酰胺凝胶虽也是一种微网孔凝胶,但它是由单体丙烯酰胺合成的线性多聚物,再与 N,N′-甲叉双丙烯酰胺双丙烯酰胺共聚交联而

成,完全是一种合成凝胶,只要适当控制单体用量和交联剂的比例,就能制得不同型号与特征的聚丙烯酰胺凝胶,其商品名称为 Bio-Gel。所有这些产品都因网孔大小不同而分为若干型号,适用于分子大小在一定范围内的物质的分离。市售商品聚丙烯酰胺凝胶为颗粒状的干粉或片状物,在溶剂中能自动溶胀成凝胶。根据聚丙烯酰胺凝胶溶胀性质和分离范围的差异,可分成 10 种类型,各种类型均以 P 和阿拉伯数字表示,P 后面的阿拉伯数字乘以 1000,相当于排阻限度(按球蛋白计算)。聚丙烯酰胺凝胶和葡聚糖凝胶的得水值相近。

琼脂糖凝胶是由天然琼脂中分离出来的。其商品名称因生产厂家不同而异,常用的瑞典产的商品名称为 Sepharose,有 Sepharose 2B、Sepharose 4B、Sepharose 6B 共 3 种型号,阿拉伯数字表示凝胶中干胶的百分含量。琼脂糖凝胶属于大孔凝胶,其工作范围远大于前面所述的两种凝胶。琼脂糖凝胶工作范围的下限几乎相当于葡聚糖凝胶和聚丙烯酰胺凝胶的上限,所以利用它可以分离一些分子质量特别大的生物大分子物质(如核酸和病毒等)。琼脂糖凝胶由 D-半乳糖和 3,6-脱水-L-半乳糖交替结合而成,为大分子的多聚糖。它不带电荷,吸附能力非常小,因此它是凝胶层析的一种良好的惰性支持物。琼脂糖凝胶在湿态保存,一般都呈珠状颗粒。琼脂糖凝胶虽有一定的机械强度,但因属于大网孔型,颗粒比较软,在层析时会出现压紧和阻塞层析柱而造成流动困难的现象,若其含量在 4% 以上,阻塞现象较轻微。

选用什么型号的凝胶才适合进行凝胶层析,对所需物质纯化效果非常重要。一般来说,要根据实验要求、待分离物质相对分子质量的大小和待分离物质的相对分子质量范围来确定。

三、凝胶的溶胀和凝胶柱的装填

商品葡聚糖凝胶为干燥的颗粒,使用前需要用层析洗脱液进行溶胀。溶胀必须彻底,否则会影响层析的均一性,严重的可以造成层析柱破裂。为了加速溶胀,目前多用加热溶胀。在沸水浴中将湿凝胶浆逐渐升温至近沸,这样可大大加速溶胀,通常 1～2 h 即可完成。自然溶胀往往需要 24 h 至数天,在沸水浴中不但节约时间,而且还可杀灭凝胶中污染的细菌和排除凝胶内的气泡。如果洗脱剂对热不稳定,可先将凝胶在热的蒸馏水中溶胀,冷却后再用脱过气泡的洗脱剂反复洗涤。此外,在凝胶溶胀和处理凝胶悬浮液的全过程中,还要注意勿激烈搅拌,若搅拌频繁或过猛,会使凝胶颗粒破碎而产生碎片,以致影响层析的流速;在处理凝胶时,不能使用电磁搅拌,因它会在很短的时间内能把凝胶碾碎。

凝胶柱的装填简称装柱,是凝胶层析中至关重要的操作步骤之一,必须使用凝胶浆,而且还要按正确的操作方法和操作顺序才能获得理想的层析结果。与一般柱层析法类似,要避免分次填装造成的界面和凝胶的分层。可在柱的顶端安装一个带有搅拌装置的较大容器,柱内充满洗脱液后,将事先膨胀好的凝胶调成较稀薄的浆状液盛于容器中,再在缓缓搅拌下使凝胶沉降于柱内。由于管壁反应,这种方法装填的层析床不易均匀。当凝胶浆随液体沉降时,沿管壁会产生一种对流,结果粗颗粒首先沿管壁沉降,而细颗粒则集中于柱床中间,这种层析床在层析时形成沿管壁快而中间慢的液流,致使物质分配形成一个弯曲区带,影响层析分离效果,而容器的搅拌作用又不足以抵消这种作用。为了防止该现象的产生,一般用直径为 2.0 cm 的柱为宜。

在装柱过程中凝胶柱及凝胶中的空气都必须完全除去。常用注射器向滤板下注入液体或上、下改变流出口高度,利用重力除去气泡。当气泡除去后,液体充满滤板以上 7～8 cm 时,即关闭出口,此时可开始加凝胶浆。凝胶经溶胀后(若热法溶胀则需先冷却平衡)要经抽气除去空气,使凝胶在容器内自然沉降。凝胶沉降以后,稍放置一段时间,硬胶放置 5 min 左右,软胶放置 15～20 min 再开始流动平衡。

四、洗脱及流速控制

装填好的层析柱加入样品后可以用适当的洗脱液进行洗脱。

(一) 洗脱剂的选择

对于凝胶层析所用的洗脱剂,应使样品物质保持最大的稳定性;对于组别分离来说,可以直接使用蒸馏水作为洗脱剂。在进行分级分离时,欲取得好的分离效果,洗脱剂要有适当的离子强度,不可太低($\geqslant 0.02$ mol/L)。

在洗脱剂中最好使用挥发性的电解质(如甲酸铵、醋酸盐)。因为挥发性的电解质可以用冷冻干燥除去,而不增加被分离物质的杂质成分。在洗脱剂中可以加入样品物质稳定所需要的辅助因子、金属离子和其他低相对分子质量的物质,因这些物质不与凝胶结合,不会干扰分离。要注意不能使用硼酸盐,特别是在碱性溶液中,因为它能与多糖形成配合物,而多数凝胶和待分离物恰为多糖。另外,一些变性剂(如尿素、SDS 等)能够修饰凝胶介质和样品从而改变凝胶分离的性质。

(二) 层析流速的控制

装柱及平衡时流速必须低于层析时所需的流速,不可太快,在平衡过程中,逐渐提高到层析时的流速,千万勿超过最终流速。装柱后既要十分注意保护柱床的表面,又要在平衡时避免强烈的液流,以防止搅混床表面。若需要加一定量平衡液时,只能沿管壁缓慢加入,或者接上一个细管引流。

在进行柱层析时控制流速十分重要,为了得到恒定的流速,一般根据凝胶的特性,借层析柱进出口的液体压力差或微量泵来进行调节。液体压力差即液位差是指从洗脱液液面到洗脱液出口这一段的高度差,又称为操作压(operating pressure)(图 4-10)。

只有储存洗脱液的瓶子直径足够大,才能维持压力的恒定。硬胶对操作压不敏感,因此流速与操作压基本上成正比。在使用交联度小的软胶时,层析床受操作压的影响极为明显,不宜施加过高的压力。增加压力虽能短暂地增加流速,但随着时间的延长,因层析床压紧而使流速降低,严重时,会使层析床堵塞。因此,对软胶来说,必须严格控制恒定的操作压才能维持一定的流速。

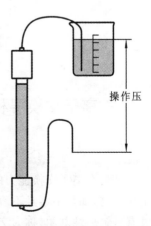

操作压

图 4-10 层析操作压示意图

五、影响凝胶过滤层析的因素

（一）样品体积对层析的影响

样品体积的多少依凝胶过滤层析的目的而有所不同。进行分析工作的主要目的在于得到理想的分离结果，因此，进行凝胶层析时，样品的体积小于床体积的 $1\%\sim2\%$ 时，样品体积的大小对分离影响不大，分析工作常用样品体积为床体积的 $1\%\sim4\%$。而进行制备工作时，在保证分离效果的前提下，加样的体积要尽可能大。制备分离一般样品时，其体积可达床体积的 $25\%\sim30\%$。这样，样品稀释的程度小，柱床体积的利用效率较高。

在凝胶层析中，加样体积取决于相邻的两个物质洗脱体积之差。这两个洗脱体积的差值称为分离体积。当样品体积等于或大于分离体积时，两个相邻的组分不能完全分离。因为如果无区带的扩散，当样品体积等于分离体积时，两个组分刚刚分离。但是实际上总是有区带扩散的，所以只有当样品的体积适当小于分离体积时，两个相邻的组分才能得到分离。

（二）层析柱直径的影响

由于管壁效应的存在，同样高的柱床，直径大者分辨率高，层析分离的效果好，所以凝胶层析中，尽管使用粗的层析柱。在进行分析工作时，由于样品量太少，故常用直径 10 mm 的层析柱；在大多数情况下，若样品量不受限制，最好使用直径 20～30 mm 的层析柱。在制备工作中，可以通过扩大柱的直径增加柱的容量，这不会损害柱的分辨率。

（三）凝胶颗粒大小

凝胶颗粒大小对层析柱的分辨率影响较大。粗颗粒的凝胶分配不易达到平衡，洗脱峰平坦易重叠。细颗粒的凝胶，洗脱峰尖锐，分辨率高。在分级分离时，为了提高柱的分辨率常常使用细颗粒的凝胶。在进行组分分离时，由于待分离物质 K_d 相差大，使用粗颗粒的凝胶仍能得到很好的分离。

第五节　离子交换层析

一、离子交换层析的基本原理

（一）离子交换剂

凡具有离子交换能力的物质，称为离子交换剂，一般是带有交换基和网状结构的高分子化合物，加热不熔且不溶。离子交换就是利用一种不溶性的高分子化合物，它的分子中具有可解离性基团（称为交换基或功能基），在水溶液中能与其他阳离子或阴离子起交换作用。此种交换反应都是可逆的。

在离子交换过程中,能与阳离子进行交换的树脂,称为阳离子交换树脂(简称阳树脂);能与阴离子进行交换的树脂,称为阴离子交换树脂(简称阴树脂)。

离子交换层析法(ion exchange chromatography)是利用离子交换剂对各种离子有不同亲和力,来分离混合物中各种离子的层析技术。在这类层析方法中,固定相就是离子交换剂,而以一定 pH 值和一定离子强度的电解质溶液作为流动相。

(二)离子交换层析的基本过程

1. 离子交换剂的转型及再生

首先要将离子交换剂用水浸洗使之充分膨胀和洗涤,再用酸和碱处理(对离子交换纤维素或葡聚糖凝胶常用 0.5 mol/L HCl 溶液和 NaOH 溶液),使之转变为带 H^+ 或 OH^- 的型式,通常称为"转型"。如果离子交换剂已经使用过,也可用这种处理方法使它恢复为原来的离子型,称为"再生"。

对新的离子交换剂通常要用酸和碱反复处理,以便获得良好的交换效果。

2. 加样及冲洗

经处理好的离子交换剂装入层析柱后,即可将样品加入,使样品中待分离的离子与离子交换剂进行交换,通过离子键吸附在离子交换剂上。

加样量根据实验目的与离子交换剂的变换能力(交换量)不同而有所不同,通常在柱上吸附样品离子的区带要紧密且不超过柱上交换剂总体积(柱床体积)的 1%～10%。而且为了尽量减少其他离子的干扰,样品溶液的离子强度要低而且氢离子浓度(pH 值)也要适当。

用基本上不会改变交换剂对样品离子吸附状况的溶液(例如低离子强度的起始缓冲液)充分冲洗柱,将未吸附的物质洗出。

3. 洗脱

加入适当的洗脱液,逐步改变溶液的离子强度或 pH 值,使交换剂与被吸附的离子间的亲和力降低,样品离子中的不同组分便会以不同速度从柱上被洗脱下来,从而达到分离的目的。逐步增加溶液的离子强度,溶液中的离子便要增强和样品离子吸附到交换剂上的竞争能力,改变溶液的 pH 值,会影响样品中物质的电离能力(例如蛋白质的电离),都会降低交换剂对样品离子的亲和力,这就是能使物质逐步被洗脱下来的原因。

离子交换层析的洗脱方法有两种:一种是将几种不同离子强度或 pH 值的洗脱液依次加进去。这种方法简便,但洗脱液离子强度或 pH 值的改变是不连续的,样品中的各组分也要以阶梯式地分若干阶段被洗脱下来,分离效果往往不够理想。另一种是通过适当的梯度产生装置使洗脱液的离子强度或 pH 值逐渐地变化,这种变化是连续的而不是阶梯式的,分离效果比较满意,这种洗脱方式称为"梯度洗脱",而与前面的"阶段洗脱"相区别。

若将一定且由许多种蛋白质或者许多种核酸的混合物加入用适当的离子交换剂填装的柱中,然后用一定离子强度的缓冲液进行洗脱,混合物的组分通常被分成三组:第一组,在实验条件下对该离子交换剂没有亲和力,因此不被吸附而以洗脱剂同流速流出,形成一个穿过峰;第二组,其中的各个组分随着洗脱剂在柱中移动,并在柱中移动的速度都小于

洗脱刑,流动的速度也不同,故第二组中的各个组分通过洗脱可以被分离,同时第二组能与第一组和第三组分开(也可能彼此有些重叠交叉);第三组,在实验的条件下被吸附在柱的顶部不能移动。在一定的实验条件下,以上三组物质在柱上处于三种不同的吸附状态。第一组物质处于完全解吸的状态,它们不被吸附剂吸附,因此和洗脱剂在柱中的迁移速度完全相同。第二组物质在柱上开始被交换剂吸附,接着被洗脱剂解吸下来并随着洗脱剂在柱中移动,在移动的过程中遇到新的交换剂以后可以再被吸附,然后被洗脱剂解吸下来,处于吸附—解吸—再吸附—再解吸的状态,这种状态称为有限吸附平衡。第三组物质,在实验条件下,不能被洗脱剂解吸下来,这种吸附为牢固吸附(或紧密吸附)。

在实验条件下,同小分子电解质离子一样,蛋白质和核酸等大分子电解质与离子交换剂的结合是通过离子键形式形成的。蛋白质或核酸分子与交换剂之间形成的离子键的数目越多,亲和力越大。但是,由于洗脱剂中的离子同蛋白质或核酸等大分子电解质争夺结合位置,于是在洗脱过程中蛋白质和核酸等与交换剂之间形成的离子键可以不断地被解离和再形成。有些蛋白质或核酸,在实验条件下带的电荷较多,与离子交换剂之间形成的离子键也较多,以致洗脱剂中虽有离子和其争夺交换位置,但它们和交换剂之间形成的离子键在此实验条件下不会同时被全部解离,因此这种蛋白质或核酸在实验的条件下牢牢地吸附于层析柱上,处于牢固吸附状态,如果不改变洗脱剂,即使洗脱剂的用量再大,也不能将其洗脱下来。有些蛋白质或核酸在实验条件下所带电荷甚少,由于洗脱剂离子的竞争,它们与交换剂之间的离子键总是处于完全解离的状态,于是它们不被交换剂吸附,处于完全解吸状态。有些蛋白质或核酸,在实验的条件下所带的电荷处在上述两类蛋白质或核酸之间,在与洗脱剂离子的竞争中有一部分处于解离状态,另一部分处于吸附状态,而这两部分蛋白质或核酸处于动态平衡状态。因此,在洗脱过程中,当处于解离状态的蛋白质或核酸分子随着洗脱剂向下迁移时,被吸附的分子就会有一部分从交换剂上被解吸下来,解吸下来的分子到达一个新部位时,又会有一部分再被吸附到离子交换柱上。这一些蛋白质在实验条件下处于有限吸附平衡状态。

实际上,上述三组物质所处的三种吸附状态,也是变化的。当改变实验条件时,如洗脱剂的离子强度和 pH 值时,这三种吸附状态可互相转化。增加洗脱剂的离子强度,可以使原来处于牢固吸附状态的蛋白质或核酸变成有限吸附平衡状态,甚至可以变成完全解吸状态,降低离子强度可以使完全处于解吸状态的蛋白质和核酸转变成有限吸附平衡状态,甚至可以变成牢固吸附状态。

1) 梯度洗脱

梯度洗脱为一种采用离子强度和 pH 值连续变化的缓冲液为洗脱剂的洗脱方法。用梯度洗脱的方法分离蛋白质和核酸的原理较简单。

假设有一个样品含有多种蛋白质组分,这些蛋白质对离子交换剂的亲和力从低到高依次增加。若使这些不同的蛋白质能达到有限吸附平衡或完全解离,则所需要的离子强度和 pH 值是不同的。实验开始时可以选择某种离子强度,使样品中的蛋白质全部牢固地吸附在层析柱的顶端,然后在洗脱的过程中,不断增加洗脱剂的离子强度,或不断改变pH 值或不断地同时改变洗脱剂的离子强度和 pH 值,这也意味着洗脱剂中离子争夺交换剂上交换位置的能力不断增加,对离子交换剂亲和力最低蛋白质首先达到有限吸附平衡状态或完全解离状态,其他蛋白质依次达到有限吸附平衡状态或完全解离状态,按先后不同的顺序从层析柱中流出,达到分离的目的。

在进行梯度洗脱时。梯度的设计要满足的要求是:①洗脱液的总体积要足够大,一般要几十倍于床体积,使分离的各峰不至于太拥挤;②梯度的上限要足够高,使吸附最强的物质能被洗脱下来;③梯度的斜率要合适,以免层析峰形过宽和拖尾;④所用的梯度要能使区带移到柱的末端时才达到完全解吸状态为佳,这样既可充分利用整个柱长,又避免了过早地达到被解吸的状态,使已分离的区带能在柱的下部扩散。

如何使所用的洗脱剂达到上述要求,需要通过一系列实验来确定最合适的梯度范围、斜率和形状。往往不同的样品所使用的梯度可以是完全不同的。一个梯度对于这个样品可以得到最佳的分离效果,而对于另外的样品则可能分离效果最差。在实验工作中,由于分析的样品是各种各样的,它们对梯度的要求也不同,因此有许多产生梯度的方法和装置。

2) 阶段洗脱

阶段洗脱方法是由不同洗脱能力的缓冲液相继进行的洗脱。阶段洗脱的另一个用途,是用来确定分离组分从牢固吸附状态转变为完全解吸状态所需缓冲液的浓度范围。阶段洗脱的优越性在于所需的设备和操作简便,所需的洗脱液的体积也较小,所以它在使用上虽然因其本身的性质受到许多限制,但是在实验室中却是一种常规操作。

3) pH 值变化对吸附与解吸的影响

多聚离子所带的电荷数目和性质的改变主要取决于溶液 pH 值的变化。pH 值为等电点时,则蛋白质所带的净电荷为零;pH 值大于等电点时其所带的为负电荷,pH 值越大所带的负电荷越多;pH 值小于等电点时,其所带的为正电荷,pH 值越小所带的正电荷越多。因此 pH 值的变化直接影响了蛋白质对离子交换剂的亲和力。因为 pH 值过高或过低均可引起一些蛋白质的变性、酶的失活,所以在洗脱过程中一般希望 pH 值变化幅度要尽量小。在通常情况下大多数采取盐度梯度的办法进行洗脱,往往也可达到目的。若将盐度梯度和适当的 pH 值梯度变化结合起来,将会得到更好的分离效果。

二、常用的离子交换树脂及离子交换纤维素

1. 阳离子交换树脂

这类树脂分子中带有酸性交换基,如磺酸基($-SO_3H$)、羧酸基($-COOH$)等,分子中可扩散的离子是阳离子,能交换溶液中的阳离子。按其交换基酸性的强弱,即交换基在水中的离子是阳离子,可分为强酸和弱酸两大类。

(1) 强酸类:最常用的是苯乙烯型强酸性阳离子交换树脂,极性基是磺酸基。磺酸基解离度大,酸性强(与硫酸相仿),基团上的 H^+ 易与溶液中阳离子如 Na^+、K^+、Ca^{2+}、Mg^{2+}、氨基酸的正离子、多肽的正离子和蛋白质的正离子等进行交换。以 H^+ 进行交换的树脂称为 H 型树脂,如果用 Na^+ 代替 H^+ 则称为 Na 型树脂,以 NH_4^+ 代替 H^+ 则称为 NH_4 型树脂等。由于 Na 型树脂较 H 型树脂稳定,所以出厂产品多为 Na 型,国产 732 型苯乙烯型强酸性阳离子交换树脂即属此类。此类树脂的制法是将苯乙烯与二乙烯苯生成共聚物,再经浓硫酸磺化而得到的(图 4-11)。

图 4-11　苯乙烯型强酸性阳离子交换树脂的制备原理

其中二乙烯苯将链状的苯乙烯聚合物交联成网状球形共聚物,所以二乙烯苯称为交联剂,二乙烯苯在共聚物中的质量分数称为交联度。交联度越大,形成的网孔越小,离子越不易透入树脂内部;反之,交联度越小,形成的网孔越大,离子越易透入树脂内部。

商品树脂的交联度为 $1\%\sim16\%$。交联度小的,机械强度较差。应根据树脂的具体使用情况,选择适当交联度的树脂。如果溶液中要进行交换的离子较大,就需交联度小些的树脂;如要进行交换的离子较小,可选交联度大些的树脂。在制药上用离子交换树脂净水时,阳、阴离子交换树脂一般选交联度为 7% 左右的。

(2) 弱酸类:树脂分子中带有羧酸基或酚羟基的为弱酸类阳离子交换树脂,目前使用最多的是丙烯酸基弱酸性阳离子交换树脂,此类树脂的交换基在水中的解离能力较低,因而它的可扩散离子与其他阳离子的交换能力弱,交换速度也慢。

介质的 pH 值能明显影响交换基的解离。例如,当水溶液 pH<3 时,溶液中的 H^+ 会强烈抑制树脂交换基的解离,从而使离子交换反应难以进行;当介质 pH>6 时,才能有效地进行交换。由于介质的 pH 值能影响离子交换的进行,就可根据这一点,利用 pH 值的改变,达到不同成分分离的目的。国产的 724 型弱酸性阳离子交换树脂的结构如图 4-12所示。

2. 阴离子交换树脂

此类树脂分子中带有碱性交换基如季铵基($—N^+(CH_3)_3$)和伯胺基($—NH_2$)等,具有可扩散的阴离子(如可扩散),能与溶液中的阴离子交换。按交换基碱性的强弱又可分为两大类。

(1) 强碱类:最常用的是苯乙烯型强碱性阴离子交换树脂,交换基是季铵基。季铵基解离度大,碱性强(与氢氧化钠相仿),基团上的阴离子易与溶液中的阴离子如黏多糖的负

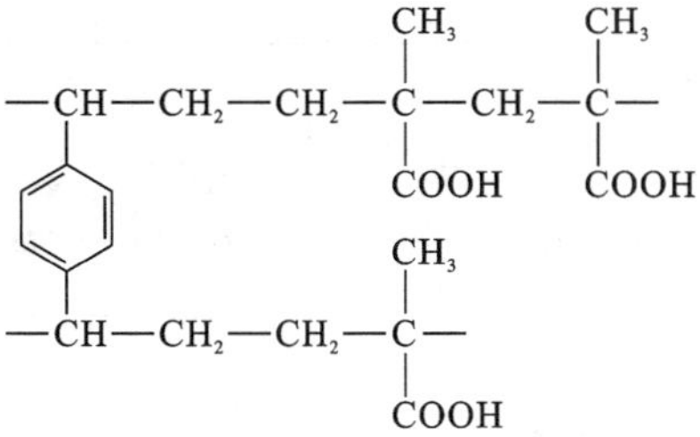

$$
\begin{array}{ccccccc}
 & & & & CH_3 & & CH_3 \\
 & & & & | & & | \\
-CH-CH_2-CH_2-C-CH_2-C- \\
 & & & & | & & | \\
 & & & & COOH & & COOH \\
\end{array}
$$

$$
\begin{array}{c}
 & CH_3 \\
 & | \\
-CH-CH_2-CH_2-C- \\
 & | \\
 & COOH \\
\end{array}
$$

图 4-12　724 型弱酸性阳离子交换树脂的结构

离子等进行交换。国产 717 型和 711 型苯乙烯型强碱性阴离子交换树脂即属此类。强碱性阴离子交换树脂有 I 型和 II 型的区别:

I 型的交换基是—$CH_2N^+(CH_3)Cl^-$;II 型的交换基是

$$
\begin{array}{c}
CH_2CH_2OH \\
| \\
-CH_2N^+ \\
| \\
(CH_2)_2Cl^-
\end{array}
$$

。

I 型碱性比 II 型强,717 型和 711 型属 I 型。

(2) 弱碱类:常用的为苯乙烯型弱碱性阴离子交换树脂。树脂分子中有伯胺基—NH_2、仲胺基(—$NHCH_3$)或叔胺基(—$N(CH_3)_2$)等交换基团。这些交换基团在水中解离产生可扩散的阴离子,因而与其他阴离子交换能力弱,只能与溶液中的强酸根离子,如 Cl^- 或 SO_4^{2-} 等进行交换,对 HCO_3^- 等弱酸根离子则不易交换。当溶液的 pH 值达到 9 时,溶液中的 OH^- 会强烈抑制树脂交换基团的解离,从而使交换反应难以进行。

国产 701 型、704 型树脂为弱碱性阴离子交换树脂。这类树脂的选用和弱酸性树脂一样,其交换能力与 pH 值有关,因而可以通过 pH 值调节进行不同成分的分离。有时也可利用其弱交换能力和易于再生的性质。例如,用树脂处理水时,如果原水中 SO_4^{2-}、Cl^- 和 NO_3^- 等强酸根含量较大,可先用弱碱性阴离子交换树脂把强酸根交换,这样可延长强碱性阴离子交换树脂的使用时间。由于弱碱性阴离子交换树脂再生容易,操作较为简便。当只需除去某些易交换的阴离子时,也可选用弱碱性的。

在生物化学实验中,特别是进行蛋白质、核酸等的分离纯化时,更常用的是离子交换纤维素及离子交换葡聚糖凝胶。常用离子交换剂类型见表 4-5、表 4-6、表 4-7。

表 4-5　离子交换树脂的类型

类　型	交换基团	商品型号举例
强酸性阳离子交换树脂	磺酸基 酚羟基	国产强酸 1×7(732) Zerolit 225(英) Dowexl 50 或 Amberlite IR-120(美)
弱酸性阳离子交换树脂	羧基	国产弱酸 101×128(724) Zerolit 226(英) Amberlite IRC-50(美)

续表

类　　型	交 换 基 团	商品型号举例
强碱性阴离子 交换树脂	季铵基	国产 201×7(717)及 201×4(711) Zerolit FF(英) Amberlite IRA-400,Dowexl(美)
弱碱性阴离子 交换树脂	伯胺基 仲胺基 叔胺基	国产弱碱 301(701) Zerolit H(英) Amberlite IR 45(美)

表 4-6　常用的离子交换纤维素类型

类　　型		名　　称	符　号	交 换 基 团
阳离子 交换 纤维素	强酸性	磷酸纤维素	P	$-O-PO_3^{2-}$
		甲基磺基纤维素	SM	$-O-CH_2-SO_3^-$
		乙基磺基纤维素	SE	$-O-CH_2CH_2-SO_3^-$
	弱酸性	羧甲基纤维素	CM	$-O-CH_2-COO^-$
阴离子 交换 纤维素	强碱性	三乙基氨基 乙基纤维素	TEAE	$-O-CH_2CH_2-N^+(C_2H_5)_3$
	弱碱性	二乙基氨基 乙基纤维素	DEAE	$-O-CH_2CH_2-N^+H(C_2H_5)_2$
		氨基乙基纤维素	AE	$-O-CH_2-CH_2-NH_3^+$
		Ecteola 纤维素	ECTEOLA	$-N^+(CH_2CH_2OH)_3$

表 4-7　常用的离子交换葡聚糖凝胶类型

类　　型		名　　称	交 换 基 团
阳离子 交换葡聚糖 凝胶	强酸性	SE-葡聚糖凝胶$^{C25}_{C50}$ SP-葡聚糖凝胶$^{C25}_{C50}$	乙基磺基 丙基磺基
	弱酸性	CM-葡聚糖凝胶$^{C25}_{C50}$	羧甲基
阴离子 交换葡聚糖 凝胶	强碱性	QAE-葡聚糖凝胶$^{A25}_{A50}$	二乙基(α-羟丙基)氨基乙基
	弱碱性	DEAE-葡聚糖凝胶$^{A25}_{A50}$	二乙基氨基乙基

三、层析条件的选择

合适层析条件的选择对于离子交换层析非常重要,面要选择合适的层析条件,必须考虑并进行对样品性质的鉴定与处理、离子交换剂型号及缓冲液的选择等工作。

1. 样品性质的鉴定和处理　在进行层析之前,首先要知道样品的下列情况:①待分离组分对热的稳定性;②pH 值和盐浓度对待分离组分的活性和溶解度的影响;③在不同的情况下待分离组分的带电荷情况。

2. 离子交换剂的选择 通常情况下,和离子交换树脂情况相同,带负电荷的物质用阴离子交换剂,反之,则用阳离子交换剂。物质带电荷的性质可用电泳实验来确定,对于已知等电点的两性化合物,可根据其等电点判断其所带电荷的性质;若 pH 值高于其等电点则带负电荷,需用阴离子交换剂;反之,则带正电荷,需用阳离子交换剂。还要考虑该物质的稳定性和溶解度,选择合适的 pH 值范围。

若有两种离子交换剂均可吸附待分离的蛋白质,这对除去杂蛋白、纯化待分离的蛋白质是非常有利的。因为有些杂蛋白在阳离子交换剂上被吸附,在阴离子交换纤维素上却不被吸附,另外一些则相反。这样,反复使用两种不同的交换剂处理,就可以很容易地除去杂蛋白而达到纯化的目的。

对于不易洗脱且吸附很牢的物质,可改用交换物质的量较小的吸附剂。

3. 交换剂颗粒大小的选择 离子交换纤维素的颗粒大小对交换量的影响不大,只对待分离物质的分辨力和流速有影响。这是由于粗颗粒装柱不够紧密,单位柱床体积吸附容量小,颗粒之间的间隙大,容易造或区带分散,从而降低分辨力。细颗粒装的柱较紧密,分辨率高。在对几个性质相近的组分进行分级分离时,多采用细颗粒,但其流速太慢,有时需加压。阶段洗脱时,用粗颗粒既快速又不影响分离。

另外粒子大小的选择还要考虑所用层析柱的尺寸大小。粗颗粒不适合装直径太小的层析柱。

4. 缓冲液的选择 层析所使用的缓冲液的种类和 pH 值的大小,取决于在此缓冲液的情况下待分离组分的稳定性和溶解度。也就是说,在这样的缓冲条件下,待分离组分不至失活变性,并有足够大的溶解度。同时选择 pH 值时要考虑离子交换剂的交换基团的 pK。采用阴离子交换剂时 pH 值要小于 pK;用阳离子交换剂时,pH 值要大于 pK。

第六节 亲 和 层 析

经典的层析和电泳等现代分离技术,都是利用不同物质的一般物理和化学性质(如溶解度、所带的电荷量、分子大小和性状等)的差异进行物质分离的,这对于含量高、物理性质和化学性质相差较为显著的生物大分子较为有效。而有些生物大分子物质在生物材料中含量低,杂质的含量却相对高,它们之间的理化性质差异又较小。在这种情况下,仍然单独使用上述的单一方法则很难达到纯化目的。因此,就必须将多种方法组合,协同进行分离和纯化。但采用多种方法协同分离和纯化,则又带来较多操作步骤,增加对分离物质生物功能的影响;分离纯化时间的延长,增加组织匀浆和发酵液中存在的水解酶对待分离物质的破坏程度,以致得率较低,这就迫使人们去寻找简单、迅速和得率高的提纯生物大分子物质的方法。亲和层析就是在这种情况下诞生并发展起来的。目前在分离纯化生物大分子的工作中,亲和层析已经成为一种分离生物大分子较完善的技术。

一、亲和层析的基本原理与过程

（一）亲和层析的基本原理

许多生物大分子化合物都具有和某些化合物发生可逆性结合的特性（即具有一定的亲和力），而且这种结合具有不同程度的专一性（特异性），例如酶-辅酶（或其竞争性抑制物）、抗原-抗体、激素-受体等。这种具有专一性的可逆性结合的特性可用来作为分离提纯生物大分子的依据，亲和层析就属于这类方法中最重要的一种。

亲和层析（affinity chromatography）是应用化学方法将能与生物大分子进行可逆性结合的物质结合到某种固相载体上，并装入层析柱，然后将样品通过该层析柱，使生物大分子和这些配体结合到某种固相载体并留在柱上。在亲和层析中，起可逆结合的特异性物质称为配基或配体（ligands），与配基结合的层析介质称为载体（matrix）。经过冲洗除去不能结合的杂质后，再用适当方法使这些生物大分子与配体分离而被洗脱下来，从而达到分离提纯的目的。亲和层析包括以下三个步骤（图 4-13）。

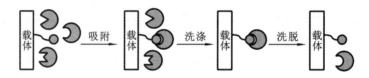

图 4-13　亲和层析原理及步骤

（1）配基固定化：选择适宜的配基与不溶性的支撑载体偶联，或共价结合成具有特异亲和性的分离介质。

（2）吸附样品：亲和层析介质选择性吸附酶或其他生物活性物质，杂质与层析介质间没有亲和作用，故不能被洗涤去除。

（3）样品解吸：选择适宜的条件使被吸附在亲和介质上的酶或其他生物活性物质解吸。

（二）亲和层析的特点

亲和层析的最大优点是该技术从粗提取液中经过一次性简单处理，即可得到所需的高纯度活性物质。该项技术对设备要求不高，操作方便，适用范围广，特异性强，分离速度快，效果也好，所需条件温和。其缺点是吸附剂的通用性差，每分离一种物质均需制备不同的专用吸附剂，此外，由于洗脱条件苛刻，需要很好地控制洗脱条件，防止被分离的生物活性物质失活。

二、亲和层析的固相载体

（一）固相载体的种类

亲和层析所用的固相载体和凝胶过滤所用的凝胶基本相同，都要求化学性质稳定，不带电荷,吸附能力弱,而且要有疏松的网状结构和良好的机械强度,不易变形,呈圆珠状最好,以便提高流速。所以用作凝胶过滤的凝胶微球,包括琼脂糖凝胶、葡聚糖凝胶以及聚丙烯酰胺等都可应用,此外还可以用纤维素或多孔玻璃微球等。其中,琼脂糖凝胶微球用得最普遍,一般多用 4B 型(含琼脂糖 4%的凝胶),有时也可用 6B 型和 2B 型(含琼脂糖分别为 6%和 2%)。

常用的亲和层析固相载体,按化学性质主要分为两类:多糖类载体(如琼脂糖凝胶及葡聚糖凝胶)和聚丙烯酰胺类载体。为了使这些载体能与配基结合,通常要先将载体用适当的化学方法处理(称为活化),以便和配基结合成为稳定的共价化合物,而又不至于过多破坏配体与大分子物质可逆性结合的性质。

(二)载体的活化及其与配体的偶联

对于多糖类载体,最常用的是溴化氰(cyanogen bromide,CNBr)活化法,其次就是过碘酸盐氧化法。这两种方法都可使多糖上的部分羟基变成活泼的基团,进一步可与蛋白质或其他具有氨基的化合物(以及一些具有其他基团的化合物)迅速结合,形成稳定的共价结合物。

$$载体\diamondsuit^{OH}_{OH} \xrightarrow[-HBr]{+CNBr} 载体\diamondsuit^{O}_{O}\!C\!=\!NH \xrightarrow{+H_2N\text{-}R} 载体\diamondsuit^{O}_{O}\!C\!=\!N\!-\!R + NH_3$$

$$载体\!-\!OH \xrightarrow[(氧化)]{NaIO_4} 载体\!-\!CHO \xrightarrow[-H_2O]{+H_2NR} 载体\!-\!CH\!=\!N\!-\!R \xrightarrow{(还原)} 载体\!-\!CH_2\!-\!NH\!-\!R$$

对于聚丙烯酰胺载体,因为具有酰胺基,它和氨基化合物一样,可与醛基化合物形成稳定的结合物,例如应用戊二醛(称为双功能团化合物)就可以很方便地通过它的两个醛基,将聚丙烯酰胺和蛋白质或其他氨基化合物连接起来。

$$载体\!-\!CONH_2 + OHC\!-\!(CH_2)_3\!-\!CHO \xrightarrow{-H_2O} 载体\!-\!CO\!-\!N\!=\!CH(CH_2)_3\!-\!CHO$$

$$\downarrow {\scriptstyle +H_2N\text{-}R \atop -H_2O}$$

$$载体\!-\!CO\!-\!NH\!-\!CH_2(CH_2)_3CH\!=\!N\!-\!R$$

载体与配基间的结合方法还有很多种,如碳二亚胺类化合物、琥珀酸酐等都是常用的试剂,可根据实验需要自行选用。

此外,载体与配基间的结合,往往会因为占去分子表面部位位置,妨碍配体与大分子的可逆性结合而进行(所谓空间障碍)。在这种情况下,在载体与配体间可接上一个有适当长度的"手臂",空间障碍的效应就可以大大减轻,有效地提高特异性结合的能力。乙二胺、ω-氨基己酸等都可以作为这些"手臂"的良好试剂。它们通过分子两端的活性基团(氨基、羧基等),在适当化学处理下可分别与载体及配体结合,从而发挥其"手臂"的作用。

三、亲和层析的配基

(一)配基的必要条件

亲和层析成败的关键取决于配基选择是否合适。在亲和层析中,生物大分子的配基必须具备下列条件。

(1)在一定的条件下,和欲分离的生物大分子结合必须是专一性的,而且亲和力越大越好。若配基是酶的底物或抑制剂,其和酶复合物的解离常数或抑制常数越小越好。

(2)配基和生物大分子结合后,在一定的条件下又能解离,而且无损于生物大分子的生物活性。

(3)配基上必须含有适当的化学基团,通过这些基团可以用化学的方法把配基偶联到载体上,且使偶联反应尽可能简便、温和,避免这种偶联损害配基和生物大分子的专一结合。

配基可以是小的有机分子(如辅酶、辅基和酶的效应剂),也可以是生物大分子(如一些酶的抑制剂、抗体等)。实际工作中,到底选择何种配基,这要根据分离对象和实验的具体情况方可确定。一般来说,配基的选择可以根据生物大分子在自由溶液中与一些物质作用的亲和力和专一性的状况确定。而配基在自由溶液中和固定在载体上的情况有差别,特别是有些物质和生物大分子在自由溶液中相互作用的情况还不清楚。所以,在相当多的情况下,亲和配基仍然要做大量的实验进行筛选。为了克服筛选的困难,可通过选用组别专一性的配基或亲和吸附剂,而这种吸附剂只对某一组物质产生专一性吸附。在该类层析中,用阶段洗脱或梯度洗脱法将这一组物质层析分离,这样可简化配基的筛选工作。

(二)配基的浓度和分子大小

当亲和力比较低的时候,增加配基浓度将有利于吸附。若增加配基浓度有困难,而亲和力又比较小时,可通过增加亲和柱的长度来提高吸附率。但如果配基浓度太高,容易使大分子配基上的活性中心互相遮盖,反而使亲和柱吸附力降低(该现象在抗原、抗体、酶等大分子配基的亲和层析时更加突出);另外,随着配基浓度的增加,非专一性吸附也随之增加,而专一性吸附却降低。作为一个有效的吸附剂,理想的配基浓度为 $1 \sim 10 \ \mu mol/L$,并以 $2 \ \mu mol/L$ 的凝胶为最好。

制备亲和柱时,应首先挑选大分子配基,因为小分子配基可供识别、互补的特殊结构较少,一旦偶联到载体上后,这种特殊识别的结构更少。

·········· 第七节　高效液相层析 ··········

高效液相层析(high performance liquid chromatography, HPLC)亦称高压液相层析或高分离度液相色谱,是一种以液体为流动相的层析技术。HPLC采用均一的、不可压缩的小颗粒作为支持介质,同时还采用具有稳定流速的高压输液泵(10 MPa),驱动流动相高速通过层析柱。由于固定相颗粒的体积更小,可以达到迅速分离的效果,并且可以得到更窄的条带,因此,它具有高效、快速、重现性好、灵敏度高等优点。由于 HPLC 灵敏度极高,可以测定极低含量的物质,现已广泛应用于氨基酸、蛋白质、酶、核酸及各种手性药物等的检测。

(一)高效液相层析的原理

高效液相层析与普通层析原理相同,即根据被分离物质的理化性质(相对分子质量、吸附力、亲和力、离子间的静电吸引力、疏水力、溶解度、电荷效应等)不同而进行分离的。以高效凝胶层析为例:当混合物流经凝胶载体时,相对分子质量大的物质被排阻在介质之外,相对分子质量小的物质能进入介质内部空隙,这样,不同相对分子质量的混合物在凝胶中的移动速度不同,从而得到分离。相对分子质量大的物质先被洗脱下来;相对分子质量小的物质后被洗脱下来。一般来说,层析柱的填充物(固定相)的颗粒的直径越小、越均匀,分离效果越好,但是洗脱时间会延长,要想缩短洗脱时间,必须增加压力,这样普通层析用填充物(软凝胶)会变形而影响分离效果。而 HPLC 的填充物颗粒的孔径微细,如硅胶、硬质凝胶、多聚物凝胶(葡聚糖凝胶、聚丙烯酰胺凝胶),即使在高压下,也不变形。把上述填充物用各种各样的活性基团进行化学修饰,形成了当今使用的多种多样的 HPLC。

HPLC 按其固定相的性质可分为高效凝胶层析、液固吸附层析、离子交换层析、疏水性液相层析、反相液相层析、高效亲和液相层析等。

(二)高效液相层析的装置

高效液相层析装置主要由层析柱、进样器、检测器、温度控制器、记录仪及数据处理装置等部分组成(图 4-14)。

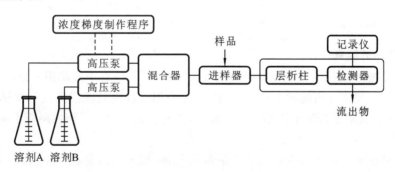

图 4-14　HPLC 基本装置示意图

高压泵是 HPLC 的主要元件之一,其主要作用是保证流动相以稳定的流速流过层析柱。由于高压液相色谱仪所用层析柱较细(柱径 1～6 mm),柱内所填固定相颗粒又很小(数微米至数十微米),因此,对流动相的阻力就很大。为使流动相能较快地流过层析柱,必须使用高压泵。对泵的要求:耐高压、耐腐蚀、流速恒定、泵的死体积小、便于迅速更换溶剂和采用梯度洗脱、流量可以调解和控制。特别在梯度洗脱时,应有平滑的溶出曲线。

层析柱是 HPLC 仪器中最重要的元件。层析柱的填充物大体上有硅胶及多聚物凝胶。硅胶作为单体的填充物具有耐高压、理论塔板数大的特点。但在碱性条件下,硅胶能够被溶解。多聚物凝胶虽然耐高压性能不强,但可在广泛的 pH 值范围内应用。由于层析的种类不同,性质也不同,须根据待分离物质的理化性质选择合适的色谱柱。

由于液相色谱的流动相与样品的物理性质往往相似,到目前为止还没有一种较为理想的通用检测器。目前最常使用的是紫外检测器、差示折光器和荧光检测器等。

配管是连接 HPLC 仪各部件的重要部分,它是由连接管和接头部分组成的。连接管采用不锈钢、钛及聚四氟乙烯等材料做成。对于高分离效果的层析柱,必须注意:从梯度混合液开始到层析柱入口之间以及层析柱的出口和检测器之间的连接用的导管宜短。否则,从浓度梯度开始到实际的浓度梯度流出需要的时间就会过长,造成分离效果差、灵敏度降低。另外,进样器和层析柱之间,层析柱和检测器之间,检测器和组分收集器之间的配管也要尽可能短。

在 HPLC 的流路上,为了保护仪器设备和层析柱,还安装了各种各样的保护性滤器。这些滤器是用生物材料做成的,对于高效液相层析发挥着重要的作用。要注意滤器的清洗和交换,否则容易引起仪器系统内的压力异常。主要有溶液滤器(清除溶剂中的尘埃颗粒)、管路滤器(清除从溶剂和高压泵中流出的杂质和尘埃)、柱前滤器(清除样品中的杂质和尘埃颗粒)及前置柱(保护层析柱)等。前置柱要经常更换。

仪器除上述基本构成外,还有以下装置。

(1)除洗脱液气泡的脱气装置。

(2)保持层析柱温度恒定的恒温槽。

(3)经 HPLC 层析柱分离后的成分进行某种化学反应的流动型反应器。

(4)数据处理系统。

(5)有的 HPLC 仪还有电导检测器和 pH 值检测器。

(6)样品收集器,它能够将分离的组分按流出的先后顺序分别进行收集。

(三)高效液相层析的基本操作

1. 流动相的制备

除要求实验中使用的玻璃容器必须清洗干净外,HPLC 对于流动相的纯度要求极高。

(1)溶剂要使用分析纯或 HPLC 专用,不能使用引起柱效能损失或柱保留特性变化的溶剂(如液固吸附层析法中流动相不应含水,以硅胶为单体的反相柱层析不能使用碱性溶剂等)。

(2)各种试剂在使用前应预先除去溶解的气体(脱气),以免在柱中或检测器中产生气泡,影响分离和检测。对于水或缓冲液常采用真空脱气,而对挥发性有机溶剂常采用超声波振荡脱气。此外,尚可根据样品性质采用加热脱气、联机脱气和惰性气体驱除法等。

(3)使用的水必须是双蒸水或超纯水。

(4)盐类物质要使用优级纯试剂,且在使用前须经重结晶。

(5)流动相应与检测器匹配。例如,用紫外检测器时,流动相本身在检测波长处应无吸收。

(6)尽量采取低黏度的溶剂,如甲醇、乙腈,以提高柱效能、降低柱的阻力。

2. 柱平衡

在进样前必须用流动相充分冲洗色谱柱,待流出液经检测器检测柱内无残留杂质(流出液的基线稳定)后,方能进样。

3. 进样

(1) 样品的制备:HPLC 分析用的样品须用 0.22 μm 滤器过滤后才能使用,禁用混浊样品。

(2) 进样:用 HPLC 专用的注射器量取过滤后的样品(加入注射器中的样品量比加样池的容积要大),把手柄扳到进样位置后,将注射器插入加样器中,然后将样品缓缓地注入加样池中(此时不要拔下注射器),应立即将手柄扳到注射位置。拔掉注射器,洗脱液和加样池的样品以相同的容量流出后,立即将手柄扳回进样位置,开始进行梯度洗脱。

4. 洗脱

HPLC 有梯度洗脱和恒组成溶剂洗脱两种洗脱方式。前者能按一定程序连续地或阶段改变流动相的组成,使复杂样品中性质差异较大的组分均能达到良好的分离。它具有分离时间短、分离度高、峰形改善等优点,但有时引起基线漂移。后者保持流动相组成配比不变,操作较简便,层析柱易于再生。蛋白质、多肽分离纯化时,常采用高压梯度洗脱。这样不仅层析分离图谱的重现性好,也能抑制气泡的产生。

5. 检测及取样

在洗脱过程中,随着流动相的流动,待测样品即可在不同时间流出层析柱,这时根据检测器的检测结果分析并收集样品。

6. 层析柱的清洗及保养

层析结束后,须将注射器清洗干净。手柄扳回注射位置,再用注射器吸取洗净液 5 mL,注入加样池中,彻底清洗加样器。

实验 11　转氨基作用和氨基酸的纸上层析

实·验·目·的

(1) 学习和验证氨基酸的转氨基作用。

(2) 掌握氨基酸纸上层析的原理和方法。

实·验·原·理

氨基酸的转氨基作用广泛存在于机体各组织器官中,是体内氨基酸代谢的重要途径。生物体内广泛存在的氨基转移酶也称转氨酶,此酶催化氨基酸的 α-氨基转移到另一个 α-酮基酸上。各种转氨酶的活性不同,其中肝脏的谷-丙转氨酶(又称丙氨酸转氨酶,ALT)活性较高,它催化的反应如下:

$$
\begin{array}{c}
\text{COOH} \\
|
\end{array}
$$

（结构式图）
L-谷氨酸　　丙酮酸　　（丙氨酸转氨酶）　　α-酮戊二酸　　丙氨酸

本实验是以 L-谷氨酸与丙酮酸为底物,在肝匀浆中的丙氨酸转氨酶作用下进行氨基转移反应。然后用纸层析法检测反应体系中产物丙氨酸的生成。

纸层析是以滤纸作为支持物的分配层析法。它是利用混合物中各组分在两相中分配系数不同而达到分离目的。纸层析以滤纸作为惰性支持物,滤纸纤维能吸收 22% 左右的水,其中 6%～7% 的水以氢键形式与纤维素的羟基结合。层析时,以滤纸纤维所吸附的水为固定相,以水饱和的有机溶剂为流动相。将氨基酸的混合样品点于滤纸上,当流动相经过样品时,混合物中的各种氨基酸就在流动相和固定相中分配,不同氨基酸的极性和结构不同,它们在固定相与流动相中的分配系数就不同,随流动相的移动进行连续和动态的不断分配,其移动的速度也就不同,从而得以分离纯化。

在滤纸、溶剂、温度等各项实验条件恒定的情况下,各物质的 R_f 值是不变的,它不随溶剂移动距离的改变而变化。

R_f 与分配系数 K 的关系：

$$R_f = \frac{1}{1 + \alpha K}$$

α 是由滤纸性质决定的一个常数。K 值越大,溶质分配于固定相的趋势越大,R_f 值越小。相反,K 值越小,则溶质分配于流动相的趋势越小,R_f 值越大。由此可见,R_f 值可作为定性分析的重要指标。

试·剂·和·器·材

1. 试剂

(1) 1% 谷氨酸溶液:谷氨酸 1 g,加水 20 mL,用 5% KOH 调节到中性,然后用 0.01 mol/L pH 7.4 磷酸盐缓冲液稀释至 100 mL。

(2) 1% 丙酮酸钠溶液:丙酮酸钠 1 g,加 0.01 mol/L pH 7.4 磷酸盐缓冲液溶解成 100 mL。

(3) 2% 醋酸溶液。

(4) 0.01 mol/L pH 7.4 磷酸盐缓冲液:0.2 mol/L Na_2HPO_4 溶液 81 mL 与 0.2 mol/L NaH_2PO_4 溶液 19 mL 混匀,用蒸馏水稀释至 2000 mL。

(5) 展开剂:水饱和酚(水和酚以体积比 40：60 混合后,放入分液漏斗中,振荡。静置 24 h 以后分层,将下部酚层放入瓶中备用)。新配制的酚展开剂可反复使用一周。

(6) 0.1% 丙氨酸溶液:丙氨酸 0.1 g,用 0.01 mol/L pH 7.4 磷酸盐缓冲液配制成

100 mL。

(7) 0.1％谷氨酸溶液：取试剂(1)用上述磷酸盐缓冲液稀释 10 倍。

(8) 0.1％茚三酮乙醇溶液。

(9) 0.25％磷酸盐缓冲液。

2. 器材

剪刀、镊子、天平、研钵或玻璃匀浆器、离心机、恒温水浴箱、烘箱、圆形滤纸(直径 11 cm)、喷雾器、玻璃毛细管、培养皿等。

1. 肝匀浆制备

取小鼠一只，断头处死后，立即剖腹取出肝脏，用 0.9％NaCl 溶液洗去血液并用滤纸吸干。称取肝脏约 1 g，置于研钵(或玻璃匀浆器)中，加入 0.01 mol/L pH 7.4 磷酸盐缓冲液 5 mL，迅速研磨成匀浆。

2. 转氨酶反应

(1) 取离心管 2 支，分别标明测定管与对照管，各加入肝匀浆 10 滴，将对照管置于沸水浴中煮 5 min 后用流水冷却。

(2) 于两管中各加入 1％谷氨酸溶液 10 滴，1％丙酮酸钠溶液 10 滴，0.25％磷酸盐缓冲液 1.5 mL，摇匀，共同置于 40 ℃水浴中保温 30 min。

(3) 保温完毕后，取出试管。各加入 2％醋酸溶液 2 滴，放入沸水浴中 5 min。取出冷却后，离心(2000 r/min，5 min)。将上清液分别转移到干燥小试管(并分别标明"测定"、"对照")中，留待层析用。

3. 层析验证

(1) 取直径 11 cm 圆形滤纸一张，用圆规画半径 1 cm 的同心圆作为底线。通过圆心作两条互相垂直的线与底线相交于 4 个点，用铅笔分别注明测定、对照、谷氨酸、丙氨酸。

(2) 用 4 根毛细玻璃管分别吸取测定管、对照管上清液和 0.1％丙氨酸溶液及 0.1％谷氨酸溶液，依次点在滤纸上标明记号的原点处，注意斑点直径不应大于 3 mm，待干后，再重复点样一次。

(3) 在滤纸圆心处剪一个小孔(直径 1～2 mm)，另取一个同类滤纸小条(2 cm×1 cm)卷成筒状，直径为 1～2 mm，并将其下端剪成刷状。将此小筒插入滤纸中心小孔(不要突出于纸面)。

(4) 将展开剂(水饱和的酚溶液)放入直径为 3～5 cm 的干燥表面皿中，表面皿置于直径 10 cm 培养皿正中。将滤纸平放在培养皿上，小筒浸入溶剂中，将另一个同样大小的培养皿盖上。展开剂沿小筒上升到滤纸，再向四周扩展，约 30 min 后，展开剂前沿距滤纸边缘约 1 cm 时即可取出。

(5) 取出滤纸用热风吹干或在 60 ℃培养箱中烘干。喷以 0.1％茚三酮乙醇溶液，再用热风吹干。用铅笔圈下各显色斑点，观察层析出现的色斑并解释(图 4-15)。

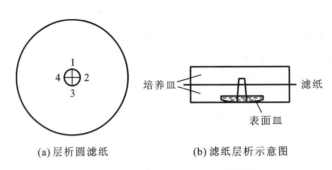

(a) 层析圆滤纸　　　　　　(b) 滤纸层析示意图

图 4-15　氨基酸水平型纸层析装置

注·意·事·项

(1) 展开剂水饱和的酚溶液有腐蚀性,切勿与皮肤接触,注意安全。

(2) 用手拿滤纸的边缘,勿接触中心部位,以免显色后的背景不洁净。

实验 12　氨基酸的薄层层析

实·验·目·的

掌握氨基酸薄层层析的原理和操作技术。

实·验·原·理

薄层层析法是一种微量而快速的层析方法。氨基酸薄层层析属于吸附层析,主要根据各种氨基酸在吸附剂表面的吸附能力不同进行分离或提纯的一种方法。将硅胶(吸附剂作为固定相的支持剂)均匀地铺在玻璃片上,并将氨基酸样品点于吸附剂上,然后把薄层板浸入适当的溶剂中,使溶剂在薄层板上扩散。在密闭容器中,由于吸附剂的毛细管作用使展开剂上行将样品展开。被分离的氨基酸因结构不同,在吸附剂上的吸附亲和力也不同。吸附力大的就容易被吸附剂吸附,而较难被溶剂冲洗(即解吸);吸附力小的就容易被溶剂携带至较远的距离。氨基酸在吸附剂和展开剂之间反复多次进行吸附和解吸,从而使不同的氨基酸达到分离的目的。

试·剂·和·器·材

1. 试剂

(1) 层析硅胶 G。

(2) 氨基酸溶液,制备下列氨基酸的异丙醇(90%)溶液各 10 mL。

① 0.01 mol/L 精氨酸溶液:称取精氨酸 17.4 mg 溶于 10 mL 90%异丙醇溶液中。

② 0.01 mol/L 甘氨酸溶液:称取甘氨酸 7.5 mg 溶于 10 mL 90%异丙醇溶液中。

③ 0.01 mol/L 酪氨酸溶液:称取酪氨酸 18.1 mg 溶于 10 mL 90%异丙醇溶液中。

将上述溶液各取出 1 mL,混合均匀作为氨基酸混合溶液。

(3) 展开溶剂:按 4∶1∶1 体积比例混合正丁醇、冰醋酸及水,现用现配。

(4) 0.5%茚三酮丙酮溶液:称取茚三酮 0.5 g,溶于无水丙酮至 100 mL。

(5) 0.2%羧甲基纤维素钠(CMCNa)溶液:称取羧甲基纤维素钠 1 g,溶于 100 mL 蒸馏水中,在沸水浴中煮沸至无气泡,冷却,置于冰箱中储存,临用前稀释至 0.2%。

2. 器材

玻璃片(4 cm×10 cm)、层析缸、喷雾器、长颈漏斗、吹风机、玻璃毛细管、恒温干燥箱等。

1. 层析薄板的制备

(1) 称取硅胶 G 0.5 g 放入研钵中,加 1.8 mL 0.2%羧甲基纤维素钠溶液,研磨成均匀的稀糊状。

(2) 将上述糊状物倾倒在 4 cm×10 cm 的玻璃片上,使之均匀地布满于玻璃片,将玻璃片轻轻地晃动,使硅胶 G 均匀分布,表面平坦、光滑,无水层及气泡,然后水平放置在空气中使其自然干燥。

(3) 薄板(图 4-16)上硅胶干后,放入 105 ℃的恒温干燥箱内活化,半小时后取出,放冷备用。

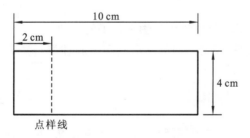

图 4-16　层析薄板示意图

2. 点样

(1) 在距离薄板一端约 2 cm 处用细线向下压硅胶,压成一条点样线。

(2) 用直径约 1 mm 的玻璃毛细管分别吸取甘氨酸、精氨酸、酪氨酸及混合氨基酸溶液,在点样线上点样,每隔 0.8 cm 处点一种样品(约 5 μL),点样直径为 2~3 mm。待点样处干后,再将样品在原点样处重复点一次。

3. 展层

(1) 硅胶板的点样端向下,倾斜地放入层析缸内,使其与缸底平面成约 30°。

(2) 用长颈漏斗加入展开剂使展开剂离点样处 1~2 cm 为止。

(3) 盖上层析缸盖进行层析。

(4) 当展开剂前沿到达玻璃片全长的 3/4 处停止层析,取出玻璃片,记下展开剂前沿位置,将硅胶板置于干燥箱内烘干。

4. 显色

(1) 用 0.5％茚三酮丙酮溶液均匀地喷洒于硅胶板上。

(2) 将玻璃片置于 105 ℃恒温干燥箱内烘干,约 2 min 即可显出粉红色斑点。

5. 计算 R_f 值

(1) 分别测量甘氨酸、精氨酸、酪氨酸的 R_f 值,作为标准。

(2) 再测出混合液中分离出的各种氨基酸的 R_f 值与标准值对照,以确定为何种氨基酸。

(3) 甘氨酸、精氨酸、酪氨酸的 R_f 值分别约为 0.22、0.08、0.47。

注意事项

(1) 硅胶薄板活化前必须干燥,否则硅胶易干裂。

(2) 第二次重复点样须待第一次点样处干后才能进行。

(3) 层析时缸盖一定要紧密盖好。

实验 13 凝胶柱层析法分离蛋白质

实验目的

(1) 了解凝胶柱层析法分离纯化生物大分子的原理。

(2) 通过 γ-球蛋白脱盐实验,初步掌握利用凝胶柱层析法分离纯化蛋白质的原理和操作技术。

实验原理

凝胶层析又称凝胶排阻层析、凝胶过滤、分子筛层析,是一种按分子大小分离物质的层析方法,广泛应用于蛋白质、核酸、多糖等生物大分子的分离和纯化。该方法是一类利用有一定孔径范围的多孔凝胶的层析技术。当样品流经这类凝胶的固定相时,不同分子大小的组分便会因进入网孔受阻滞的程度不同而以不同的速度通过层析柱,从而达到分离的目的。

当样品通过层析柱时,相对分子质量较大的物质因为不能或较难通过网孔而进入凝胶颗粒,而是沿着凝胶颗粒间的间隙流动,所以流程较短,向前移动速度较快,即受阻滞的程度较小,最先流出层析柱。反之,相对分子质量较小的物质,因为颗粒直径小,可通过网孔而进入凝胶颗粒,所以流程长,向前移动速度较慢,即受阻滞的程度较大,流出层析柱的时间较晚。而分子大小介于二者之间的分子在流动中部分渗透,渗透的程度取决于它们分子的大小,所以它们流出的时间介于二者之间。这样样品经过凝胶层析后,各个组分便按分子从大到小的顺序依次流出,从而达到了分离的目的。

任何一种被分离的化合物被凝胶筛孔排阻的程度可用分配系数 K_d 表示(它表示一种物质在空隙内的渗透程度,相当于这种物质在空隙内所占体积与空隙总体积的比值)。

K_d 值的大小与凝胶床的外水体积(V_o)、内水体积(V_i)以及分离物本身的洗脱体积(V_e)有关,即

$$K_d = \frac{V_e - V_o}{V_i}$$

在限定的层析条件下,V_o 和 V_i 都是恒定值,而 V_e 值却随着分离物相对分子质量的变化而变化。分离物相对分子质量大,K_d 值小;反之,则 K_d 值大。

通常选用蓝色葡聚糖 2000 作为测定外水体积的物质。该物质相对分子质量大(为 200 万),呈蓝色,它在各种型号的葡聚糖凝胶中都被完全排阻,并可借助其本身颜色,采用肉眼或分光光度计检测(210 nm 或 260 nm 或 620 nm)洗脱体积(即 V_o)。但是,在测定激酶等蛋白质的相对分子质量时,宜用蓝色葡聚糖 2000 测定外水体积,因为它对激酶有吸附作用,所以有时用巨球蛋白替代。测定内水体积(V_i)的物质,可选用硫酸铵、N-乙酰酪氨酸乙酯,或者其他与凝胶无吸附力的小分子物质。

本实验使用血红蛋白(相对分子质量 64500 左右)和二硝基氟苯-鱼精蛋白(DNP-鱼精蛋白,相对分子质量 12000 左右)的混合物,通过 Sephadex G-25 层析后达到分离。

试剂和器材

1. 试剂

(1) 0.9% NaCl 溶液、10% NaHCO$_3$ 溶液、95% 乙醇溶液。

(2) pH 7.0 磷酸盐缓冲液:20 mmol/L 磷酸二氢钠溶液与 20 mmol/L 磷酸氢二钠溶液的配比为 31 mL:69 mL。

(3) 血红蛋白(Hb)溶液:取抗凝血(肝素)2 mL,离心弃去上层血浆。用 0.9% NaCl 溶液洗血细胞数次(颠倒混匀,离心,弃去上清液),使离心后上清液几乎无淡黄色为止。于洗净的红细胞中加入 5 倍体积的蒸馏水摇匀,离心去沉淀(破碎的细胞膜等)即为 Hb 稀释液备用。

(4) DNP-鱼精蛋白溶液:取鱼精蛋白 0.15 g 溶于 10% NaHCO$_3$ 溶液 1.5 mL 中(此时该蛋白质溶液 pH 值应在 8.5~9.0)。另取二硝基氟苯 0.15 g,溶于微热的 95% 乙醇溶液 3 mL 中,待其充分溶解后立即倾入上述蛋白质溶液中。将此管置于沸水浴中煮沸 5 min,注意防止乙醇沸腾溢出。冷却后加 2 倍体积的 95% 乙醇溶液,可见黄色的 DNP-鱼精蛋白沉淀。离心 5 min,弃去上清液,沉淀用 95% 乙醇溶液洗 2 次,所得沉淀用 1 mL 蒸馏水溶解,即为 DNP-鱼精蛋白溶液,备用。

2. 器材

层析柱(1 cm×15 cm)、吸管(1 mL)、滴管、玻璃棒、试管等。

操作步骤

1. 凝胶的溶胀

取 3 g 葡聚糖凝胶(Sephadex G-25)干粉,浸泡于蒸馏水中充分溶胀(室温 6 h),或者于沸水浴中煮沸 1 h 后冷却。充分溶胀后的凝胶以倾斜法除去表面悬浮的小颗粒,如此反复洗涤 2~3 次,最后加入等体积 pH 7.0 的磷酸盐缓冲液备用。

2. 装柱

取直径 1 cm,长 15 cm 的玻璃层析柱,垂直固定在铁架台上,将层析柱下端的止水螺丝旋紧,向柱中加入的磷酸盐缓冲液,至柱高 5~7 cm,调节流速为每 10 s 1 滴;待柱中剩下约 0.5 cm 磷酸盐缓冲液时,关掉恒流泵,把溶胀好的糊状凝胶一次性倒入柱中,自然沉降 20 min,在此过程中可以看到凝胶均匀地沉降到柱的底部并不断上升。20 min 后,用镊子小心地在胶面上放置圆片滤纸,用滴管补加磷酸盐缓冲液(注意随时添加磷酸盐缓冲液,防止柱床干裂)。同时开启恒流泵,控制一定的流速,使柱中的凝胶一直处在溶液中。若分次装入凝胶,需用玻璃棒轻轻搅动柱床上层凝胶,以免出现界面分层。装柱长度至少 10 cm。

3. 平衡

用磷酸盐缓冲液冲洗洗脱,平衡 20 min。注意在任何时候不要使液面低于凝胶表面,否则可能有气泡混入,影响液体在柱内的流动。

4. 样品制备

取 DNP-鱼精蛋白溶液 3 滴和血红蛋白溶液 1 滴混合,即为上柱样品。

5. 上样

待层析柱上缓冲液几乎全部进入凝胶时,关掉恒流泵,用滴管将上述样品沿柱内壁小心加到床表面,注意尽量不使平整的床表面搅动,然后打开恒流泵,让样品进入柱床。待其将进入柱床时,关掉恒流泵,用滴管小心加入磷酸盐缓冲液至柱顶。

6. 洗脱

旋紧柱顶,将进液管接入洗脱液瓶中,用缓冲液进行洗脱,控制缓冲液在约每 10 s 1 滴的流速,观察并记录 Hb 和 DNP-鱼精蛋白在层析柱中的位置。

待所有有色条带完全流出柱子后,继续洗柱 5 min。停止恒流泵,卸下柱子,旋下柱顶螺旋,将凝胶倒回小烧杯中并取出滤纸片。

注意事项

(1)根据层析柱的容积和所选用的凝胶溶胀后的柱床体积,计算所需凝胶干粉的质量,用洗脱缓冲液使其充分溶胀。

(2)层析柱粗细必须均匀,柱管大小可根据试剂需要选择。一般来说,细长的柱分离效果较好。若样品量多,最好选用内径较粗的柱,但此时分离效果稍差。柱管内径太小时,会发生"管壁效应",即柱管中心部分的组分移动慢,而管壁周围的移动快。柱越长,分离效果越好,但柱过长,实验时间长,样品稀释度大,分离效果反而不好。

(3)各接头不漏气,连接用的小乳胶管不要有破损,否则造成漏气、漏液。

(4)装柱要均匀,不要过松也不要过紧,最好在要求的操作压下装柱,流速不宜过快,避免因此而压紧凝胶。但也不要过慢,使柱装得太松,导致层析过程中,凝胶床高度下降。

(5)始终保持柱内液面高于凝胶表面,否则水分挥发,凝胶变干。

实验 14　DEAE 纤维素离子交换层析法分离血清蛋白质

实验目的

熟悉用 DEAE 纤维素离子交换层析法分离血清蛋白质的实验原理及操作过程。

实验原理

离子交换层析法是根据物质酸碱性、极性等差异,利用离子交换剂对各种离子有不同亲和力,通过离子间的吸附和脱吸附,来分离混合物中各种离子的层析技术。离子交换层析的固定相就是离子交换剂,流动相是具有一定 pH 值和一定离子强度的电解质溶液。

蛋白质是两性化合物,当溶液的 pH$<$pI 时,蛋白质带正电荷,可以与阳离子交换剂交换阳离子;当溶液的 pH$>$pI 时,蛋白质带负电荷,可以与阴离子交换剂交换阴离子。由于各种蛋白质所带电荷不同,通过改变溶液的 pH 值或(和)离子强度可将不同的蛋白质洗脱下来,从而达到分离的目的。

本实验利用上述原理,将血清蛋白质交换到 DEAE 纤维素离子交换层析柱上后,应用梯度洗脱法,逐渐改变洗脱液的 pH 值与离子强度,将血清中各种蛋白质组分分步洗脱下来,从而达到分离提纯的目的。

试剂和器材

1. 试剂

(1) DEAE 纤维素。

(2) 0.5 mol/L HCl 溶液。

(3) 0.5 mol/L NaOH 溶液。

(4) 0.01 mol/L Na_2HPO_4 溶液。

(5) 0.5 mol/L NaH_2PO_4 溶液。

2. 器材

烧杯、量筒、玻璃棒、漏斗、细尼龙滤布、pH 试纸、层析柱、层析柱铁架台、螺旋夹、梯度发生器、恒流泵、紫外检测仪、恒温磁力搅拌器、记录仪等。

操作步骤

1. DEAE 离子交换纤维素的处理

(1) 膨润:称取 DEAE 纤维素粉末 2.5 g,轻撒在 40 mL 0.5 mol/L HCl 溶液的液面上,轻轻摇动使纤维素粉下沉。浸泡 30 min 后,加蒸馏水至 100 mL,轻轻搅动均匀,静置 10 min,倾去上层大部分液体。然后将纤维素倾入有细尼龙滤布的漏斗上,用蒸馏水充分洗涤,直到漏斗出水口端的流出液的 pH$\geqslant$4(用 pH 试纸检查)。

（2）转型：将 DEAE 纤维素放到 250 mL 烧杯中，加入 0.5 mol/L NaOH 溶液 40 mL，浸泡 30 min 后，加蒸馏水 100 mL 轻轻搅动均匀，然后倾入有细尼龙滤布的漏斗中，用蒸馏水充分洗涤，直到漏斗出水口端的流出液的 pH≤8。

（3）平衡：将上述 DEAE 纤维素放到 250 mL 烧杯中，加入 0.01 mol/L Na_2HPO_4 溶液 100 mL，轻轻搅动均匀，放置 5 min，倾去上层液体，再加入 0.01 mol/L Na_2HPO_4 溶液 100 mL，反复几次，直到 pH＝8。

2. 装柱

将层析柱垂直固定好，在层析柱下端出水管套上细橡皮管，用螺旋夹夹紧。然后将处理好的纤维素混悬液倾入柱内，再放松螺旋夹使液体流出，直至纤维素全部加入柱中，且注意液面接近柱床时再将螺旋夹夹紧（注意：装柱要均匀，每次加的纤维素之间不要分层，中间不要含有气泡）。

3. 仪器的连接和调试

将层析柱与恒流泵、紫外检测仪、记录仪依次连接好，打开恒流泵，用少量 0.01 mol/L Na_2HPO_4 溶液排空连接管道和仪器内的气泡，调好流速至每分钟 8～10 滴，并对紫外检测仪和记录仪进行校正。

4. 加样

断开层析柱与恒流泵的连接，用螺旋夹夹紧层析柱下端橡皮管。用吸量管小心在层析柱内接近纤维素层处缓慢加入血清 0.5 mL（注意不要搅动纤维素界面），然后打开螺旋夹，使液体缓慢流出，到全部血清刚好流入柱床，立即用滴管小心加入 0.5 mL 0.01 mol/L Na_2HPO_4 溶液，直到液面接近纤维素层界面时，将橡皮管重新连到恒流泵上。

5. 洗脱

将梯度发生器的两个盛液杯间的螺旋夹拧紧，在起始杯内加入 30 mL 0.01 mol/L Na_2HPO_4 溶液，终末杯内加入 30 mL 0.5 mol/L NaH_2PO_4 溶液。将梯度发生器放到磁力搅拌器上（磁力搅拌器要放在比层析柱高 30～50 cm 处），打开起始杯与终末杯间的螺旋夹，将磁力搅拌子放入起始杯内，开动搅拌器，速度不要快（避免将空气卷入液体内）。将梯度发生器出口端的细橡皮管与层析柱上盖的细橡皮管连接上，使液体流入柱内（注意不要漏气）。

6. 检测

打开恒流泵和记录仪，通过紫外检测仪和记录仪自动在坐标纸上绘出血清蛋白分离曲线。

实验后将层析柱内离子交换纤维素回收，留供以后实验用。

（杨成君　刘　畅）

第二篇

基础生物化学实验

第五章

糖的生物化学

····· **实验 15　葡萄糖氧化酶比色法测定血糖** ·····

实·验·目·的

掌握用葡萄糖氧化酶比色法测定血糖浓度的原理和方法。

实·验·原·理

葡萄糖氧化酶(glucose oxidase,GOD)催化葡萄糖,使葡萄糖分子中的醛基被氧化生成葡萄糖酸及过氧化氢。过氧化氢被偶联的过氧化物酶(peroxidase,POD)催化释放出氧,后者使色原性氧受体 4-氨基安替比林偶联酚的酚氧化,并与 4-氨基安替比林结合生成红色醌类化合物,即 Trinder 反应。红色醌类化合物的生成量与葡萄糖含量成正比。

试·剂·和·器·材

1. 试剂

(1) 0.1 mol/L 磷酸盐缓冲液(pH 值为 7.0):溶解无水磷酸氢二钠 8.5 g 及无水磷酸二氢钾 5.3 g 于 800 mL 蒸馏水中,用少量 1 mol/L 氢氧化钠溶液(或 1 mol/L 盐酸)调 pH 值至 7.0,然后用蒸馏水定容至 1 L。

(2) 酶试剂:取 GOD1 200 U,POD1 200 U,4-氨基安替比林 10 mg,叠氮钠 100 mg,溶于 80 mL 磷酸盐缓冲液中,用 1 mol/L 氢氧化钠溶液调 pH 值至 7.0,用磷酸盐缓冲液定容至 100 mL,置于 4 ℃保存,至少可稳定存放 3 个月。

(3) 酚试剂:取 100 mg 酚溶于 100 mL 蒸馏水中。

(4) 酶酚混合试剂:酶试剂及酚试剂等量混合,4 ℃可以存放 1 个月。

(5) 100 mmol/L 葡萄糖标准储存液:将无水 D-葡萄糖置于 80 ℃烤箱内干燥至恒重,冷却后,取 1.802 g 以 70 mL 0.25%苯甲酸溶液溶解并移入 100 mL 容量瓶内,再以 0.25%苯甲酸溶液稀释至 100 mL 刻度处,混匀。2 h 后方可使用。

(6) 5 mmol/L 葡萄糖标准工作液(1 mg/mL):吸取葡萄糖标准储存液 5 mL 于 100 mL容量瓶中,用 0.25%苯甲酸溶液稀释至 100 mL 刻度处,混匀。

(7) 蛋白沉淀剂:将磷酸氢二钠 10 g,钨酸钠 10 g,氯化钠 9 g 溶于 800 mL 蒸馏水中,加入 1 mol/L 盐酸 125 mL,最后用蒸馏水稀释至 1 L。

2. 器材

试管、吸管、试管架、恒温水浴箱、分光光度计等。

(一)血浆直接测定

取三支试管,分别注明"空白","标准"及"测定",如表 5-1 所示加入溶液。

表 5-1　血浆直接测定

加入物/mL	空白管	标准管	测定管
血清	—	—	0.02
葡萄糖标准工作液	—	0.02	—
蒸馏水	0.02	—	—
酶酚混合试剂	3.0	3.0	3.0

混匀,置于 37 ℃水浴中,保温 15 min,冷却,用分光光度计在波长 505 nm 处比色,以空白管调零,分别读取测定管及标准管的吸光度。

计算:

$$血清葡萄糖浓度(mg/L)=(测定管吸光度/标准管吸光度)\times 100$$

(二)全血去蛋白滤液测定

取蛋白沉淀剂 1 mL 加入全血 50 μL,混匀,室温放置数分钟后离心,取上清液测定。同样处理葡萄糖标准工作液。

按血浆直接测定法操作,如表 5-2 所示加入溶液。

表 5-2　全血去蛋白滤液测定

加入物/mL	空白管	标准管	测定管
标本去蛋白上清液	—	—	0.5
处理后稀释标准液	—	0.5	—
蛋白沉淀剂	0.5	—	—
酶酚混合试剂	3.0	3.0	3.0

混匀,置于 37 ℃水浴中,保温 15 min,冷却,用分光光度计在波长 505 nm 处比色,以空白管调零,分别读取测定管及标准管的吸光度。

按血浆直接测定法计算结果。

(1) 正确使用比色器皿:手拿比色皿的毛面;比色液应占比色皿容积的 2/3。

（2）血糖测定应在取血后两小时内完成，放置太久，血糖易分解，故使含量降低。

（3）酶酚混合试剂一般现用现配。

实验 16 肝糖原的提取和鉴定

实 验 目 的

掌握肝糖原的提取方法及其某些特殊的化学性质。

实 验 原 理

肝糖原是一种高分子化合物，微溶于水，不溶于有机溶剂，无还原性，与碘作用呈棕红色。提取肝糖原时，可将新鲜的肝组织研磨匀浆，肝细胞破碎后，加入三氯醋酸可使其中的蛋白质变性而沉淀，肝糖原则稳定地保存于上清液中，从而使糖原与蛋白质等其他成分分离开来。糖原不溶于乙醇而溶于水，故可借加入乙醇而沉淀，然后将沉淀的肝糖原溶于水中，取一部分与碘呈颜色反应，另一部分水解成葡萄糖后，再用班氏试剂检验葡萄糖的还原性。

试 剂 和 器 材

1. 试剂

（1）体重 25 g 以上的健康小白鼠 1 只。

（2）0.9％NaCl 溶液。

（3）5％三氯醋酸溶液，10％三氯醋酸溶液。

（4）95％乙醇溶液。

（5）20％NaOH 溶液。

（6）浓盐酸。

（7）班氏试剂：将结晶硫酸铜($CuSO_4 \cdot 5H_2O$)17.3 g 溶于 100 mL 蒸馏水中。另溶解无水碳酸钠 100 g 和柠檬酸钠 173 g 于 700 mL 蒸馏水中，加热使之溶解，冷却至室温后慢慢地倾入上述硫酸铜溶液中，边加边搅拌，充分混合，然后加蒸馏水定容至 1 L。

（8）稀碘液：取 1 g 碘及 2 g 碘化钾溶于 300 mL 蒸馏水中即成。

2. 器材

普通离心机、恒温水浴箱、分光光度计、精度为 10 mg 的电子天平、剪刀、镊子、研钵、石英砂、试管架、离心管、试管、细玻璃棒、pH 试纸等。

操 作 步 骤

（1）用脱白法处死小白鼠，立刻取出肝脏，以 0.9％NaCl 溶液洗净血液，用滤纸吸干表面水分后，称取肝组织约 2 g，置于研钵中，加入 10％三氯醋酸溶液 2 mL，用剪刀把肝组织剪碎，再加石英砂少许，研磨 5 min。

（2）再加 5％三氯醋酸溶液 4 mL,继续研磨 1 min,至肝脏组织已充分磨成糜状为止,转入离心管中,然后以 2000 r/min 离心 3 min。

（3）小心将离心管上清液转入另一个离心管中,加入同体积的 95％乙醇溶液,混匀后,此时糖原成絮状沉淀析出,静置 10 min。

（4）溶液以 2000 r/min 离心 3 min,弃去上清液,并将离心管倒置于滤纸上 1～2 min。

（5）往沉淀内加入蒸馏水 2 mL,用细玻璃棒搅拌沉淀至溶解,即成糖原溶液。

（6）取试管两支,一支加入肝糖原溶液 10 滴;另一支加入蒸馏水 10 滴（对照管）,然后向两管中各加入稀碘液 1 滴,混匀,比较两管溶液的颜色。

（7）取试管一支,加入肝糖原溶液 10 滴,浓盐酸 3 滴,置于沸水浴中加热水解 10 min。取出冷却,然后加入 20％NaOH 溶液数滴,用 pH 试纸检验,直至溶液成中性。加入班氏试剂 2 mL,再置于沸水浴中加热 5 min,取出冷却,观察有无沉淀生成。

注意事项

（1）实验小白鼠在实验前必须饱食。

（2）肝脏离体后,肝糖原分解迅速,因此将动物杀死后应立即加入三氯醋酸制成匀浆,以破坏肝细胞中能分解糖原的酶类。

（3）研磨应充分,这是实验成败的关键。

实验 17   饱食、饥饿和激素对肝糖原的影响

实验目的

掌握饱食、饥饿和激素对肝糖原含量的影响及其作用机制。

实验原理

正常情况下肝糖原的含量约占肝重的 5％。许多因素可影响肝糖原的含量。如饱食后肝糖原含量增加,饥饿则使肝糖原含量逐渐降低;某些激素如肾上腺素促进肝糖原分解而降低其含量,皮质醇促进糖异生而增加其含量。

本实验采用蒽酮显色法测定肝糖原含量,先将肝组织置于浓碱中加热,破坏其他成分而保留肝糖原;再使肝糖原被浓硫酸脱水生成糠醛衍生物,后者与蒽酮作用而形成蓝棕色化合物。在一定条件下,颜色的深浅与肝糖原的含量成正比,可与同法处理的标准葡萄糖溶液进行比色定量。

试剂和器材

1. 试剂

（1）体重 25 g 以上的健康小白鼠 4 只。

（2）0.9％ NaCl 溶液。

（3）30％ KOH 溶液。

（4）标准葡萄糖溶液（0.1 mg/mL）。

（5）0.2％蒽酮试剂：在浓硫酸（相对密度 1.84）100 mL 中加入 0.2 g 蒽酮,此试剂不稳定,以当日配用为宜,冰箱保存可用 2～3 天。

（6）肾上腺素注射液。

（7）醋酸皮质醇注射液：将 0.4 mL 醋酸皮质醇液（含 10 mg）用 0.9％ NaCl 溶液稀释至 10 mL。

（8）蒸馏水。

2. 器材

恒温水浴箱、分光光度计、剪刀、镊子、滤纸、精度为 10 mg 的电子天平、试管、刻度吸管、100 mL 容量瓶等。

（1）动物准备：选择体重在 25 g 以上的健康小白鼠 4 只,随机分为两组。一组给足量饲料；另一组于实验前禁食 24 h,只给饮水。实验前 5 h,给一只饥饿小白鼠腹腔注射皮质醇 0.2 mg/10 g 体重；实验前半小时,给一只饱食小白鼠腹腔注射肾上腺素 5 μg/10 g 体重。

（2）糖原提取：用颈椎脱臼法处死动物,分别取出肝脏,以 0.9％ NaCl 溶液冲洗后,用滤纸吸干,准确称取肝组织 0.5 g,分别放入盛有 1.5 mL 30％ KOH 溶液的试管中,编号,置于沸水浴中煮 20 min（肝组织必须在沸水浴中全部溶解,否则影响比色）,取出后冷却,将各管内容物分别移入 4 只 100 mL 容量瓶中（用蒸馏水洗涤试管,一并收入容量瓶内）,定容至刻度,仔细混匀。

（3）糖原测定：取试管 6 支编号,按表 5-3 操作。

表 5-3 糖原测定

加入物/mL	空白管	标准管	饱食鼠	肾上腺素鼠	饥饿鼠	皮质醇鼠
糖原提取液	—	—	0.5	0.5	0.5	0.5
标准葡萄糖溶液	—	0.5	—	—	—	—
蒸馏水	1.0	0.5	0.5	0.5	0.5	0.5
0.2％蒽酮试剂	2.0	2.0	2.0	2.0	2.0	2.0

混匀,置于沸水浴中煮 10 min,冷却,以空白管调零,于 620 nm 波长处读取吸光度。

（4）计算：

100 g 肝组织含糖原(g)＝(测定管吸光度/标准管吸光度)×1×0.1×(100/肝重)×(100/1)×(1/1000)×1.11

注：1.11 是此法测得葡萄糖含量换算为糖原含量的常数,即 111 μg 糖原用蒽酮试剂显色相当于 100 μg 葡萄糖用蒽酮试剂所显示的颜色。

注·意·事·项

（1）颈椎脱臼法必须迅速进行，避免动物长时间受刺激，导致肝糖原分解加速。

（2）肝组织必须在沸水浴中全部溶解，否则影响比色。

（3）注意定量准确，吸取量要准确。

（4）此法鉴定肝糖原含量宜在 $1.5\%\sim9\%$，若肝糖原含量小于 1% 时，蛋白质可干扰蒽酮反应，此时必须改用间接法测定。即肝组织消化后，用 95% 乙醇溶液沉淀肝糖原（1∶1.25）。离心分离，用 2 mL 蒸馏水溶解肝糖原，再按表 5-3 操作。

实验 18 肌糖原的酵解作用

实·验·目·的

（1）学习检测糖酵解产物的原理和方法。

（2）了解糖酵解作用在糖代谢过程中的地位及生理意义。

实·验·原·理

在机体缺氧条件下，葡萄糖经一系列酶促反应生成丙酮酸进而还原成乳酸的过程称为糖酵解。在肌肉组织的糖酵解中，肌糖原首先与磷酸化合而分解，然后经过己糖磷酸酯、丙糖磷酸酯、丙酮酸等一系列中间产物，最后生成乳酸。该过程可简化为下列反应式：

$$1/n(C_6H_{10}O_5)_n + H_2O \longrightarrow 2CH_3CHOHCOOH$$

糖原   乳酸

肌糖原的酵解作用是糖类供给组织能量的一种方式。当机体突然需要大量的能量，而又供氧不足（如剧烈运动时），糖原的酵解作用可暂时满足能量消耗的需要。在有氧条件下，组织内糖原的酵解作用受到抑制，有氧氧化则为糖代谢的主要途径。

糖原酵解作用的实验，一般使用肌肉糜或肌肉提取液。在用肌肉糜时，必须在无氧的条件下进行；而用肌肉提取液时，则可在有氧的条件下进行。这是由于催化酵解作用的酶系统全部存在于肌肉提取液中，而催化呼吸作用（即三羧酸循环）的酶系统，集中在线粒体中。

糖原的酵解作用，可由乳酸的生成来观测。在除去蛋白质与糖以后，乳酸可以与硫酸共热变成乙醛，后者再与对羟基联苯反应产生紫红色物质，根据颜色的显色而加以鉴定。

该法比较灵敏，每毫升溶液含 $1\sim5$ mg 乳酸即给出明显的颜色反应。若有大量糖类和蛋白质等杂质存在，则严重干扰测定。因此，实验中应尽量除净这些物质。

试·剂·和·器·材

1. 试剂

（1）健康大白兔一只。

（2）浓硫酸。

（3）0.5％糖原溶液。

（4）液体石蜡。

（5）15％偏磷酸溶液。

（6）氢氧化钙粉末。

（7）1/15 mol/L 磷酸盐缓冲液。

甲液（1/15 mol/L 磷酸二氢钾溶液）：称量 9.078 g KH_2PO_4 溶于蒸馏水中，于 1000 mL 容量瓶中稀释到刻度。

乙液（1/15 mol/L 磷酸氢二钠溶液）：称量 11.876 g $Na_2HPO_4 \cdot 2H_2O$（或 23.984 g $Na_2HPO_4 \cdot 12H_2O$）溶于蒸馏水中，于 1000 mL 容量瓶中稀释到刻度。

1/15 mol/L 磷酸盐缓冲液（pH8.0）：将上述甲液与乙液按 1：19 的体积比混合，即成为 pH8.0 的缓冲液。

1/15 mol/L 磷酸盐缓冲液（pH7.4）：将上述甲液与乙液按 1：4 的体积比混合，即成为 pH7.4 的缓冲液。

（8）对羟基联苯试剂：称取对羟基联苯 1.5 g，溶于 100 mL 0.5％ NaOH 溶液，配成 1.5％对羟基联苯溶液，储存于棕色试剂瓶中。如果对羟基联苯颜色较深，应用丙酮或无水乙醇重结晶。若放置时间较长，会出现针状结晶，应摇匀后再使用。

（9）饱和硫酸铜溶液。

2. 器材

试管及试管架、移液管、量筒、滴管、玻璃棒、恒温水浴箱、剪刀、镊子、表面皿、橡皮塞、注射器、摇床、离心机等。

（1）处死动物：将灌入空气的注射器插入家兔比较粗的耳静脉血管中，注入 20～50 mL空气，动物于 1～2 min 内死去。

（2）制备肌肉糜：将兔处死后，放血，立即割取背部和腿部的肌肉，在冰上用剪刀尽量把肌肉剪碎即成肌肉糜，低温保存备用。

（3）肌肉糜的糖酵解：取 4 支试管，编号，1、2 号管为测试管，3、4 号管为对照管，如表 5-4加入溶液。

表 5-4　肌肉糜的糖酵解 1

加 入 物	1 号	2 号	3 号	4 号
磷酸盐缓冲液/mL	3	3	3	3
0.5％糖原溶液/mL	1	1	1	1
15％偏磷酸溶液/mL	—	—	2	2
新鲜肌肉糜/g	0.5	0.5	0.5	0.5
液体石蜡/mL	1	1	1	1

先用玻璃棒将肌肉碎块打散、搅匀，再分别加入液体石蜡，使它在液面形成一薄层以

隔绝空气,并将4支试管同时放入37 ℃恒温水浴箱中保温。2 h后,取出试管,立即向试管内加入15%偏磷酸溶液2 mL,混匀。将各试管内容物离心(3000 r/min),弃去沉淀。如表5-5操作。

表5-5 肌肉糜的糖酵解2

加 入 物	1 号	2 号	3 号	4 号
样品滤液/mL	4	4	4	4
饱和硫酸铜溶液/mL	1	1	1	1
氢氧化钙粉末/g	0.4	0.4	0.4	0.4

室温下将每个试管在摇床上放置30 min并振荡,使糖完全沉淀。将每个样品离心(3000 r/min),弃去沉淀。

(4) 乳酸的测定:取4支洁净、干燥的试管,编号,各加入浓硫酸1.5 mL和2～4滴对羟基联苯试剂,混匀后放入冰浴中冷却。

取每个样品的滤液0.25 mL逐滴加入到已冷却的上述浓硫酸与对羟基联苯的混合液中,随加随摇动冰浴中的试管,应注意冷却。

将各试管混合均匀,放入沸腾的水浴锅中煮沸10 min,冷却后,比较和记录各管溶液的颜色和深浅,并加以解释。

注·意·事·项

(1) 皮肤上有乳酸,应全程戴手套操作以避免接触。

(2) 若对羟基联苯试剂颜色较深,应用丙酮或无水乙醇重结晶。放置时间较长后,会出现针状结晶,应摇匀后使用。

(3) 测定时所用的仪器应严格地洗涤干净,否则容易干扰实验结果。

实验 19 胰岛素和肾上腺素对血糖浓度的影响

实·验·目·的

掌握胰岛素和肾上腺素对血糖水平的调节作用。

实·验·原·理

人和动物的血糖浓度受到各种激素的调节。胰岛素和肾上腺素是调节血糖浓度的两种重要的激素。胰岛素由胰脏β-细胞所分泌,它能加速血糖的氧化和促进糖原、脂肪生物合成,从而降低血糖浓度。肾上腺素在糖代谢中与胰岛素起相反的作用,它能加速肝糖原分解和糖的异生作用,使血糖升高。在正常生理状况下,胰岛素和肾上腺素在糖代谢中起着相辅相成的作用,两者处于动态平衡中,使血糖浓度维持在一定范围,即正常人在空腹时血糖浓度为80～120 mg/mL。

试剂和器材

1. 试剂

(1) 正常家兔两只。

(2) 二甲苯溶液。

(3) 凡士林。

(4) 草酸钠溶液。

(5) 25%葡萄糖注射液。

(6) 肾上腺素注射液。

(7) 胰岛素。

2. 器材

刀片、抗凝管、棉球、注射器、离心机、分光光度计、恒温水浴箱、试管等。

操作步骤

(1) 取正常家兔两只,禁食16 h。称体重,并做记录。

(2) 取血:剪去兔耳缘上的毛,擦上少许二甲苯溶液,使血管扩张。于放血部位涂一层凡士林,用刀片轻轻挑破边缘耳静脉放血,将血液收集入抗凝管中(每毫升血约需2 mg草酸钠溶液),边收集边摇匀,以防凝固,每只家兔取血2～3 mL。取血完毕,用干棉球压迫血管止血。抗凝血采集后立即离心(3000 r/min,15 min)分离血浆,置试管中。

(3) 注射:取血后的家兔,其中一只兔臀部皮下注射胰岛素0.75 U/kg体重并记录注射时间,1 h后再取耳部血2～3 mL。取血后立即腹腔或皮下注射25%葡萄糖注射液10 mL,以防家兔因血糖过低而发生胰岛素性休克。另一只兔臀部皮下注射肾上腺素0.4 mg/kg体重并记录注射时间,30 min后再取耳部血2～3 mL。

(4) 血糖浓度测定参照实验15。

(5) 计算出注射胰岛素后血糖降低和注射肾上腺素后血糖增高的百分比。

注意事项

(1) 实验采用抗凝管收集血,采血后应立即摇匀,以防凝固。

(2) 不能剧烈振荡血液,防止溶血,否则将影响比色结果。

(3) 血糖测定应在取血后2 h内完成。放置过久,糖原易分解,致使含量降低。

(高国全　杨　霞)

第六章

蛋白质化学

实验 20　甘氨酸两性性质的测定

实 验 目 的

观察甘氨酸的两性性质。

实 验 原 理

氨基酸在水溶液中绝大多数以两性离子形式存在,当在酸性溶液中则与 H^+ 结合而形成氨基酸阳离子,这种阳离子分两个阶段解离出 H^+,以甘氨酸为例,可列式如下:

$$H_3N^+-\overset{\overset{\displaystyle H}{|}}{\underset{\underset{\displaystyle H}{|}}{C}}-COOH \xrightleftharpoons{K_2} H^+ + H_3N^+-\overset{\overset{\displaystyle H}{|}}{\underset{\underset{\displaystyle H}{|}}{C}}-COO^- \xrightleftharpoons{K_2} H^+ + H_2N-\overset{\overset{\displaystyle H}{|}}{\underset{\underset{\displaystyle H}{|}}{C}}-COO^-$$

上述两阶段的解离常数可分别用下列公式表示:

$$pK_1 = pH - \lg\frac{[\text{两性离子}]}{[\text{氨基酸阳离子}]}$$

$$pK_2 = pH - \lg\frac{[\text{氨基酸阴离子}]}{[\text{两性离子}]}$$

pK_1 反映氨基酸羧基(—COOH)的解离,而 pK_2 则反映氨基(—NH_3^+)的解离,如果氨基酸还含有其他可解离的基团,则以 pK_3 表示其解离,一般氨基酸的 pK_1 值在 2 左右,而 pK_2 值则多数在 9~10 之间。

氨基酸阴离子的氨基(—NH_2)可与甲醛结合,可能进行如下反应:

$$H_3N^+-\overset{\overset{\displaystyle R}{|}}{\underset{\underset{\displaystyle H}{|}}{C}}-COO^- \rightleftharpoons H_2N-\overset{\overset{\displaystyle R}{|}}{\underset{\underset{\displaystyle H}{|}}{C}}-COO^- + H^+$$

$$\downarrow +2HCHO$$

$$\underset{\underset{H}{|}}{\overset{\overset{R}{|}}{(CH_2OH)_2N-C-COO^-}}+2H^+$$

因此,氨基酸的—NH₂一旦与甲醛结合,就可以使上述化学平衡向右移动,解离出更多 H⁺(约增加 1000 倍),使氨基酸的 pK₂ 值降低。例如甘氨酸在加甲醛后其 pK₂ 值可从 9.6 降至 7 左右。

本实验是在甘氨酸溶液中加入不同数量的酸或碱后,观察 pH 值的变化和加入甲醛后对它们的影响,从而理解甘氨酸的两性性质。

试·剂·和·器·材

1. 试剂

(1) 0.1 mol/L 甘氨酸溶液:称 0.75 g 甘氨酸结晶溶于小量蒸馏水中,移入 1000 mL 瓶内,用水稀释至刻度。

(2) 0.1 mol/L HCl 溶液。

(3) 0.1 mol/L NaOH 溶液。

(4) 15% 中性甲醛溶液:取 36% 甲醛溶液稀释至浓度为 15%,用 NaOH 溶液调至中性。

2. 器材

烧杯、酸度计等。

操·作·步·骤

(1) 取 50 mL 烧杯 15 个,标明号码。

(2) 按表 6-1 加入各种试剂及进行操作。

表 6-1 甘氨酸两性性质的测定 （单位:mL）

烧杯编号	0.1 mol/L 甘氨酸溶液	0.1 mol/L HCl 溶液	0.1 mol/L NaOH 溶液	蒸馏水		15% 甲醛溶液	
1	5.0	0.5	—	14.5		1	
2	5.0	1.0	—	14.0		1	
3	5.0	2.0	—	13.0		1	
4	5.0	2.5	—	12.5		1	
5	5.0	3.0	—	12.0		1	摇匀后,再用酸度计进行一次 pH 值测定
6	5.0	4.0	—	11.0		1	
7	5.0	5.0	—	10.0	充分摇匀,用酸度计测定每管的 pH 值	1	
8	5.0	—	0.5	14.5		1	
9	5.0	—	1.0	14.0		1	
10	5.0	—	2.0	13.0		1	
11	5.0	—	2.5	12.5		1	
12	5.0	—	3.0	12.0		1	
13	5.0	—	4.0	11.0		1	
14	5.0	—	5.0	10.0		1	
15	5.0	—	0	15.0		1	

（3）记录各烧杯 pH 值，将所得结果写在方格纸上，以 pH 值为横坐标，加入酸碱的数量为纵坐标，描出测定曲线。

实验 21　蛋白质的沉淀反应

实·验·目·的

（1）加深对蛋白质理化性质的了解。

（2）掌握沉淀蛋白的几种方法及其实用意义。

实·验·原·理

在水溶液中，蛋白质颗粒的表面由于形成水化膜和带有电荷而成为稳定的亲水胶体颗粒。但是，蛋白质胶体颗粒的稳定性是相对的。在一定的理化因素作用下，蛋白质颗粒可因失去水化膜和电荷而发生沉淀，即蛋白质从溶液中析出的过程称为蛋白质的沉淀。

蛋白质的沉淀反应可分为两种类型。

（1）可逆沉淀反应：蛋白质虽已沉淀析出，但它的分子内部结构尚未发生显著变化，除去沉淀因素后，能再溶于原来的溶剂中。如大多数蛋白质的盐析作用或在低温下乙醇、丙酮短时间作用于蛋白质都是可逆沉淀反应。

向蛋白质溶液中加入大量中性盐（如硫酸铵、硫酸钠、氯化钠等），在高浓度的中性盐作用下蛋白质失去其水化膜，表面所带的电荷也被中和，蛋白质从溶液中沉淀析出，此过程称为盐析。沉淀出的蛋白质再用透析的方法除去盐成分之后，蛋白质可重新溶解。或将此蛋白质沉淀溶于大量蒸馏水中，由于盐浓度降低，蛋白质沉淀可复溶。

（2）不可逆沉淀反应：此时蛋白质分子内部结构、空间构型遭到破坏，蛋白质常发生变性而沉淀，不再溶于原来的溶剂中。加热、强酸、强碱、重金属盐、有机溶剂等均能使蛋白质发生不可逆沉淀反应。

试·剂·和·器·材

1. 试剂

（1）蛋白质溶液：取 5 mL 鸡或鸭蛋清，用蒸馏水稀释至 100 mL，搅拌均匀后用 4～8 层纱布过滤。

（2）蛋白质氯化钠溶液：取 20 mL 蛋清，加蒸馏水 200 mL 与饱和氯化钠溶液100 mL搅匀后，以纱布滤去不溶物（加入氯化钠的目的是溶解球蛋白）。

（3）其他试剂：硫酸铵粉末、饱和硫酸铵溶液、3％硝酸银溶液、10％醋酸溶液、95％乙醇溶液、5％三氯醋酸溶液、饱和氯化钠溶液、0.1％醋酸溶液、10％氢氧化钠溶液。

2. 器材

锥形瓶和烧杯、玻璃漏斗、试管和试管架、吸量管、滴管等。

◯操◯作◯步◯骤◯

1. 蛋白质的盐析

（1）取 1 支试管,加入 3 mL 蛋白质氯化钠溶液和 3 mL 饱和硫酸铵溶液,混匀,静置约 10 min,则球蛋白沉淀析出。

（2）过滤后向滤液中加入硫酸铵粉末,边加边用玻璃棒搅拌,直至粉末不再溶解,达到饱和为止,此时析出的沉淀为清蛋白。

（3）静置,倒去上清液,取出部分清蛋白沉淀,加水稀释,观察它是否溶解。

2. 重金属沉淀蛋白质

取 1 支试管,加入蛋白质溶液 1 mL,再加入 3％硝酸银溶液 3～4 滴,振荡试管,观察沉淀的生成。取出沉淀,向沉淀中加入少量水,观察沉淀是否溶解。

3. 有机物沉淀蛋白质

取 1 支试管,加入蛋白质溶液 1 mL,加入 5％三氯醋酸溶液 3～5 滴,振荡试管,观察沉淀的生成。放置片刻,取出少量沉淀,向沉淀中加入少量的水,观察沉淀是否溶解。

4. 有机溶剂沉淀蛋白质

取 1 支试管,加入蛋白质溶液 1 mL,再加入 1 mL 95％乙醇溶液。混匀,观察沉淀的生成。

5. 加热沉淀蛋白质

蛋白质可因加热变性沉淀而凝固,然而盐浓度和氢离子浓度对蛋白质加热凝固有着重要影响。少量盐类能促进蛋白质的加热凝固;当蛋白质处于等电点时,加热凝固最完全、最迅速;在酸性或碱性溶液中,蛋白质分子带有正电荷或负电荷,虽加热蛋白质也不会凝固;若同时有足量的中性盐存在,则蛋白质可因加热而凝固。

取 5 支试管,编号,按表 6-2 加入有关试剂。

表 6-2 蛋白质的沉淀反应 （单位:滴）

试管编号	蛋白质溶液	0.1％醋酸溶液	10％醋酸溶液	10％NaOH 溶液	饱和 NaCl 溶液	蒸馏水
1	10	—	—	—	—	7
2	10	5	—	—	—	2
3	10	—	5	—	—	2
4	10	—	5	—	2	—
5	10	—	—	2	—	5

将各管混匀,观察、记录各管现象后,100 ℃恒温水浴 10 min,注意观察、比较各管的沉淀情况。然后,将第 3、4、5 号管分别用 10％NaOH 溶液或 10％醋酸溶液中和,观察并解释实验结果。

将第 3、4、5 号管继续分别加入过量的酸或碱,观察它们发生的现象。然后,用过量的酸或碱中和第 3、5 号管,100 ℃恒温水浴 10 min,观察沉淀变化,检查这种沉淀是否溶于过量的酸或碱中,并解释实验结果。

实验 22 溴甲酚绿法测定血清白蛋白

掌握溴甲酚绿法测定血清白蛋白的原理及操作,熟悉血清白蛋白测定的临床意义。

（实）（验）（原）（理）

血清白蛋白在 pH4.2 的缓冲液中带正电荷,在有非离子型表面活性剂存在时,可与带负电荷的染料溴甲酚绿(bromocresol green,BCG)结合形成蓝绿色复合物,该复合物在波长 630 nm 处有吸收峰,其颜色深浅与白蛋白浓度成正比,与同样处理的白蛋白标准品比较,可求得血清中白蛋白含量。

（试）（剂）（和）（器）（材）

1. 试剂

（1）1 mol/L NaOH 溶液:称取 NaOH 4 g,加蒸馏水至 100 mL。

（2）0.5 mol/L 琥珀酸缓冲储存液(pH4.0):称取 NaOH 10 g 和琥珀酸 56 g,溶于蒸馏水 800 mL 中,用 1 mol/L NaOH 溶液调节 pH 值至 4.1±0.05 后,加蒸馏水定容至 1 L。置于 4 ℃冰箱保存。

（3）10 mmol/L 溴甲酚绿储存液:称取 BCG(相对分子质量 720.02)1.80 g,溶于 1 mol/L NaOH 溶液 5 mL 中,加蒸馏水至 250 mL。

（4）叠氮钠储存液:称取叠氮钠 4.0 g 溶于蒸馏水中,配成 100 mL。

（5）聚氧乙烯月桂醚(Brij-35)储存液:称取 Brij-35 25 g,溶于蒸馏水约 80 mL 中,加温助溶,冷却后加蒸馏水至 100 mL。室温保存可稳定一年。

（6）溴甲酚绿试剂:在 1 L 容量瓶内加蒸馏水约 40 mL,0.5 mol/L 琥珀酸缓冲储存液 100 mL,用吸管准确加入 10 mmol/L 溴甲酚绿储存液 8.0 mL,并用蒸馏水冲洗吸管壁上残留的染料,加叠氮钠储存液 2.5 mL、Brij-35 储存液 2.5 mL,最后加蒸馏水至刻度,混匀。此溶液 pH 值应为 4.15±0.05,盛于加塞的聚乙烯瓶内。室温保存可稳定半年。

（7）60 g/L 白蛋白标准液:称取人血清白蛋白 6 g、叠氮钠 50 mg,溶于蒸馏水中并缓慢搅拌助溶,配成 100 mL。密封储存于 4 ℃冰箱,可稳定半年。

2. 器材

分光光度计、分析天平、容量瓶、量筒、烧杯、刻度吸量管等。

（操）（作）（步）（骤）

取 3 支试管,按表 6-3 操作。

表 6-3　溴甲酚绿法测定血清白蛋白试剂用量

加入物/mL	空白管	标准管	测定管
血清	—	—	0.02
60 g/L 白蛋白标准液	—	0.02	—
蒸馏水	0.02	—	—
溴甲酚绿试剂	4.0	4.0	4.0

在波长 630 nm 处,用空白管调零,用定量加液器加溴甲酚绿试剂,与测定管血清混合后,立即在(30±3) s 内,读取吸光度值。

如标本因严重高脂血症而呈混浊,需加做标本空白管(取血清 0.02 mL,加入 0.5 mol/L 琥珀酸缓冲储存液(pH 4.0)4.0 mL),用 0.5 mol/L 琥珀酸缓冲储存液(pH 4.0)调零,测定标本空白管吸光度。用测定管吸光度减去标本空白管吸光度后,再计算结果。

同时用双缩脲法测定血清标本中总蛋白浓度,减去血清白蛋白浓度即为球蛋白浓度,即可求得血清白蛋白与球蛋白比值(A/G 值)。

正 常 值

正常成人:35～55 g/L。

临 床 意 义

(1) 血清白蛋白浓度增高常见于严重脱水所致的血浆浓缩。

(2) 血清白蛋白浓度降低在临床上比较重要和常见,通常与总蛋白降低的原因大致相同。急性降低主要见于大出血和严重烧伤;慢性降低见于肾病蛋白尿、肝功能受损、肠道肿瘤及结核病伴慢性出血、营养不良和恶性肿瘤等。血清白蛋白低于 20 g/L,临床上表现为水肿。

(3) A/G 值:某些患者可同时出现白蛋白减少和球蛋白升高的现象,严重者 A/G 值小于 1.0,这种情况称为 A/G 倒置。

(4) 文献报道,还有极少见的因白蛋白合成障碍,血清中几乎没有白蛋白的先天性白蛋白缺乏症的情况。

实验 23　蛋白质含量测定——凯氏微量定氮法

实 验 目 的

学习凯氏微量定氮法的基本原理,熟悉凯氏微量定氮法的实验操作方法。

实·验·原·理

此方法的理论基础是蛋白质中的含氮量通常占其总蛋白质含量的16％左右,因此通过测定物质中的含氮量便可计算出物质中的总蛋白质含量(假设测定物质中的氮全部来自蛋白质),即

$$蛋白质含量＝含氮量÷16％＝6.25×含氮量$$

生物材料中含氮量的测定,通常采用凯氏微量定氮法。凯氏微量定氮法由于具有测定准确度高、可测定各种不同形态样品等优点,因而被公认为测定食品、饲料、种子、生物制品、药品中蛋白质含量的标准分析方法。其原理如下。

蛋白质样品经浓硫酸消化,其中的氮转变为硫酸铵,经强碱碱化放出氨,通过水蒸气蒸馏法蒸出并以硼酸溶液吸收。结果是溶液中的氢离子浓度降低,混合指示剂(pH值为4.3～5.4)由黑紫色变为绿色,再用 HCl 标准溶液滴定,使硼酸恢复到原来的氢离子浓度为止,当指示剂变为淡紫色即达终点,此时所消耗的 HCl 标准溶液的量即为氨的量,计算样品的含氮量,再乘以 6.25 即为样品中蛋白质含量。反应式为

$$消化:蛋白质＋H_2SO_4 \xrightarrow{消化} (NH_4)_2SO_4$$
$$蒸馏:(NH_4)_2SO_4＋2NaOH \longrightarrow Na_2SO_4＋2NH_4OH$$
$$NH_4OH \xrightarrow{蒸馏} H_2O＋NH_3\uparrow$$
$$3NH_3＋H_3BO_3 \longrightarrow (NH_4)_3BO_3$$
$$滴定:(NH_4)_3BO_3＋3HCl \longrightarrow 3NH_4Cl＋H_3BO_3$$

消化过程很慢,为了加速反应进行,通常加入少量无水硫酸钾,以提高沸点,加速消化。另加入少量硫酸铜作催化剂,以促进含氮有机物完全氧化分解。H_2O_2也可加速本反应进行。

试·剂·和·器·材

1. 试剂

(1) 硫酸铜-硫酸钾混合物:硫酸铜与硫酸钾按质量比 1∶4 混合,研细。

(2) 2％硼酸溶液:取 2 g 硼酸(H_3BO_3),溶于蒸馏水中,定容至 100 mL。

(3) 浓硫酸(G. R.)。

(4) 0.01 mol/L HCl 标准溶液。

(5) 30％氢氧化钠溶液:取 30 g NaOH,溶于蒸馏水中,定容至 100 mL。

(6) 混合指示剂:0.1％甲基红乙醇溶液和0.1％次甲基蓝乙醇溶液按 4∶1 的比例(体积比)混合。本混合指示剂在 pH 值为 5.2 时显紫红色,pH 值为 5.4 时显暗蓝(或暗灰)色,pH 值为 5.6 时显绿色,变色点为 pH 5.4。

(7) 牛血清白蛋白样品。

2. 器材

微量凯氏定氮仪、凯氏烧瓶、移液管、微量滴定管、锥形瓶、烧杯、量筒、三角烧瓶、吸耳球、电炉、分析天平等。

 操·作·步·骤

1. 样品处理

称取牛血清白蛋白样品 50 mg 2 份,分别加入 2 个凯氏烧瓶中,另 2 个凯氏烧瓶作为空白对照,不加样品。分别在每个凯氏烧瓶中加入约 500 mg 硫酸铜-硫酸钾混合物,再加 5 mL 浓硫酸。

2. 消化

将以上 4 个凯氏烧瓶置于通风橱中,在电炉上加热。在消化开始时应控制火力,不要使液体冲到瓶颈。待瓶内水汽蒸完,硫酸开始分解并放出 SO_2 白烟后,适当加强火力,继续消化,使瓶内液体微微沸腾,维持 2~3 h。待消化液变成褐色后,为了加速完成消化,可将烧瓶取下,稍冷,将 30% 氢氧化钠溶液 1~2 滴加到烧瓶底部消化液中,再继续消化,直到消化液由淡黄色变成透明的淡蓝绿色,消化即完成。冷却后将瓶中的消化液倒入 50 mL 容量瓶中,并以蒸馏水洗涤烧瓶数次,将洗液并入容量瓶中,定容备用。

3. 蒸馏

微量凯氏蒸馏装置示意图见图 6-1。

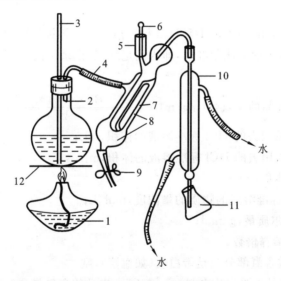

图 6-1 微量凯氏蒸馏装置示意图

注:1—热源;2—烧瓶;3—玻璃管;4—橡皮管;5—玻璃杯;6—棒状玻璃塞;7—反应室;
8—反应室外壳;9—夹子;10—冷凝管;11—锥形瓶;12—石棉网

(1) 蒸馏器的洗涤:在蒸汽发生器中加入蒸馏水约 200 mL,再加几滴浓硫酸和数粒沸石。加热后,产生的蒸汽经储液管、反应室至冷凝管,冷凝液体流入接收瓶。每次使用前,需用蒸汽洗涤全套装置 10 min 左右。

(2) 蒸馏:取 50 mL 锥形瓶 4 个,先按一般方法洗净,再用蒸汽洗涤数分钟,冷却。用移液管各加入 2% 硼酸溶液 5.0 mL 和混合指示剂 4 滴。如瓶内液体呈紫红色,可再加硼酸溶液 5.0 mL,盖好备用。如锥形瓶内液体呈绿色,需用蒸汽重新洗涤。

将消化好的消化液由小漏斗加入反应室,再在冷凝管下放置一个盛有硼酸溶液和指

示剂的锥形瓶,并使冷凝管管口插入液面下 0.5 cm 处(可将锥形瓶斜放,冷凝管口必须插在液面下)。

用小量筒量取 10~15 mL 30% NaOH 溶液,倒入小漏斗,让 NaOH 溶液缓慢流入反应室。NaOH 溶液尚未完全流尽时,夹紧夹子,向小漏斗加入约 5 mL 蒸馏水,同样缓缓放入反应室,并留少量水在漏斗内作水封。加热蒸汽发生器,沸腾后,关闭收集器活塞。使蒸汽冲入蒸馏瓶内,反应生成的 NH_3 逸出并被吸收。

开始蒸馏后,应注意硼酸溶液的颜色变化。当酸液由紫红色变成绿色后,再蒸馏约 3 min,然后降低锥形瓶,使冷凝管口离开液面约 1 cm,再蒸馏 1 min,待氨已蒸馏完全,用少量蒸馏水冲洗冷凝管口,移去锥形瓶,盖好,准备滴定。

(3) 微量凯氏定氮仪的洗涤:每次使用微量凯氏定氮仪后必须先把反应室内的残液吸去,洗净。如用煤气灯加热,熄灭煤气灯,还可用冷湿抹布包在蒸汽发生器外,以降低烧瓶内的温度,使反应室内的残液倒吸至储液管内;用电炉加热时,即使切断电源,电炉余温仍较高,倒吸效果不好,为此在蒸汽发生器和储液管间加一个三通活塞,蒸馏时可使蒸汽发生器仅与储液管相通,蒸汽进入反应室。需倒吸时,转动三通活塞使蒸汽外逸(进入大气),不进入储液管,此时由于储液管温度突然下降,即可将反应室残液吸至储液管。

4. 滴定

全部蒸馏完毕后,用 0.01 mol/L HCl 标准溶液滴定各锥形瓶中收集的氨,直至硼酸混合指示剂溶液由绿色变回浅紫红色,即为滴定终点,记录所消耗 HCl 标准溶液的体积。

5. 计算

$$样品的含氮量(mg/mL) = \frac{(A-B) \times 0.01 \times 14 \times N}{V}$$

式中:A——滴定样品用去的 HCl 标准溶液的体积,mL;

B——滴定空白用去的 HCl 标准溶液的体积,mL;

V——样品的体积,mL;

0.01——HCl 标准溶液的物质的量浓度,mol/L;

14——氮的摩尔质量,g/mol;

N——样品的稀释倍数。

若测定的蛋白质含氮部分只是蛋白质(如血清),则

$$样品中蛋白质含量(mg/mL) = 样品的含氮量 \times 6.25$$

实验 24　蛋白质含量测定——Folin-酚试剂法

实·验·目·的

(1) 掌握 Folin-酚试剂法测定蛋白质含量的原理和方法。

(2) 熟悉分光光度计的操作,掌握标准曲线的制作。

Folin-酚试剂法又称为 Lowry 法,是测定蛋白质含量的经典方法。它是在双缩脲法的基础上发展而来的,具有操作简单、迅速、灵敏度高等优点,较双缩脲法灵敏 100 倍,反应约在 15 min 内有最大显色,并可以稳定几小时。

Folin-酚试剂法主要包括两步反应:第一步是在碱性条件下,蛋白质与铜作用生成蛋白质-铜配合物;第二步是此配合物与磷钼酸-磷钨酸试剂(酚试剂)发生还原反应,由于磷钼酸与磷钨酸易被酚类化合物还原而呈蓝色反应,而蛋白质中的酪氨酸和色氨酸均可发生此呈色反应,颜色的深浅与蛋白质的浓度成正比,故可用比色法测定蛋白质的含量。

由于该显色反应由酪氨酸、色氨酸和半胱氨酸引起,因此样品中若含有酚类、柠檬酸和巯基化合物等均会对反应产生干扰。此外,不同蛋白质因酪氨酸、色氨酸含量不同,显色强度稍有不同。

试 剂 和 器 材

1. 试剂

(1) 0.5 mol/L NaOH 溶液。

(2) Folin-酚试剂 A(碱性硫酸铜溶液):

Ⅰ液:称取 10 g Na_2CO_3、2 g NaOH 和 0.25 g 酒石酸钾钠,溶解后用蒸馏水定容至 500 mL。

Ⅱ液:称取 0.5 g $CuSO_4 \cdot 5H_2O$,溶解后用蒸馏水定容至 100 mL。

每次使用前将Ⅰ液 50 份与Ⅱ液 1 份混合,即为碱性硫酸铜溶液,其有效期为 1 天,过期失效。

(3) Folin-酚试剂 B:在 2 L 磨口回流器中加入 100 g 钨酸钠($Na_2WO_4 \cdot 2H_2O$),25 g 钼酸钠($Na_2MoO_4 \cdot 2H_2O$)和 700 mL 蒸馏水,再加 50 mL 85% 磷酸和 100 mL 浓盐酸,充分混合,接上回流冷凝管,以小火回流 10 h。回流结束后,加入 150 g 硫酸锂和 50 mL 蒸馏水及数滴液溴,开口继续沸腾 15 min 以除去过量的溴,冷却后溶液呈黄色(倘若仍呈绿色,须再滴加数滴液溴,继续沸腾 15 min)。然后稀释至 1000 mL,过滤,滤液于棕色试剂瓶中保存。使用前大约加水 1 倍,使最终浓度相当于 1 mol/L。

(4) 蛋白质标准溶液:精确称取结晶牛血清白蛋白,溶于蒸馏水,配成浓度为 250 $\mu g/mL$。

(5) 待测蛋白质溶液:将待测血清用 0.9% NaCl 溶液稀释 100 倍。

2. 器材

分光光度计、分析天平、容量瓶、量筒、刻度吸量管等。

操 作 步 骤

1. 标准曲线的绘制

取干净试管 6 支,做好标记,按表 6-4 加入试剂。将各管混合均匀,室温下放置 10 min。然后向每支管中加入 Folin-酚试剂 B 0.5 mL,立即混合均匀(这一步速度要快,否则会使显色程度减弱),在室温下放置 30 min。以 1 号管作空白,于 750 nm 波长处测定各管的吸光度,以吸光度为纵坐标,牛血清白蛋白溶液的浓度为横坐标,绘制标准曲线。

表 6-4　Folin-酚试剂法测定蛋白质含量标准曲线绘制试剂用量

管　　号	1	2	3	4	5	6
蛋白质标准溶液/mL	0	0.2	0.4	0.6	0.8	1.0
蒸馏水/mL	1.0	0.8	0.6	0.4	0.2	0
每管所含牛血清白蛋白的量/(μg/mL)	0	50	100	150	200	250
Folin-酚试剂 A/mL	5	5	5	5	5	5

2. 待测蛋白质溶液的测定

准确吸取待测蛋白质溶液 0.2 mL,再加入 0.8 mL 蒸馏水使样品体积达到 1 mL。加入 5 mL Folin-酚试剂 A,10 min 后,再加入 Folin-酚试剂 B 0.5 mL,立即混合均匀。放置 30 min 后,以 1 号管为空白,于 750 nm 波长处测定吸光度,由标准曲线查出样品的蛋白质浓度。

实验 25　SDS-聚丙烯酰胺凝胶电泳测定蛋白质的相对分子质量

实·验·目·的

(1) 掌握 SDS-聚丙烯酰胺凝胶电泳的原理和操作技术。

(2) 熟悉利用 SDS-聚丙烯酰胺凝胶电泳测定蛋白质相对分子质量的原理、方法和意义。

实·验·原·理

SDS-聚丙烯酰胺凝胶电泳(SDS-PAGE)是分离蛋白质的常用技术之一,其基本原理是:SDS(十二烷基磺酸钠)是一种阴离子表面活性剂,在蛋白质溶液里加入 SDS 和巯基乙醇后,巯基乙醇使蛋白质分子中的二硫键还原,SDS 使蛋白质分子中的氢键、疏水键打开并结合到蛋白质分子上,形成蛋白质-SDS 复合物。由于十二烷基磺酸根带负电荷,各种蛋白质-SDS 复合物因而也带上相同密度的负电荷,此电荷大大超过了蛋白质原有的电荷量,因而掩盖了不同种类蛋白质间原有的电荷差别。SDS 与蛋白质结合后,还引起了蛋白质构象的改变,蛋白质-SDS 复合物的流体力学和光学性质表明,它在水溶液中的形状近似于雪茄烟形的长椭圆棒,不同蛋白质-SDS 复合物的短轴长度均一致,约为 1.8 nm,而长轴长度则与蛋白质的相对分子质量成正比。基于上述原因,蛋白质-SDS 复合物在凝胶电泳中的迁移率不再受蛋白质原有电荷及分子形状的影响,而只取决于蛋白质的相对分子质量。

当蛋白质的相对分子质量在 11700~16500 时,蛋白质-SDS 复合物的相对迁移率与

蛋白质的相对分子质量的对数呈线性关系,符合直线方程式:

$$\lg M_r = -bR_m + k$$

式中:M_r为蛋白质的相对分子质量;R_m为蛋白质-SDS复合物电泳相对迁移率;k、b均为常数。将已知相对分子质量的标准蛋白质在SDS-聚丙烯酰胺凝胶中的相对迁移率对相对分子质量的对数作图,即可得到一条标准曲线。只要测得未知相对分子质量的蛋白质在相同条件下的相对迁移率,就能根据标准曲线求得其相对分子质量。

1. 试剂

(1) 30%凝胶储存液:称取29 g丙烯酰胺(Acr),1 g甲叉双丙烯酰胺(Bis),溶于蒸馏水并定容至100 mL,滤纸过滤后置于棕色玻璃瓶内,4 ℃保存。

(2) 10%SDS:称取5 g SDS,加双蒸水至50 mL,微热使其溶解,置于试剂瓶中4 ℃保存。SDS在低温易析出结晶,用前需微热,使其完全溶解。

(3) 10%过硫酸铵:称取过硫酸铵10 g,加双蒸水至100 mL,临用前现配。

(4) TEMED(四甲基乙二胺):棕色瓶保存。

(5) Tris-甘氨酸电泳缓冲液(pH8.3):25 mmol/L Tris(pH8.3),250 mmol/L 甘氨酸,0.1%SDS。

(6) 分离胶缓冲液:1.5 mol/L Tris-HCl(pH8.8)。

(7) 浓缩胶缓冲液:1.0 mol/L Tris-HCl(pH6.8)。

(8) 上样缓冲液:50 mmol/L Tris-HCl(pH6.8),100 mmol/L 巯基乙醇,2%SDS,0.1%溴酚蓝,10%甘油。

(9) 染色液:0.5 g考马斯亮蓝R-250,90 mL甲醇,20 mL冰醋酸,加水至200 mL,过滤除去颗粒。

(10) 脱色液:90 mL甲醇,20 mL冰醋酸,加水至200 mL。

(11) 标准蛋白质:目前国内外均有厂商生产标准蛋白质试剂盒,用于SDS-聚丙烯酰胺凝胶电泳测定未知蛋白质相对分子质量。根据未知样品的估计相对分子质量,选择合适的相对分子质量标准,主要包括高相对分子质量标准、低相对分子质量标准及宽范围相对分子质量标准等,也可根据需要,自己配制标准蛋白质混合液。表6-5为可参考的标准蛋白质及其相对分子质量。

表6-5 标准蛋白质及其相对分子质量

标准蛋白质	相对分子质量
兔磷酸化酶B	97000
牛血清白蛋白	66000
卵清蛋白	43000
碳酸酐酶	30000
大豆胰蛋白酶抑制剂	20100
α-乳清蛋白	14400

2. 器材

垂直板电泳槽、电泳仪、梳子、微量注射器、镊子、烧杯、离心机、瓷盘等。

 操·作·步·骤

1. 安装夹心式垂直板电泳槽

先把垂直板电泳槽和两块玻璃板洗净,晾干。通过硅胶带将两块玻璃板紧贴于电泳槽(玻璃板之间留有空隙),两边用夹子夹住。将1‰琼脂糖融化,冷至50℃左右,用吸管吸取热的1‰琼脂糖沿电泳槽的两边条内侧加入电泳槽的底槽中,封住缝隙,冷却后琼脂糖凝固,待用。

2. 凝胶的制备

分离胶和浓缩胶的制备见表6-6。

表6-6 分离胶和浓缩胶的制备

试　　剂	30%凝胶储存液/mL	缓冲液/mL	10%过硫酸铵/μL	H_2O/mL	TEMED/μL
10%分离胶	6.67	4.25	120	5.89	17
4%浓缩胶	0.65	1.25	50	3.04	5

注:制备分离胶使用分离胶缓冲液,制备浓缩胶使用浓缩胶缓冲液。

3. 灌胶

迅速将配好的分离胶溶液灌入两片玻璃板的间隙中,留出灌注浓缩胶所需的空间,用细吸管小心地在丙烯酰胺溶液上覆盖一层蒸馏水,防止因氧气扩散进入凝胶而抑制聚合反应。约30 min后,凝胶与水封层间出现折射率不同的界线,则表示凝胶完全聚合。倾去水封层的蒸馏水,再用滤纸条吸去多余水分。

再按表6-6配制4%浓缩胶,立即混合均匀,在已聚合的分离胶上直接灌注,直至距离短玻璃板上缘约0.5 cm,轻轻将梳子插入浓缩胶内,两边平直,避免气泡混入。将凝胶垂直放置于室温下30 min,将梳子小心拔出,并在电泳槽内加入pH8.3的Tris-甘氨酸电泳缓冲液。

4. 样品的配制

(1)标准蛋白质样品制备:标准蛋白质样品可以分别单个制备,然后分别放入不同的加样孔中,但一般是将标准蛋白质样品混合放在一起,放入一个加样孔内。制法是称取各种标准蛋白质0.5 mg,放入一个试管中,按0.5 mg/mL的比例加入上样缓冲液使之溶解,分装,储存于-20℃冰箱中待用。用前在100℃沸水浴中保温3～5 min,取出,冷却后加样。

(2)待测蛋白质样品制备:固体蛋白质样品的制备方法与标准蛋白质样品相同。液体蛋白质样品要先测定蛋白质浓度,按0.5～1.5 mg/mL的比例,取蛋白质样品液与上样缓冲液等体积混匀,在100℃沸水浴中保温3～5 min,取出,冷却后加样。

5. 加样

待样品冷却后,用微量注射器吸取20～50 μL(含蛋白质2～10 μg)样品,按顺序依次

加入样品槽。加样体积要根据凝胶厚度及样品浓度灵活掌握。加样时,将微量注射器的针头通过电极缓冲液伸入加样槽内,尽量接近底部。轻轻推动微量注射器,注意针头勿碰破凹形槽胶面。

6. 电泳

加样完毕,将前槽接负极,后槽接正极,打开直流电源,先把电压按凝胶长度每厘米 8 V 调定,待染料前沿进入分离胶呈狭窄条带时,将电压按凝胶长度每厘米提高到 12 V,电泳 2.5~3 h,直到溴酚蓝指示剂迁移到接近凝胶底部时停止电泳。

7. 剥胶

从电泳槽上卸下凝胶板,放置于纸巾上,用刮勺撬开玻璃板。

8. 染色及脱色

将电泳后的凝胶板轻轻取下,放入染色液中染色,约 1 h 后放入脱色液中脱色 4~8 h,其间更换脱色液 3~4 次。

9. 计算

按下列公式计算蛋白质样品的相对迁移率(R_m):

$$相对迁移率(R_m) = 样品迁移距离(cm) / 染料迁移距离(cm)$$

以各标准蛋白质的相对迁移率为横坐标,标准蛋白质相对分子质量为纵坐标,在半对数坐标纸上作图,可得到一条标准曲线。根据未知蛋白质样品相对迁移率直接在标准曲线上查出其相对分子质量。

实验 26　聚丙烯酰胺凝胶等电聚焦电泳测定蛋白质等电点

实验目的

学习利用蛋白质等电点(pI)的不同来分离蛋白质的方法,了解聚丙烯酰胺凝胶等电聚焦电泳法测定蛋白质等电点的原理和操作技术。

实验原理

蛋白质分子具有典型的两性解离性质:在大于其等电点的 pH 环境中解离成带负电荷的阴离子,向电场的正极泳动;在小于其等电点的 pH 环境中解离成带正电荷的阳离子,向电场的负极泳动。这种泳动只有在等于其等电点的 pH 环境中,即蛋白质所带的净电荷为零时才能停止。

聚丙烯酰胺凝胶等电聚焦电泳(isoelectric focusing-PAGE,简称 IEF-PAGE)是在聚丙烯酰胺凝胶中加入一种两性电解质载体,从而使凝胶上产生 pH 梯度。将混合蛋白质放在这种凝胶中进行电泳,由于所带电荷不同,各蛋白质离子在电场作用下按各自方向泳动,最后聚集在各自的等电点相应的 pH 区带上(此时蛋白质的净电荷为零不再移动),这种按等电点的大小,生物分子在 pH 梯度的某一相应位置上进行聚焦的行为就称为"等电

"聚焦"。通过等电聚焦电泳就可以使不同的蛋白质按其等电点的差异得到分离。通过测定聚焦部位凝胶的 pH 值,即可得知该蛋白质的等电点。

等电聚焦电泳中的两性电解质载体,通常是一系列多羧基多氨基脂肪族化合物,它们的 pH 值在 3～10 范围内,相对分子质量在 300～1000 之间。两性电解质在直流电场的作用下,能形成一个从正极到负极 pH 值逐渐升高的平滑、连续的 pH 梯度。在等电聚焦电泳中,通常要求两性电解质载体缓冲力强、具有良好的导电性、相对分子质量小、不干扰被分析样品的等电点。

聚丙烯酰胺凝胶在等电聚焦电泳中只是起支持物、抗对流、防止已分离的蛋白质再扩散的作用,而无浓缩、分子筛、电荷等效应。

1. 试剂

(1) 30％Acr-Bis:取 Acr(重结晶)30 g、Bis 0.8 g,加蒸馏水使其溶解后定容至 100 mL,过滤后置于棕色瓶,4 ℃冰箱保存。

(2) 10％过硫酸铵:取过硫酸铵 0.1 g,加蒸馏水至 1 mL,新鲜配制。

(3) 8 mol/L 尿素。

(4) 20％两性电解质载体(ampholine):pH 3.0～10.0。

(5) TEMED。

(6) 1 mol/L NaOH 溶液:取 NaOH(AR)4 g,加蒸馏水少量使其溶解,冷却至室温再加蒸馏水定容至 100 mL。

(7) 1 mol/L H_3PO_4 溶液:取 H_3PO_4(85％,AR) 6.7 mL,加蒸馏水定容至 100 mL。

(8) 标准蛋白质(pH 3.0～10.0)及未知样品溶液:将标准及未知蛋白质样品配制成浓度为 2 mg/mL 溶液。

(9) 固定液:取磺基水杨酸 3.5 g,三氯醋酸 10 g,甲醇 35 mL,加蒸馏水至 100 mL。

(10) 染色液:取考马斯亮蓝 R-250 0.1 g,冰醋酸 10 mL,甲醇 35 mL,加蒸馏水使其完全溶解,再定容至 100 mL,过滤后置于棕色瓶保存。

(11) 脱色液:取冰醋酸 20 mL,无水乙醇 50 mL,加蒸馏水定容至 200 mL,混匀。

(12) 保存液:取冰醋酸 10 mL,无水乙醇 25 mL,甘油 5 mL,加蒸馏水定容至 100 mL。

(13) 液体石蜡。

2. 器材

稳压稳流电泳仪、等电聚焦电泳槽、玻璃板、滤纸条、注射器与针头、移液管、烧杯、直尺、小剪刀、带细长复合 pH 电极的 pH 计等。

操 作 步 骤

1. 凝胶板的准备

将凝胶模具安装好,玻璃板用硅烷剂硅烷化,调好水平。

2. 凝胶溶液的配制

取 30％Acr-Bis 5.3 mL,8 mol/L 尿素 16 mL,20％两性电解质载体(pH3.0～10.0)

1.5 mL,10%过硫酸铵 100 μL,TEMED 20 μL,轻轻混匀,立即灌板。

3. 灌胶

将配制好的凝胶液向模框内倾倒,边倒边向前平推玻璃板(硅烷化面向下),赶走气泡。灌胶完毕后,在玻璃板上面压一金属块,室温下放置约 1 h。

4. 加样

待凝胶聚合后,用刀片背面在玻璃板与模框之间轻轻撬动,可将玻璃板与模框分开,去掉模框,取出凝胶板,放入电泳槽内的冷却板上(为使凝胶板与冷却板完全贴附,可在二者之间加少量液体石蜡以赶走气泡)。将滤纸条放在刻度模板上,样品加在滤纸条上,加样量为 25 μL(含蛋白质 50~150 μg)。

5. 电泳

取两张滤纸条,分别浸透酸和碱电极液,阴极放浸透 1 mol/L NaOH 溶液的滤纸条,阳极放浸透 1 mol/L H_3PO_4 溶液的滤纸条。打开电源先恒压(60 V)15 min,再改为恒流(8 mA),此时电压会逐渐上升,待电压升至 550 V,改为恒压(550 V)。通电 30 min 后去掉加样滤纸条,再继续电泳约 3 h,停止电泳。

6. 蛋白质等电点的测定

(1)聚焦后,用表面电极测 pH 值,从阳极到阴极每隔 1 cm 在凝胶上测一次 pH 值,以凝胶距离为横坐标,pH 值为纵坐标,绘出标准 pH 梯度曲线图。查出未知样品的等电点。

(2)对有色样品不必测 pH 梯度,用表面电极直接测定区带处的 pH 值即可。

7. 固定

将凝胶放入固定液中 4 h 或过夜。

8. 染色

取出凝胶,放入染色液中,室温染色 30 min,可见清晰着色区带。

9. 脱色和保存

取出凝胶,放入脱色液中脱色,至背景清晰后,再放入保存液中。

(杨成君 刘 畅)

第七章

酶学实验

•••••• **实验 27　温度、pH 值、激活剂和抑制剂** ••••••
对酶活性的影响

实验目的

（1）了解温度、pH 值、激活剂和抑制剂对酶促反应速度的影响。

（2）学习检测温度、pH 值、激活剂和抑制剂影响酶促反应速度的方法。

实验原理

　　酶作为生物催化剂与一般催化剂一样呈现温度效应，酶促反应开始时，反应速度随温度升高而增快。达到最大反应速度时的温度称为某种酶的最适温度。由于绝大多数酶是有活性的蛋白质，当达到最适温度后，继续升高温度，会引起蛋白质变性，酶促反应速度反而逐步下降，以致完全停止。酶的最适温度不是一个常数，它与作用时间长短有关。测定酶活性均在酶促反应最适温度下进行。大多数动物来源的酶的最适温度为 37～40 ℃，植物来源的酶的最适温度为 50～60 ℃。酶的催化活性与环境 pH 值有密切关系，通常各种酶只在一定 pH 值范围内才具有活性，酶活性最高时的 pH 值称为酶的最适 pH 值。高于或低于此 pH 值时酶的活性逐渐降低。酶的最适 pH 值不是一个特征物理常数，对于同一种酶，其最适 pH 值因缓冲液和底物的性质不同而有差异。

　　在酶促反应中，酶的激活剂和抑制剂可加速或抑制酶的活性，如氯化钠在低浓度时为唾液淀粉酶的激活剂，而硫酸铜则是它的抑制剂。抑制剂对酶的抑制作用可分为可逆抑制和不可逆抑制。可逆抑制根据抑制剂和底物的关系不同分为三种类型：竞争性抑制、非竞争性抑制和反竞争性抑制。

　　本实验利用淀粉水解过程中不同阶段的产物与碘有不同的颜色反应，定性观察酶促反应中各种因素对唾液淀粉酶活性的影响。

　　淀粉（遇碘呈蓝色）→紫色糊精（遇碘呈紫色）→红色糊精（遇碘呈红色）→无色糊精（遇碘不呈色）→麦芽糖（遇碘不呈色）→葡萄糖（遇碘不呈色）。

　　淀粉被唾液淀粉酶水解的程度，可由水解混合物遇碘呈现的颜色来判断，以此反映淀粉酶的活性,由此检测温度、pH 值、激活剂和抑制剂对酶促反应的影响。

 试·剂·和·器·材

1. 试剂

(1) 新鲜唾液稀释液(淀粉酶溶液):每位同学进入实验室后自己制备,先用蒸馏水漱口,以清除食物残渣,再含一口蒸馏水,0.5 min 后使其流入量筒并稀释至 200 倍(稀释倍数可因人而异),混匀备用。

(2) 1% 淀粉溶液 A(含 0.3% NaCl):将 1 g 可溶性淀粉及 0.3 g 氯化钠混悬于 5 mL 蒸馏水中,搅动后,缓慢倒入沸腾的 60 mL 蒸馏水中,搅动,煮沸 1 min,冷却至室温,加水至 100 mL,置于冰箱中保存。

(3) 1% 淀粉溶液 B(不含 NaCl)。

(4) 碘液:称取 2 g 碘化钾,溶于 5 mL 蒸馏水中,再加入 1 g 碘,待碘完全溶解后,加蒸馏水 295 mL,混匀,储存于棕色瓶中。

(5) 1% NaCl 溶液。

(6) 1% $CuSO_4$ 溶液。

(7) 缓冲液系统。按表 7-1 配制。

表 7-1 缓冲液系统配制

pH	0.2 mol/L 磷酸氢二钠溶液/mL	0.1 mol/L 柠檬酸溶液/mL
5.0	5.15	4.85
5.8	6.05	3.95
6.8	7.72	2.28
8.0	9.72	0.28

2. 器材

试管和试管架、恒温水浴装置、冰浴装置、吸量管(1 mL、2 mL、5 mL)、滴管、量筒、玻璃棒、白瓷板、秒表、烧杯、棕色瓶等。

 操·作·步·骤

1. 温度对酶促反应的影响

取 3 支试管,编号,按表 7-2 进行操作。

表 7-2 温度对酶促反应的影响

管号	淀粉酶溶液体积/mL	酶液处理温度/℃,5 min	缓冲液(pH6.8)/mL	1% 淀粉溶液 A/mL	反应温度/℃,10 min
1	1.0	0	2	1	0
2	1.0	37~40	2	1	37~40
3	1.0	70 左右	2	1	70 左右

上述各管在不同的温度下保温反应 10 min 后,立即取出,流水冷却 3 min,向各管分

别加入碘液 1 滴。仔细观察各管溶液的颜色并记录,说明温度对酶活性的影响,确定最适温度。

2. pH 值对酶促反应的影响

取 1 支试管,加入 1%淀粉溶液 A 2 mL、pH6.8 的缓冲液 3 mL、淀粉酶溶液 2 mL,摇匀后,向试管内插入 1 支玻璃棒,置于 37 ℃水浴保温。每隔 1 min 用玻璃棒从试管中取出 1 滴混合液于白瓷板上,随即加入碘液 1 滴,检查淀粉水解程度。待混合液遇碘不变色时,从水浴中取出试管,立即加入碘液 1 滴,摇匀后,观察溶液的颜色,再次确认水解程度。记录从加入酶液到加入碘液的时间,此时间称为保温时间。若保温时间太短(2~3 min),说明酶液活性太强,应酌情稀释酶液;若保温时间太长(15 min 以上),说明酶液活性太弱,应酌情减少稀释倍数。保温时间最好在 8~15 min。然后取 4 支试管编号,按表 7-3 操作。

表 7-3　pH 值对酶促反应的影响

| 管号 | 缓冲液/mL | | | | 1%淀粉溶液 A | 淀粉酶溶液/mL |
	pH5.0	pH5.8	pH6.8	pH8.0	/mL	(每隔 1 min 逐管加入)
1	3	0	0	0	2	2
2	0	3	0	0	2	2
3	0	0	3	0	2	2
4	0	0	0	3	2	2

将上述各管溶液混匀后,再以 1 min 间隔依次将 4 支试管置于 37 ℃水浴中保温。达到保温时间后,依次将各管迅速取出,并立即加入碘液 1 滴。观察各试管溶液的颜色并记录。分析 pH 值对酶促反应的影响,确定最适 pH 值。

3. 激活剂和抑制剂对酶促反应的影响

取 3 支试管,编号,按表 7-4 加入各试剂。

表 7-4　激活剂和抑制剂对酶促反应的影响

管号	1%淀粉溶液 B/mL	1% NaCl 溶液/mL	1% CuSO$_4$ 溶液/mL	蒸馏水/mL	淀粉酶溶液/mL
1	2	1	0	0	1
2	2	0	1	0	1
3	2	0	0	1	1

将上述各管溶液混匀后,向 1 号试管内插入 1 支玻璃棒,3 支试管同置于 37 ℃水浴保温 1 min 左右,用玻璃棒从 1 号试管中取出 1 滴混合液,检查淀粉水解程度(方法同步骤 2)。待混合液遇碘液不变色时,从水浴中迅速取出 3 支试管,各加碘液 1 滴。摇匀,观察各试管溶液的颜色并记录,分析酶的激活和抑制情况。

注意事项

(1)加入酶液后,要充分摇匀,保证酶液与全部淀粉液接触反应,得到理想的颜色梯度变化。

（2）用玻璃棒取液前,应将试管内溶液充分混匀,取出试液后,立即放回试管中一起保温。

实验 28　底物浓度对酶活性的影响

实 验 目 的

（1）掌握底物浓度对酶促反应速度的影响机制。

（2）掌握米氏常数测定的方法。

实 验 原 理

酶促反应速度与底物浓度的关系可用米氏方程来表示:

$$v = \frac{v_{\max}[S]}{K_m + [S]}$$

式中:v——反应初速度,mol/(L·min);

$v_{\max}$——最大反应速度,mol/(L·min);

[S]——底物浓度,mol/L;

K_m——米氏常数,mol/L。

这个方程表明了当已知 K_m 及 $v_{\max}$ 时,酶促反应速度与底物浓度之间的定量关系。K_m 值等于酶促反应速度达到最大反应速度一半时所对应的底物浓度,是酶的特征常数之一。不同的酶 K_m 值不同,同一种酶与不同底物反应 K_m 值也不同,K_m 值可近似地反映酶与底物的亲和力大小:K_m 值大,表明亲和力小;K_m 值小,表明亲和力大。

测定 K_m 值是酶学研究的一个重要方法。大多数纯酶的 K_m 值在 0.01～100 mmol/L。Lineweaver-Burk 作图法(双倒数作图法)是用实验方法测 K_m 值的最常用的简便方法,实验时可选择不同的 [S],测对应的 v。本实验以胰蛋白酶消化酪蛋白为例,采用 Lineweaver-Burk 作图法测定 K_m 值。胰蛋白酶催化蛋白质中碱性氨基酸(L-精氨酸和 L-赖氨酸)的羧基所形成的肽键水解。水解时有自由氨基生成,可用甲醛滴定法判断自由氨基增加的数量而跟踪反应,求得反应初速度。

试 剂 和 器 材

1. 试剂

（1）酪蛋白溶液(pH8.5):分别取 10 g、20 g、30 g、40 g 酪蛋白,溶于约 900 mL 水中,加 20 mL 1 mol/L NaOH 溶液连续振荡,微热直至溶解,以 1 mol/L HCl 溶液或 1 mol/L NaOH 溶液调节 pH 值至 8.5,定容至 1 L,即生成浓度为 10 g/L、20 g/L、30 g/L、40 g/L 的酪蛋白标准溶液。

（2）中性甲醛溶液:75 mL 分析纯甲醛加 15 mL 0.25％酚酞乙醇溶液,以 0.1 mol/L NaOH 溶液滴定至显微红色,密闭于玻璃瓶中。

（3）0.25％酚酞乙醇溶液:取 2.5 g 酚酞,以 50％乙醇溶解,定容至 1 L。

（4）0.1 mol/L NaOH 标准溶液。

（5）胰蛋白酶溶液：称取 2 g 胰蛋白酶，溶于 50 mL 蒸馏水中，放入冰箱保存。

2. 器材

三角烧瓶（50 mL、150 mL）、吸管（5 mL、10 mL）、量筒（100 mL）、碱式滴定管（25 mL）及滴定台、蝴蝶夹、恒温水浴箱、滴管等。

操·作·步·骤

（1）取 50 mL 三角烧瓶 4 个，编号，加入 5 mL 中性甲醛溶液与 1 滴 0.25% 酚酞乙醇溶液，以 0.1 mol/L NaOH 标准溶液滴定至微红色，4 个瓶颜色应当一致，编号。

（2）量取 40 g/L 酪蛋白溶液 50 mL，加入一 150 mL 三角烧瓶中，37 ℃保温 10 min，同时胰蛋白酶溶液也在 37 ℃保温 10 min，然后吸取 5 mL 胰蛋白酶溶液，加到酪蛋白溶液中（同时计时！）。充分混合后立即取出 10 mL 反应液（定为 0 时样品），加入一含甲醛的小三角烧瓶中（1 号），加 10 滴酚酞，以 0.1 mol/L NaOH 标准溶液滴定至呈微弱而持续的微红色。在接近终点时，按耗去的 NaOH 标准溶液的体积（mL），每毫升加 1 滴酚酞，再继续滴至终点，记下耗去的 0.1 mol/L NaOH 标准溶液的体积（mL）。

（3）在 2 min、4 min、6 min 时，分别取出 10 mL 反应液，加入 2 号、3 号、4 号 50 mL 三角烧瓶中，同上操作，记下耗去的 NaOH 标准溶液的体积（mL）。

（4）以耗去的 NaOH 标准溶液的体积（mL）对时间作图，得一直线，其斜率即初速度 v_{40}（相对于 40 g/L 的酪蛋白浓度）。

（5）然后分别量取 30 g/L、20 g/L、10 g/L 的酪蛋白溶液，重复上述操作，分别测出 v_{30}、v_{20}、v_{10}。

（6）利用上述结果，以 $1/v$ 对 $1/[S]$ 作图，即可出 v 与 K_m 值。

注·意·事·项

（1）实验表明，反应速度只在最初一段时间内保持恒定，随着反应时间的延长，酶促反应速度逐渐下降。原因有多种，如底物浓度降低，产物浓度增加而对酶产生抑制作用并加速逆反应的进行，酶在一定 pH 值及温度下部分失活等。因此，研究酶的活性以酶促反应的初速度为准。

（2）本实验是一个定量测定方法，为获得准确的实验结果，应尽量减少实验操作带来的误差。因此配制各种底物溶液时应用同一母液进行稀释，保证底物浓度的准确性。各种试剂的加量也应准确，并严格控制酶促反应的时间。

实验 29   酶的竞争性抑制作用

实·验·目·的

（1）掌握竞争性抑制的概念及作用机理。

（2）了解在无氧情况下观察琥珀酸脱氢酶作用的简单方法。

实验原理

存在于心肌、骨骼肌、肝脏等组织中的琥珀酸脱氢酶，能使琥珀酸脱氢，形成延胡索酸，脱下的氢可使蓝色的甲烯蓝还原为无色的还原型甲烯蓝（甲烯白）。

$$\begin{array}{c} COOH \\ | \\ CH_2 \\ | \\ CH_2 \\ | \\ COOH \end{array} + FAD \xrightarrow{\text{琥珀酸脱氢酶}} \begin{array}{c} COOH \\ | \\ CH \\ \| \\ CH \\ | \\ COOH \end{array} + FADH_2$$

琥珀酸　　　　　　　　　　延胡索酸

$$FADH_2 + MB \longrightarrow FAD + MB \cdot 2H$$

甲烯蓝　　　　　甲烯白

草酸、丙二酸等在结构上与琥珀酸相似，可与琥珀酸竞争与琥珀酸脱氢酶的活性中心结合。若酶已与丙二酸等结合，则不能再与琥珀酸结合而使之脱氢，产生抑制作用，且抑制程度取决于琥珀酸与抑制剂在反应体系中浓度的相对比例，所以这种抑制是竞争性抑制。

本实验通过观察在由不同浓度的琥珀酸与丙二酸组成的反应体系中使等量甲烯蓝褪色的反应时间，从而验证丙二酸对琥珀酸的竞争性抑制作用。

试剂和器材

1. 试剂

（1）0.10 mol/L 磷酸盐缓冲液（pH7.4）：0.1 mol/L NaH_2PO_4 19 mL 加 0.1 mol/L Na_2HPO_4 81 mL。

（2）0.093 mol/L 琥珀酸钠溶液：取琥珀酸钠 1.5 g，溶于 100 mL 蒸馏水中。

（3）0.10 mol/L 丙二酸钠溶液：取丙二酸钠（$C_3H_2Na_2O_4$）1.5 g，溶于 100 mL 蒸馏水中。

（4）0.02% 甲烯蓝溶液。

（5）液体石蜡。

2. 器材

恒温水浴箱、研钵或组织匀浆机、剪刀或刀片、试管、吸管、滴管等。

操作步骤

取新鲜兔肝，立即剪碎，放于组织匀浆机或研钵中研碎，加入 pH7.4 的 0.10 mol/L 磷酸盐缓冲液，制备成 200 g/L 的肝匀浆液备用。取 5 支试管，分别编号，按表 7-5 配制反应体系。

表 7-5   反应体系的配制

试剂管号	0.093 mol/L 琥珀酸钠溶液	0.10 mol/L 丙二酸钠溶液	0.10 mol/L 磷酸盐缓冲液(pH7.4)	200 g/L 肝匀浆液	0.02% 甲烯蓝溶液
1	—	1 mL	2 mL	1 mL	3 滴
2	1.5 mL	0.5 mL	1 mL	1 mL	3 滴
3	1 mL	1 mL	2 mL	—	3 滴
4	2 mL	—	1 mL	1 mL	3 滴
5	1 mL	1 mL	1 mL	1 mL	3 滴

将各管溶液混匀后加一薄层液体石蜡后静置(此时不可摇动!),观察各管中的颜色变化,并记录各管颜色完全变化的时间。

注·意·事·项

(1) 加液体石蜡时宜斜执试管,沿管壁缓缓加入,以免产生气泡。

(2) 观察结果的过程中,不要振摇试管,以免溶液与空气接触而使甲烯白重新氧化变蓝。

··········· 实验 30   酶作用的特异性 ···········

实·验·目·的

(1) 了解酶的特异性。

(2) 掌握检查酶特异性的方法及原理。

实·验·原·理

酶是生物体内一类具有催化功能的蛋白质(传统酶的概念),即生物催化剂。它与一般催化剂的最主要区别就是具有高度的特异性(专一性)。所谓特异性是指酶对所作用的底物有严格的选择性,即一种酶只能对一种化合物或一类化合物(其结构中具有相同的化学键)起一定的催化作用,而不能对别的物质起催化作用。酶的特异性是酶的特征之一,但各种酶所表现的特异性在程度上有很大差别。酶的特异性又分为结构特异性和立体异构特异性。

淀粉和蔗糖都是非还原性糖,分别为唾液淀粉酶和蔗糖酶的专一底物。淀粉酶可水解淀粉生成具有还原性的麦芽糖,但不能水解蔗糖;蔗糖酶可水解蔗糖生成具有还原性的葡萄糖和果糖,但不能水解淀粉。

Benedict(班氏)试剂是含硫酸铜和柠檬酸钠的碳酸钠溶液,可以将还原糖氧化成相应的化合物,同时 Cu^{2+} 被还原成 Cu^+,即蓝色硫酸铜溶液被还原,产生砖红色的氧化亚铜沉淀。因此,可用 Benedict 试剂检查两种酶水解各自的底物所生成产物的还原性,从而加深对酶特异性的理解。

1. 试剂

（1）2%蔗糖溶液。

（2）1%淀粉溶液（内含 0.3% NaCl）。

（3）淀粉酶溶液：先用蒸馏水漱口，然后用洁净试管 1 支，取唾液（无泡沫）约 2 mL，蒸馏水 20 倍稀释，备用。

（4）蔗糖酶溶液：取活性干酵母 1.0 g，置于研钵中，加少量蒸馏水及石英砂研磨提取约 10 min，再加蒸馏水至总体积约为 20 mL，过滤或离心，取滤液或上清液备用。

（5）Benedict 试剂：取无水 $CuSO_4$ 17.4 g，溶于 100 ℃ 热水中，冷后稀释至 150 mL。另取柠檬酸钠 173 g 及无水 Na_2CO_3 100 g 于 600 mL 水中，加热溶解，溶液如有浑浊，过滤，冷后稀释至 850 mL。最后将 $CuSO_4$ 溶液倾入柠檬酸钠-碳酸钠溶液中，混匀（此溶液可长期保存）。

2. 器材

恒温水浴锅、试管及试管架、漏斗、吸量管、量筒、烧杯、离心机等。

操作步骤

1. 淀粉酶的特异性

（1）取试管 5 支，编号，按表 7-6 加入试剂。

表 7-6 淀粉酶的特异性检查试剂用量

试 剂	试 管 编 号				
	1	2	3	4	5
1%淀粉溶液/mL	1.0	—	1.0	—	—
2%蔗糖溶液/mL	—	1.0	—	1.0	—
淀粉酶溶液/mL	—	—	1.0	1.0	1.0
蒸馏水/mL	1.0	1.0	—	—	1.0

（2）各管加完试剂后，置于 37 ℃ 恒温水浴保温 10 min，然后每管加入 Benedict 试剂 2 mL，再置于沸水浴中 5 min。

（3）观察各管颜色变化，并解释实验结果。

2. 蔗糖酶的特异性

（1）取试管 5 支，编号，按表 7-7 加入试剂。

表 7-7 蔗糖酶的特异性检查试剂用量

试 剂	试 管 编 号				
	1	2	3	4	5
1%淀粉溶液/mL	1.0	—	1.0	—	—

续表

试　　剂	试 管 编 号				
	1	2	3	4	5
2%蔗糖溶液/mL	—	1.0	—	1.0	—
蔗糖酶溶液/mL	—	—	1.0	1.0	1.0
蒸馏水/mL	1.0	1.0	—	—	1.0

（2）各管加完试剂后，置于37 ℃恒温水浴保温10 min，然后每管加入Benedict试剂2 mL，再置于沸水浴中5 min。

（3）观察各管颜色变化，并解释实验结果。

注意事项

（1）蔗糖是典型的非还原糖，若商品中还原糖的含量超过一定的标准，则呈现还原性，这种蔗糖不能使用。一般在实验前要对所用的蔗糖进行检查，至少要使用分析纯试剂。

（2）由于不同的人或同一个人不同时间采集的唾液内淀粉酶的活性并不相同，有时差别很大，所以唾液的稀释倍数可根据各人的唾液淀粉酶的活性进行调整，一般为20～200倍。

（3）制备的蔗糖酶溶液一般情况下含有少量的还原糖杂质，所以可出现轻度的阳性反应。另外，不纯净的淀粉及加热过程中淀粉部分降解，也可出现轻度的阳性反应。

（4）除了含有淀粉酶外，唾液中还含有少量的麦芽糖酶，可使麦芽糖水解为葡萄糖。

实验 31　胃蛋白酶原的激活

实验目的

（1）掌握酶原激活的机制。

（2）了解酶原激活的意义。

实验原理

某些酶在细胞内或者初分泌时无活性，这些无活性状态的酶称为酶原。酶原必须经过激活才能变成有活性的酶。如胃蛋白酶在刚分泌出来时是不具有活性的酶原，在盐酸作用下，胃蛋白酶分子水解成有活性的胃蛋白酶。

胃蛋白酶水解蛋白质的最适pH值在1.5～2.5之间，在pH5～6，同时有Ca^{2+}存在时，具有凝乳作用，能将乳中的酪蛋白转变为不溶的副酪蛋白钙。

本实验利用稀盐酸处理与不用稀盐酸处理的胃蛋白酶原，在pH5～6的缓冲液中，观察有无凝乳作用而说明酶原的激活现象。

试剂和器材

1. 试剂

（1）胃蛋白酶原甘油浸出液：取新鲜猪胃一个，剥取内层黏膜，以 1‰ $NaHCO_3$ 溶液浸洗后，取出，用剪刀剪成小块，浸于两倍重量的纯甘油中，置于冰箱中浸提 24 h 以上才能使用，用时取甘油部分，以 0.9％NaCl 溶液稀释 10 倍。

（2）pH5.8 的醋酸盐缓冲液：取 0.2 mol/L NaAc 溶液 94 mL 和 0.2 mol/L HAc 溶液 6.0 mL 混合。

（3）胃蛋白酶溶液。

（4）0.1 mol/L 盐酸。

（5）新鲜牛乳。

2. 器材

试管、量筒、吸量管、烧杯、冰箱、天平、剪刀、恒温水浴箱、酸度计等。

操作步骤

（1）取试管 3 支，编号，按表 7-8 操作。

表 7-8　胃蛋白酶原的激活实验试剂用量

试　　剂	1	2	3
胃蛋白酶原甘油浸出液/mL	1	1	—
0.1 mol/L 盐酸/mL	1	—	—
充分摇匀，静置 3 min			
pH5.8 的醋酸盐缓冲液/mL	2	2	2
0.1 mol/L 盐酸/mL	—	1	1
胃蛋白酶溶液/mL	—	—	1
新鲜牛乳/mL	0.5	0.5	0.5

（2）摇匀，放入 38～40 ℃水浴保温 5 min。

（3）观察结果并分析讨论。

注意事项

酶的本质是蛋白质，容易变性，所以处理胃蛋白酶时要注意避免接触能使其变性的因素，以保证其正常生物学功能的发挥。

实验 32　过氧化物酶的催化作用

实验目的

了解过氧化物酶的作用。

实验原理

过氧化物酶能催化过氧化氢释放出新生氧以氧化某些酚类和胺类物质。例如:氧化溶于水中的焦性没食子酸,生成不溶于水的焦性没食子橙(橙红色);氧化愈创木脂中的愈创木酸成为蓝色的愈创木酸臭氧化物。

$$H_2O_2 \xrightarrow{\text{过氧化物酶}} H_2O + [O]$$

$$2HO\text{—}\bigcirc\text{(OH)(OH)} + 3[O] \longrightarrow \cdots + 2CO_2 + 2H_2O$$

焦性没食子酸 焦性没食子橙

试剂和器材

1. 试剂

(1) 1%焦性没食子酸溶液:取焦性没食子酸 1 g,溶于 100 mL 蒸馏水中。

(2) 2%过氧化氢溶液。

(3) 白菜梗提取液:取白菜梗约 5 g,切成细块,置于研钵内,加蒸馏水约 15 mL,研磨成浆,经棉花或纱布过滤,滤液备用。

2. 器材

棉花或纱布、吸管(2.0 mL)、胶头滴管、研钵、漏斗(ϕ8 cm)、试管(1.5 cm×15 cm)、天平、酒精灯、石棉网、烧杯(10 mL)等。

操作步骤

(1) 取 4 支干净试管,编号,按表 7-9 加入试剂。

表 7-9 过氧化物酶的催化作用实验试剂用量

试　　剂	1	2	3	4
1%焦性没食子酸溶液/mL	2	2	2	2
2%过氧化氢溶液/滴	2	2	2	2
蒸馏水/mL	2	—	—	—
白菜梗提取液/mL	—	2	2	—
煮沸的白菜梗提取液/mL	—	—	—	2

(2) 摇匀后,观察并记录各管颜色变化和沉淀的出现情况。

注意事项

本实验中涉及氧化还原反应,实验过程中应注意意外的氧化还原对反应结果的影响。

实验 33 酪氨酸酶的催化作用

实·验·目·的

（1）认识生物体中酶的存在和催化作用，了解生物体系中酶促反应的特点与有机合成的不同和相同之处，认识一些生物化学过程的特殊性。

（2）掌握生物活性物质的提取和保存方法，学会使用仪器分析的手段研究催化反应，特别是生物化学体系中催化过程的基本思想和方法。

实·验·原·理

酪氨酸是一种以 Cu^+ 或 Cu^{2+} 为辅助因子的全酶，能催化空气中的氧对多巴的氧化反应。催化过程可以通过多巴转换反应过程中的颜色变化来监测，通过测定吸光度随时间的变化来求得酶的活性。

酪氨酸酶的活性可用比色法测定。由于多巴转变成多巴红很快，再转到下一步产率慢得多，故可在酶存在下，测定多巴转变为多巴红的速度，从而测定酶的活性（可用吸光度对时间作图，根据所得的直线斜率求酶的活性）。

酶的活性计算：

一般定义在优化的条件下（一定 pH 值、离子强度），25 ℃时在 1 min 内转化 1 μmol 底物所需要的量为酶的活性单位。通过下式可计算出所用的酶的活性：

$$\alpha = \frac{\Delta A}{\kappa t V} \times 10^6$$

式中：α——所用溶液的酶的活性；

ΔA——最大吸收处吸光度的变化；

t——时间；

κ——多巴红的摩尔吸光系数；

V——加入的酶的体积。

进而计算出所用原料中的酶的活性：

$$A = \frac{\alpha V_0}{m}$$

式中：A——原料中酶的活性；

V_0——原料所得的酶溶液的总体积；

m——原料总质量。

本实验拟通过从土豆等物中提取酪氨酸酶并测定其活性。当土豆、苹果、香蕉或蘑菇受损伤时，在空气作用下，很快变为棕色，这是因为它们的组织中都含有酪氨酸和酪氨酸酶，酶存在于物质内部，当内部物质暴露于空气中时，在氧的参与下将发生如下反应，生成黑色素。

多巴

$\xrightarrow[\text{快}]{O_2,\text{酶}}$ 多巴醌 $\xrightarrow{\text{快}}$ 无色

$\xrightarrow[\text{快}]{O_2}$ 多巴红 $\xrightarrow[\text{快}]{-CO_2}$ 二羟基吲哚

$\xrightarrow[\text{快}]{O_2}$ 吲哚醌 $\xrightarrow[\text{慢}]{O_2}$

试剂和器材

1. 试剂

(1) 0.10 mol/L 磷酸盐缓冲液(pH 7.2):50 mL 0.20 mol/L 磷酸氢二钠加入 8 mL 0.1 mol/L 盐酸,稀释至 100 mL。

(2) 0.10 mol/L 磷酸盐缓冲液(pH 6.0):50 mL 0.20 mol/L 磷酸氢二钠加入 22 mL 0.1 mol/L 盐酸,稀释至 100 mL。

(3) 0.01 mol/L 多巴溶液:称取 0.195 g 左旋多巴(二羟基苯丙氨酸),用 pH 6.0 的磷酸盐缓冲液溶解,并稀释至 100 mL。

(4) Sephadex 柱。

(5) 土豆(或苹果)。

2. 器材

分光光度计、离心机、研钵、恒温水浴箱、秒表、比色管(10 mL)等。

操作步骤

1. 酪氨酸酶的提取

在研钵中放入 10 g 经过冰冻的切碎了的土豆(或苹果),加入 7.5 mL pH 7.2 的 0.10 mol/L 磷酸盐缓冲液,用力研磨挤压(约 1 min)。用两层纱布滤出提取液,立即离心分离(约 3000 r/min,5 min)。倾出上清液,保存于冰浴或冰箱中。提取液为棕色,在放置过程中不断变黑。有条件的话,可以经 Sephadex 柱进一步纯化。

2. 多巴红溶液的吸收光谱测定

取 0.4 mL 已稀释过的土豆提取液,加 2.6 mL pH 6.0 的 0.10 mol/L 磷酸盐缓冲液,2 mL 0.01 mol/L 多巴溶液,摇匀。反应约 10 min 后,使用 1 cm 比色皿于扫描分光光度计上进行重复扫描,即可获得多巴红的吸收光谱。若使用自动扫描分光光度计,可从混合开始以时间间隔为 1 min 进行连续扫描,即可观察到吸光度随时间增加的现象。

3. 酶的活性测定

取 2.5 mL 上述提取液,用 pH 7.2 的 0.10 mol/L 磷酸盐缓冲液稀释至 10 mL 比色管中,摇匀。取 0.1 mL 稀释过的提取液于 10 mL 比色管中,加入 2.9 mL pH 6.0 的 0.10 mol/L 磷酸盐缓冲液,再加入 2 mL 0.01 mol/L 多巴溶液,同时开始计时,用分光光度计于 480 nm 波长处测定吸光度。开始 6 min 内每分钟读 1 个数,以后隔 2 min 读 1 个数,直至吸光度变化不大为止。

取 0.2 mL、0.3 mL、0.4 mL 已稀释过的提取液重复上述实验(注意总体积为 5 mL,每次换溶液洗比色皿只能倒很少量溶液洗 1 次)。

4. 数据处理

以吸光度值为纵坐标、时间为横坐标,绘制标准曲线或计算回归方程,可得出在加入酶的作用下,多巴的转换动力学方程,再由直线斜率求出转换速率,即为酶的活性。

5. 影响酶活性的因素研究

(1) 取 0.4 mL 稀释过的提取液,在沸水浴中加热 5 min,冷却后配成测定溶液,观察现象。

(2) 取 0.4 mL 稀释过的提取液,加少量固体 $Na_2S_2O_3$ 配成测定溶液观察现象。

(3) 取 0.4 mL 稀释过的提取液,加少量固体 $Na_2S_2O_3$ 振荡混合,反应一段时间后,配成测定溶液观察现象。

注·意·事·项

(1) 若使用自动扫描分光光度计,可使用指定时间间隔扫描。但建议使用 722 型分光光度计或类似的型号,用秒表控制时间,这样成本较低。

(2) 可使用苹果或香蕉代替土豆,亦可安排使用不同土豆(如隔年、当年及新产、已发芽等),研究土豆不同生长状态时的酶活性。

(3) 亦可研究不同 pH 值、离子强度对酶活性的影响。

······· 实验 34 血清谷-丙转氨酶活性测定 ·······

实·验·目·的

(1) 学习测定血清谷-丙转氨酶活性的原理。

(2) 掌握赖氏法测定血清谷-丙转氨酶标准曲线的绘制。

(3) 了解血清谷-丙转氨酶活性测定的临床应用。

实·验·原·理

丙氨酸与 α-酮戊二酸在 pH 7.4 时,经谷-丙转氨酶(GPT)催化进行转氨基作用生成丙酮酸和谷氨酸。反应如下:

$$
\begin{array}{ccccccc}
& & \text{COOH} & & & & \text{COOH} \\
& & | & & & & | \\
\text{CH}_3 & & \text{CH}_2 & & \text{CH}_3 & & \text{CH}_2 \\
| & & | & & | & & | \\
\text{HC—NH}_2 & + & \text{CH}_2 & \xrightarrow{\text{GPT}} & \text{C=O} & + & \text{CH}_2 \\
| & & | & & | & & | \\
\text{COOH} & & \text{C=O} & & \text{COOH} & & \text{HC—NH}_2 \\
& & | & & & & | \\
& & \text{COOH} & & & & \text{COOH}
\end{array}
$$

丙氨酸　　　α-酮戊二酸　　　　丙酮酸　　　谷氨酸

丙酮酸与2,4-二硝基苯肼作用生成棕红色丙酮酸2,4-二硝基苯腙,与已知浓度的丙酮酸标准溶液在同样条件下显色,利用比色分析原理将样品显色与丙酮酸标准品配制成的系列标准溶液比较,即可求出样品中谷-丙转氨酶活性。

丙酮酸　　　　　2,4-二硝基苯肼　　　　　　　丙酮酸2,4-二硝基苯腙

试·剂·和·器·材

1. 试剂

(1) 0.1 mol/L 磷酸二氢钾溶液:称取磷酸二氢钾(KH_2PO_4)13.61 g,溶解于蒸馏水中,加蒸馏水至1000 mL,4 ℃保存。

(2) 0.1 mol/L 磷酸氢二钠溶液:称取磷酸氢二钠(Na_2HPO_4)14.2 g,溶解于蒸馏水中,并稀释至1000 mL,4 ℃保存。

(3) 0.1 mol/L 磷酸盐缓冲液(pH7.4):取 420 mL 0.1 mol/L 磷酸氢二钠溶液和 80 mL 0.1 mol/L 磷酸二氢钾溶液,混匀。加氯仿数滴,4 ℃保存。

(4) 基质缓冲液:精确称取 D(L)-丙氨酸 1.79 g,α-酮戊二酸 29.2 mg,先溶于 0.1 mol/L磷酸盐缓冲液(pH7.4)约 50 mL 中,用 1 mol/L NaOH 溶液调 pH 值至 7.4,再加此磷酸盐缓冲液至 100 mL,4~6 ℃保存,该溶液可稳定 2 周。每升底物缓冲液中可加入麝香草酚 0.9 g 或氯仿防腐,4 ℃保存。

(5) 1.0 mmol/L 2,4-二硝基苯肼溶液:称取 2,4-二硝基苯肼 19.8 mg,溶于 1.0 mol/L 盐酸 100 mL,置于棕色玻璃瓶中,室温下保存,若用冰箱保存可稳定 2 个月。若有结晶析出,应重新配制。

(6) 0.4 mol/L NaOH 溶液:称取 NaOH 1.6 g,溶解于蒸馏水中,并加蒸馏水至 100 mL,置于具塞塑料试剂瓶内,室温中可长期稳定。

（7）2.0 mmol/L 丙酮酸标准溶液：准确称取丙酮酸钠 22.0 mg，置于 100 mL 容量瓶中，加 0.05 mol/L 硫酸溶液至刻度。此液不稳定，应临用前配制。丙酮酸不稳定，开封后易相互聚合为多聚丙酮酸而变质，需干燥后使用。

（8）待测标本：患者血清或质控血清。

2. 器材

分光光度计、试管、量筒、吸管、恒温水浴箱、滴管等。

1. 标准曲线的绘制

（1）取试管 5 支，编号，按表 7-10 向各管加入相应试剂。

表 7-10　血清谷-丙转氨酶活性测定标准曲线绘制操作

试剂/mL	1	2	3	4	5
0.1 mol/L 磷酸盐缓冲液(pH 7.4)	0.1	0.1	0.1	0.1	0.1
2.0 mmol/L 丙酮酸标准溶液	0	0.05	0.10	0.15	0.20
基质缓冲液	0.50	0.45	0.40	0.35	0.30
1.0 mmol/L 2,4-二硝基苯肼溶液	0.5	0.5	0.5	0.5	0.5
混匀，37 ℃水浴 20 min					
0.4 mol/L NaOH 溶液	5.0	5.0	5.0	5.0	5.0
酶活性(以卡门氏单位表示)	0	28	57	97	150

（2）混匀，放置 5 min，于波长 505 nm 处，以蒸馏水调零，读取各管吸光度，各管吸光度均减去 1 号管吸光度即为该标准管的吸光度。

（3）以吸光度为纵坐标，对应的酶卡门氏活性单位为横坐标作图，即得标准曲线。

2. 标本的测定

（1）在测定前取适量的底物溶液和待测血清，37 ℃水浴预温 5 min 后使用。取试管 2 支，按表 7-11 进行操作。

表 7-11　标本的测定操作

试剂/mL	对照管	测定管
血清	0.1	0.1
基质缓冲液	—	0.5
混匀，置于 37 ℃保温 30 min		
1.0 mmol/L 2,4-二硝基苯肼溶液	0.5	0.5
基质缓冲液	0.5	—
混匀，置于 37 ℃保温 20 min		
0.4 mol/L NaOH 溶液	5.0	5.0

（2）室温放置 5 min，于波长 505 nm 处，以蒸馏水调零，读取各管吸光度。

（3）计算：测定管吸光度减去样本对照管吸光度的差值为标本的吸光度。根据该值在标准曲线上查得对应的谷-丙转氨酶活性，用卡门氏单位表示。

血清谷-丙转氨酶活性：5～25 卡门氏单位。

（1）丙酮酸标准溶液的配制：丙酮酸不稳定，遇空气易发生聚合反应，生成多聚丙酮酸，从而失去其活性。在配制标准曲线时，不会出现显色反应。此时应将变性的丙酮酸放置于干燥箱（40～55 ℃）2～3 h，或干燥器中过夜后再使用。

（2）基质缓冲液中的 α-酮戊二酸和显色剂 2,4-二硝基苯肼均为呈色物质，称量必须准确，每批试剂的空白管吸光度上下波动不应超过 0.015，如超出此范围，应检查试剂及仪器等方面的问题。

（3）血清中谷-丙转氨酶在室温（25 ℃）可以保存 2 天，在 4 ℃冰箱可保存 1 周，在 −20 ℃可保存 1 个月。一般血清标本中内源性酮酸含量很少，血清对照管吸光度接近于试剂空白管（以蒸馏水代替血清，其他和对照管同样操作）。所以，成批标本测定时，一般不需要每份标本都做自身血清对照管，以试剂空白管代替即可，但对超过正常值的血清标本应进行复查。严重脂血、黄疸及溶血血清可引起测定的吸光度增高；糖尿病酮症酸中毒患者血中因含有大量酮体，能和 2,4-二硝基苯肼作用呈色，也会引起测定管吸光度增高。因此，检测此类标本时，应做血清标本对照管。

（4）本方法考虑到底物浓度不足，酶作用产生的丙酮酸的量不能与酶活性成正比，故没有制定自身的单位定义，而是以实验数据套用速率法的卡门氏单位。本方法标准曲线所定的单位是用比色法的实验结果和分光光度法实验结果作对比后求得的，以卡门氏单位报告结果。卡门氏法是早期的酶偶联速率测定法，卡门氏单位定义为血清 1 mL，反应液总体积 3 mL，反应温度 25 ℃，波长 505 nm，比色皿光径 1.0 cm，每分钟吸光度下降 0.001 为一个卡门氏单位（相当于 0.48 U）。本方法的测定温度原为 40 ℃，标准曲线只到 97 个卡门氏单位，后来改用 37 ℃测定，将标准曲线延长至 150 卡门氏单位。本方法测定由于受底物 α-酮戊二酸浓度和 2,4-二硝基苯肼浓度的不足以及反应产物丙酮酸的反馈抑制等因素影响，标准曲线不能延长至 200 卡门氏单位。当血清标本酶活性超过 150 卡门氏单位时，应将血清用 0.145 mol/L NaCl 溶液稀释后重测，其结果乘以稀释倍数。

（5）加入 2,4-二硝基苯肼溶液后，应充分混匀，使反应完全。加入 NaOH 溶液的方法和速度要一致，如液体混合不完全或 NaOH 溶液的加入速度不同均会导致吸光度读数出现差异。呈色的深浅与 NaOH 溶液的浓度也有关系，NaOH 溶液的浓度越大呈色越深。NaOH 溶液的浓度低于 0.25 mol/L 时，吸光度下降变陡，因此 NaOH 溶液的浓度要准确。

实验 35　血清碱性磷酸酶活性的测定

实 验 目 的

（1）掌握磷酸苯二钠法测定血清碱性磷酸酶活性。

（2）熟悉血清碱性磷酸酶测定的其他方法。

实 验 原 理

碱性磷酸酶是一组在碱性环境中水解磷酸酯的酶类，相对分子质量随不同组织来源不同，广泛分布在人体的骨、肾、肠、血清、胆汁等部位，但以骨骼、牙齿、肾和肝中含量较高，正常人血清中的碱性磷酸酶主要来源于肝，少部分来自骨骼。血清碱性磷酸酶测定可用于肝胆系统及骨骼系统疾病的辅助诊断，是临床常做的酶类检验项目之一。测定碱性磷酸酶的方法主要分为两种。一是测定底物解离下的磷酸根来计算酶活性，如 β-甘油磷酸钠法，但存在血清本身有磷酸根及磷酸化的缺点。二是测定底物解离磷酸根后的羟基化合物，这种方法又可分为：①酚化合物在显色剂的作用下显色比色测定。②生成的酚化合物本身在一定的条件下就可显色，如磷酸对硝基酚法。本实验采用的是磷酸苯二钠法，其原理如下：碱性磷酸酶在碱性环境中作用于磷酸苯二钠，使之水解，释放出苯酚和磷酸氢二钠。苯酚在碱性溶液中与 4-氨基安替比林作用，经铁氰化钾氧化形成红色醌类化合物，根据红色的深浅确定碱性磷酸酶活性。

$$磷酸苯二钠＋H_2O \xrightarrow{\text{碱性磷酸酶}} 苯酚＋磷酸氢二钠$$

$$苯酚＋4\text{-}氨基安替比林 \longrightarrow 红色醌亚胺衍生物$$

单位定义：100 mL 血清在 37 ℃与底物作用 15 min，产生 1 mg 酚为 1 个金氏单位。

磷酸苯二钠法与更早应用的甘油磷酸钠法相比具有较大的进步，如水解速度快，故保温时间较短，灵敏度较高，显色稳定，不需去蛋白，操作简便、快速。但与磷酸对硝基酚连续监测法相比，准确度、精密度较低，操作比较烦琐，灵敏度低。

试 剂 和 器 材

1. 试剂

（1）0.1 mol/L 碳酸盐缓冲液（pH10.0）：称取无水碳酸钠 6.36 g，碳酸氢钠 3.36 g，4-氨基安替比林 1.5 g，加蒸馏水溶解至 1000 mL。置于棕色瓶中保存。

（2）20 mmol/L 磷酸苯二钠溶液：先将 400 mL 蒸馏水煮沸，称取磷酸苯二钠 2.18 g（磷酸苯二钠如含 2 分子结晶水，则应称取 2.54 g），加入煮沸的蒸馏水中使其溶解，冷却后加氯仿 2 mL，用煮沸过的冷蒸馏水加至 500 mL，置于冰箱中保存，此为底物溶液。

（3）铁氰化钾的硼酸溶液：称取铁氰化钾 2.5 g，硼酸 17 g，各自溶于蒸馏水 400 mL中，两液混合后，加蒸馏水至 1000 mL，置于棕色瓶中避光保存（如出现蓝绿色即弃去）。

（4）酚标准工作液（0.05 mg/mL）：购买合格的三级标准品。

2. 器材

移液管（5 mL、1 mL）、100 μL 或 200 μL 微量可调式移液器、721 型分光光度计、37 ℃ 恒温水浴箱等。

1. 标准曲线法

（1）标准曲线的制作，按表 7-12 操作。

表 7-12   标准曲线的制作试剂用量

试剂/mL	B	1	2	3	4	5
酚标准工作液	0.0	0.2	0.4	0.6	0.8	1.0
蒸馏水	1.1	0.9	0.7	0.5	0.3	0.1
0.1 mol/L 碳酸盐缓冲液	1.0	1.0	1.0	1.0	1.0	1.0
铁氰化钾的硼酸溶液	3.0	3.0	3.0	3.0	3.0	3.0
相当于金氏单位	0	10	20	30	40	50

立即混匀，于 510 nm 波长处比色，比色皿光径为 1.0 cm，用蒸馏水调零，读取各管吸光度。以吸光度值为纵坐标，相应的酶活性单位为横坐标绘制标准曲线。

（2）标本的测定，按表 7-13 操作。

表 7-13   标本的测定试剂用量

试剂/mL	对照管	测定管
血清	—	0.1
0.1 mol/L 碳酸盐缓冲液	1.0	1.0
混匀，37 ℃水浴保温 5 min，同时将底物溶液预热		
底物溶液（预温至 37 ℃）	1.0	1.0
混匀，37 ℃水浴保温 15 min		
铁氰化钾的硼酸溶液	3.0	3.0
血清	0.1	—

立即混匀，于 510 nm 波长处比色，比色皿光径为 1.0 cm，用蒸馏水调零，读取各管吸光度。以测定管与对照管吸光度之差值查标准曲线，即可得酶活性。

2. 标准管法

（1）取试管 4 支，按表 7-14 操作。

表 7-14   标准管法操作

试剂/mL	测定管	标准管	空白管	对照管
血清	0.1	—	—	—

续表

试剂/mL	测定管	标准管	空白管	对照管
酚标准工作液	—	0.1	—	—
蒸馏水	—	—	0.1	—
0.1 mol/L 碳酸盐缓冲液	1.0	1.0	1.0	1.0
混匀,37 ℃水浴保温 5 min,同时将底物溶液预热				
底物溶液	1.0	1.0	1.0	1.0
混匀,37 ℃水浴保温 15 min				
铁氰化钾的硼酸溶液	3.0	3.0	3.0	3.0
血清	—	—	—	0.1

（2）立即混匀,于 510 nm 波长处比色,以蒸馏水调零,读取各管吸光度。

（3）计算：

$$碱性磷酸酶活性（金氏单位）=\frac{A_{测定}-A_{对照}}{A_{标准}-A_{空白}}\times 0.05\times 100$$

正 常 值

成人:3～13金氏单位。儿童:5～28金氏单位。

注 意 事 项

（1）底物溶液中不应含有游离的酚,如有酚则空白管显红色,说明磷酸苯二钠已经开始分解,应弃去不用。

（2）铁氰化钾溶液中加入硼酸有稳定显色的作用。该液应避光保存,如出现蓝绿色即应废弃。加入铁氰化钾溶液后必须立即混匀,否则显色不完全。

（3）黄疸血清及溶血血清应分别做对照管,一般血清标本可以共用对照管。

实验 36　血清淀粉酶同工酶的分离

实 验 目 的

掌握聚丙烯酰胺凝胶电泳分离血清淀粉酶同工酶的原理和方法。

实 验 原 理

淀粉酶有 α、β、R、Q 四种同工酶,其功能是分解淀粉。根据各同工酶之间电泳迁移率不同可以用电泳的方法将其分开。

本实验利用聚丙烯酰胺凝胶电泳的浓缩效应、电荷效应和分子筛效应将血清淀粉酶同工酶分成不同的条带。

电泳过程中,以聚丙烯酰胺凝胶为介质,将血清淀粉酶同工酶在电场中经电泳分离。电泳过程中或者电泳后血清淀粉酶与淀粉作用,将其水解。电泳后,用显色碘液可将含淀粉的胶条染成蓝色,淀粉酶各同工酶所在位置由于分解了淀粉,从而形成在蓝色背景下的非蓝色不同条带。

1. 试剂

(1) 丙烯酰胺储存液(30%丙烯酰胺(Acr)-0.8%甲叉双丙烯酰胺(Bis)储存液):小心称取 30 g Acr 和 0.8 g Bis,置于洗净烘干的烧杯中,加 50 mL 蒸馏水,用干净的玻璃棒搅匀溶解。如果难溶,可加热溶解。将溶液用定性滤纸过滤到 100 mL 容量瓶内,并用蒸馏水洗烧杯,洗液一并转入容量瓶中,最终定容至 1000 mL,盛于棕色瓶中。如果 pH 值不超过 5.1,放置于 0~4 ℃冰箱中可保存 2~3 个月。

(2) 分离胶缓冲液:称取 15.5 g Tris,加 1 g 柠檬酸,加蒸馏水调 pH 值至 8.9,最终加蒸馏水至 1000 mL,用滤纸过滤后,4 ℃保存备用。

(3) 浓缩胶缓冲液:称取 1.55 g Tris,加 0.1 g 柠檬酸,加蒸馏水调 pH 值至 6.8,最终加蒸馏水至 100 mL,用滤纸过滤后,4 ℃保存备用。

(4) 7.5%可溶性淀粉溶液:称取 0.75 g 可溶性淀粉,溶于 10 mL pH 8.9 的 Tris-柠檬酸缓冲液中,在水浴中煮沸,搅拌到完全透明无沉淀为止,随配随用。

(5) 1%可溶性淀粉溶液:称取 1 g 可溶性淀粉溶于 100 mL pH 8.9 的 Tris-柠檬酸缓冲液中,在水浴中煮沸,搅拌到完全透明无沉淀为止,随配随用。

(6) 2%Na_2SO_4溶液:称取 1 g Na_2SO_4,溶于 50 mL 蒸馏水中,4 ℃保存可用 1 个月。一般配 50 mL 即可。

(7) 1%过硫酸铵溶液(催化剂):称取 1 g 过硫酸铵,溶于 100 mL 蒸馏水中,临用前配制。

(8) 四甲基乙二胺(TEMED):加速剂。

(9) 电极缓冲液:称取 Tris 6 g,甘氨酸 30 g,溶于 1000 mL 蒸馏水中。用时稀释成10 倍。

(10) 40%蔗糖溶液:称取 40 g 蔗糖,溶于 100 mL 蒸馏水中,过滤后,置于冰箱中保存。

(11) 0.15 mol/L 醋酸盐缓冲液(pH5.0):称取 11.9 g 醋酸钠,用冰醋酸调节 pH 值至 5.0,最终加蒸馏水至 1000 mL。

(12) 含钙钠醋酸缓冲液(pH5.0):称取 0.15 g 醋酸钠、0.02 g $CaCl_2$ 和 0.02 g NaCl,用冰醋酸调节 pH 值至 5.0,最终加蒸馏水至 1000 mL。

(13) 显色碘液:称取碘化钾 15.8 g,加到 10 g 碘溶液中(先在 95%乙醇中溶解),最终加蒸馏水至 1000 mL,用时稀释成 20 倍。

(14) 溴酚蓝指示剂。

2. 器材

血清(勿加抗凝剂)、烧杯、注射器(20 mL)、圆盘电泳槽、电动吸引器、胶布、滤纸、吸量管(1.0 mL、2.0 mL、5.0 mL)、电泳仪、胶头吸管、染液缸、微量注射器、洗耳球、恒温水浴箱、冰箱等。

1. 凝胶玻璃管处理

取清洁的内径 0.5 cm,长 10 cm 的玻璃管,用胶布封底,用细长的胶头滴管加 2～3 滴 40%蔗糖溶液于管的底部。

2. 制胶

分离胶和浓缩胶的配制方法有两种,一是将可溶性淀粉加进凝胶,二是不加入凝胶。不加可溶性淀粉的凝胶其分离胶和浓缩胶的配胶方法与加入可溶性淀粉的配胶方法相同,仅把可溶性淀粉的配量用蒸馏水替代即可。

(1) 分离胶的配制:制胶前,先把凝胶玻璃管安装在聚胶架上,按表 7-15 进行。

表 7-15 分离胶的配制

试 剂	体 积
丙烯酰胺储存液	4.5 mL
分离胶缓冲液	14 mL
7.5%可溶性淀粉溶液	0.4 mL
2%Na_2SO_4溶液	0.6 mL
1%过硫酸铵溶液	0.5 mL
TEMED	20 μL

用电动吸引器减压抽气后,立即用 20 mL 注射器吸取凝胶液分别等量加到每支玻璃管内 8 cm 处,不可有气泡产生,随即沿壁加水(水层高约 3 mm)。静置约 1 h,凝胶聚合后,用剪成小条的滤纸插入管内,吸去水层。

(2) 浓缩胶的配制:按表 7-16 进行。

表 7-16 浓缩胶的配制

试 剂	体 积
丙烯酰胺储存液	1.3 mL
浓缩胶缓冲液	1.3 mL
7.5%可溶性淀粉溶液	0.2 mL
2%Na_2SO_4溶液	0.1 mL
蒸馏水	6.8 mL
1%过硫酸铵溶液	0.3 mL
TEMED	15 μL

浓缩胶配制好后,立即分别等量(1 cm 高度)加到每支玻璃管内,再沿壁加水(水层高

约 3 mm),覆盖。约 1 h 聚合完毕后,同样用滤纸条吸干水层,取下胶布,用电极缓冲液洗涤凝胶的上、下面,将凝胶管装到槽孔内,浓缩胶在上。

3. 加样

用微量注射器吸取血清 20 μL,加到电泳槽中的凝胶管浓缩胶面上,再加一滴溴酚蓝指示剂,之后用电极缓冲液,沿管壁加满,并将上槽加满电极缓冲液(超过管高)。

4. 电泳

将电泳槽平放于冰箱内,连接电源,上槽为阴极(点样端),下槽为阳极,稳定电压 20 V/cm,电泳时间 3~4 h。当溴酚蓝迁移至管下端 0.5~1 cm 处,停止电泳。

5. 剥胶

电泳结束后,关闭电源。将凝胶管自电泳槽上取下,用注射器吸取蒸馏水,将针头紧靠玻璃管内壁插至凝胶与玻璃管壁之间,慢慢沿管壁转动一周,同时注入蒸馏水,使凝胶与管壁完全分离后,小心地用洗耳球将凝胶柱吹出。

6. 染色

淀粉酶染色过程分凝胶中加可溶性淀粉和不加可溶性淀粉两种。

(1) 凝胶中加可溶性淀粉:电泳完毕,将胶条小心置于 200 mL pH 5.0 的 0.15 mol/L 醋酸盐缓冲液中(如果主要检查 α-淀粉酶,改用 pH 5.0 的含钙钠醋酸缓冲液),在 37 ℃保温 1.5 h 后,用 pH 5.0 的 0.15 mol/L 醋酸盐缓冲液冲洗胶条上多余的淀粉,然后用稀释 20 倍的显色碘液染色。胶条逐渐变成蓝色,在蓝色背景上出现各种透明条带,即淀粉酶带。

(2) 凝胶中不加可溶性淀粉:电泳完毕,将胶条浸在 1‰可溶性淀粉溶液中,静置 1 h,待溶液被胶条吸收后,用 pH 5.0 的 0.15 mol/L 醋酸盐缓冲液冲洗胶条上多余的淀粉,然后加 200 mL pH 5.0 的 0.15 mol/L 醋酸盐缓冲液,在 37 ℃恒温水浴箱中保温 1.5 h。加稀释 20 倍的显色碘液 10 mL,在蓝色背景上出现白色透明、粉红色、红色或褐色条带等,即为淀粉酶同工酶。

注意事项

在可溶性淀粉为底物的胶条上,α-淀粉酶显示白色透明条带;β-淀粉酶显示粉红色条带;R-淀粉酶显示浅蓝色条带;Q-淀粉酶显示红色或褐色条带。在具体操作中,除 R-淀粉酶有特异的浅蓝色条带外,α、β、Q-淀粉酶的各条带往往呈白色透明,粉红和褐色没有明显的界线。因此,不能单从颜色来确定 α、β、R 和 Q-淀粉酶,还需根据这四种淀粉酶对温度、pH 值、Ca^{2+}、Hg^{2+}、Cu^{2+}、Ag^+ 等的抗性,适宜的反应温度和对不同底物作用的水解产物等来确定。

••••••• **实验 37   乳酸脱氢酶同工酶的分离** •••••••

实验目的

掌握电泳分离血清乳酸脱氢酶同工酶的方法及原理和临床意义。

实 验 原 理

乳酸脱氢酶(LDH)可催化乳酸与丙酮酸互相转变,LDH 共有 5 种同工酶,在碱性溶液中带负电荷,经醋酸纤维素薄膜电泳,可分为 5 条区带,由正极到负极依次为 LDH_1、LDH_2、LDH_3、LDH_4、LDH_5。

乳酸脱氢酶催化乳酸脱氢转变为丙酮酸时,其辅酶 NAD^+ 接受氢而被还原为 NADH 和 H^+,后者经中间递氢体吩嗪硫酸甲酯(PMS)的传递,可使人工受氢体 NBT(氯化硝基四氮唑蓝)还原而呈蓝色,反应如下:

$$
\begin{array}{c}
CH_3 \\
| \\
CHOH \\
| \\
COOH
\end{array}
+ NAD^+ \underset{}{\overset{LDH}{\rightleftharpoons}}
\begin{array}{c}
CH_3 \\
| \\
C{=}O \\
| \\
COOH
\end{array}
+ NADH + H^+
$$

L-乳酸 ⟶ NAD⁺ ⟶ PMS(还原型) ⟶ NBT(氧化型)

丙酮酸 ⟶ NADH+H⁺ ⟶ PMS(氧化型) ⟶ NBT(还原型)

蓝色

电泳完毕,取出薄膜,盖在用显色液处理过的另一薄膜上(勿使其间留有气泡),一同保温,即可呈现出清晰的色带。

试 剂 和 器 材

1. 试剂

(1) 巴比妥-巴比妥钠缓冲液(pH8.6,0.07 mol/L):称取 1.66 g 巴比妥和 12.76 g 巴比妥钠,溶于少量蒸馏水后定容至 1000 mL。

(2) 待测血清(无溶血)。

(3) 0.1 mol/L pH7.5 的磷酸盐缓冲液。

(4) 乳酸钠溶液:取 5.625 g 乳酸钠,溶于 0.1 mol/L pH7.5 的磷酸盐缓冲液中,定容至 100 mL。

(5) 显色液:取吩嗪硫酸甲酯(PMS)16 mg、氯化硝基四氮唑蓝(NBT)177.7 mg、辅酶Ⅰ(NAD^+)120 mg,分别用少量 0.1 mol/L pH7.5 的磷酸盐缓冲液溶解后,混合在一起,再加入上述乳酸钠溶液 12 mL,用 0.1 mol/L pH7.5 的磷酸盐缓冲液定容至 100 mL。

(6) 2% 醋酸溶液。

2. 器材

电泳仪(全套)、醋酸纤维素薄膜和滤纸、载玻片和盖玻片、单面刀片、镊子、培养皿、吸管、滴管、试管、烧杯、恒温水浴箱、铅笔等。

操 作 步 骤

1. 电泳

选择厚薄一致的薄膜,将其切成 2.5 cm×8 cm 的条片,在无光泽面上距一端约

1.5 cm处用铅笔划一横线,作点样标记,然后用镊子轻压使其全部没入缓冲液内,待其充分浸透后取出,用滤纸吸去多余的水分,用盖玻片或X光软片蘸取少许血清样后,将边缘轻压在薄膜无光泽面的横线处,待血清渗入薄膜后,将膜的无光泽面向下,点样区在负极端,在预先平衡好的(即用平衡装置使两个电极槽内缓冲液的液面彼此处于水平的状态约20 min)电极槽支架上的滤纸桥上静置10 min。此滤纸桥是用缓冲液浸湿的四层滤纸,一端与支架的前沿对齐,另一端没入电极槽的缓冲液中,平铺在支架上构成。

电泳10 min后,薄膜中的液体获得平衡,再仔细检查点样区,确保其在电泳仪的负极端,打开电源开关,调节电压至140 V左右,此时电流为0.4～0.6 mA/cm膜宽,通电45～60 min,停止电泳。

2. 显色

在电泳结束前15 min配制显色液,另取一条薄膜,放入此显色液中浸泡,电泳结束前取出,用滤纸吸去多余的水分,毛面向上平贴于平皿底。电泳结束后,取出薄膜,使毛面向上盖于其上(勿使其间留有气泡,也不要再移动),再盖上载玻片,置于37 ℃水浴中保温30 min后,揭去上面的薄膜,将下面的薄膜放入2%醋酸溶液中洗涤3次,用滤纸吸干,即可显色。

注·意·事·项

(1) 电泳温度以20 ℃以下为宜。

(2) 转膜时,尽量不要留有气泡。

(3) 电泳法分离乳酸脱氢酶同工酶常用的支持物有醋酸纤维素薄膜、聚丙烯酰胺凝胶、琼脂及淀粉凝胶等。本实验采用醋酸纤维素薄膜为支持物,其优点为设备简单、操作方便、标本用量少、电泳时间短及取代分离清晰等。

实验 38　胰蛋白酶的提取、分离及纯化

实·验·目·的

(1) 学习胰蛋白酶的纯化及其结晶的基本方法。

(2) 学习用紫外法测定酶活性,理解酶活性与比活性的概念。

实·验·原·理

胰蛋白酶是以无活性的酶原形式存在于动物胰脏中的,在Ca^{2+}的存在下,被肠激酶或有活性的胰蛋白酶自身激活,使肽链N端赖氨酸和异亮氨酸残基之间的肽键断开,失去一段六肽,分子构象发生一定改变后转变为有活性的胰蛋白酶。

胰蛋白酶原的相对分子质量约为24000,其等电点约为8.9,胰蛋白酶的相对分子质量与其酶原接近(23300),其等电点约为10.8,最适pH值为7.6～8.0,在pH=3时最稳定,低于此pH值时,胰蛋白酶易变性,在pH>5时易自溶。Ca^{2+}对胰蛋白酶有稳定作用。

重金属离子、有机磷化合物和反应物都能抑制胰蛋白酶的活性,胰脏、卵清和豆类植物的种子中都存在着胰蛋白酶抑制剂。最近发现在一些植物(如土豆、白薯、芋头等)的块茎中也存在胰蛋白酶抑制剂。

胰蛋白酶能催化蛋白质的水解,对于由碱性氨基酸(精氨酸、赖氨酸)的羧基与其他氨基酸的氨基所形成的键具有高度的专一性。此外,还能催化由碱性氨基酸和羧基形成的酰胺键或酯键,其高度专一性仍表现为对碱性氨基酸一端的选择。胰蛋白酶对这些键的敏感性次序为:酯键>酰胺键>肽键。因此可利用含有这些键的酰胺或酯类化合物作为底物来测定胰蛋白酶的活性。目前常用苯甲酰-L-精氨酸-对硝基苯胺(简称 BAPA)和苯甲酰-L-精氨酸-β-萘酰胺(简称 BANA)测定酰胺酶活性,用苯甲酰-L-精氨酸乙酯(简称 BAEE)和对甲苯磺酰-L-精氨酸甲酯(简称 TAME)测定酯酶活性。本实验以 BAEE 为底物,用紫外法测定胰蛋白酶活性。酶活性单位的规定常因底物及测定方法而异。

从动物胰脏中提取胰蛋白酶时,一般是用稀酸溶液将胰腺细胞中含有的酶原提取出来,然后根据等电点沉淀的原理,调节 pH 值以沉淀除去大量的酸性杂蛋白以及非蛋白杂质,再以硫酸铵分级盐析将胰蛋白酶原等(包括大量糜蛋白酶原和弹性蛋白酶原)沉淀析出。经溶解后,以极少量活性胰蛋白酶激活,使胰蛋白酶原转变为有活性的胰蛋白酶(糜蛋白酶原和弹性蛋白酶原同时也被激活),被激活的酶溶液再以分级盐析的方法除去糜蛋白酶及弹性蛋白酶等组分。收集含胰蛋白酶的组分,并用结晶法进一步分离纯化。一般经过 2~3 次结晶后,可获得相当纯度的胰蛋白酶,其比活性可达到 8000~10000 BAEE 单位/mg 或更高。

如需制备更纯的制剂,可用上述酶溶液通过亲和层析方法纯化。

试剂和器材

1. 试剂

(1) 醋酸酸化水(pH4.0~4.5)。

(2) 2.5 mol/L H_2SO_4 溶液。

(3) 5 mol/L NaOH 溶液。

(4) 硫酸铵。

(5) 无水氯化钙(固体)。

(6) 2 mol/L NaOH 溶液。

(7) 0.8 mol/L 硼酸盐缓冲液(pH9.0):取 20 mL 0.8 mol/L 硼酸溶液,加 80 mL 0.2 mol/L四硼酸钠溶液,混合后,用 pH 计检查校正。

(8) 0.4 mol/L 硼酸盐缓冲液(pH9.0):用"(7)"稀释 1 倍即可。

(9) 0.2 mol/L 硼酸盐缓冲液(pH8.0):取 70 mL 0.2 mol/L 硼酸溶液,加 30 mL 0.05 mol/L四硼酸钠溶液,混合后,用 pH 计校正。

(10) 0.001 mol/L HCl 溶液。

(11) BAEE-0.15 mol/L pH8.0Tris-HCl 缓冲液:每毫升 Tris 缓冲液含 0.11 mg BAEE 和 2.22 mg 氯化钙。

(12) 新鲜或冰冻猪胰脏。

2. 器材

食品加工机和高速分散器、研钵、大玻璃漏斗、小塑料桶、布氏漏斗、抽滤瓶、纱布、恒温水浴箱、紫外分光光度计、秒表、pH 试纸或酸度计等。

操·作·步·骤

1. 猪胰蛋白酶结晶

(1) 猪胰脏 1.0 kg(新鲜的或杀后立即冷藏的),除去脂肪和结缔组织后,绞碎,加入 2 倍体积预冷的醋酸酸化水(pH4.0~4.5),于 10~15 ℃搅拌提取 24 h。

(2) 将搅拌得到的组织糜用四层纱布过滤,得乳白色滤液,用 2.5 mol/L H_2SO_4 溶液调 pH 值至 2.5~3.0,放置 3~4 h。

(3) 用折叠滤纸过滤,得黄色透明滤液(约 1.5 L),加入固体硫酸铵(预先研细),使溶液达 0.75 饱和度(每升溶液加 492 g),放置过夜。

(4) 样品抽滤(挤压干),滤饼分次加入 10 倍体积(按饼重计)冷的蒸馏水,使滤饼溶解,得胰蛋白酶原溶液。

(5) 将胰蛋白酶原溶液取样 0.5 mL 后进行活化:慢慢加入研细的固体无水氯化钙(滤饼中硫酸铵的含量按饼重的四分之一计),使 Ca^{2+} 与 SO_4^{2-} 结合后,溶液中仍含有 0.1 mol/L $CaCl_2$,边加边搅拌,用 5 mol/L NaOH 溶液调 pH 值至 8.0。

(6) 加入极少量猪胰蛋白酶轻轻搅拌,于室温下活化 8~10 h(2~3 h 取样一次,并用 0.001 mol/L HCl 溶液稀释),测定酶活性增加的情况。

(7) 活化完成(比活性 3500~4000 BAEE 单位/mg)后,用 2.5 mol/L H_2SO_4 溶液调 pH 值至 2.5~3.0,抽滤,除去 $CaSO_4$ 沉淀,弃去滤饼,滤液取样测定胰蛋白酶活性及蛋白质含量,按 242 g/L 加入细粉状固体硫酸铵,使溶液达到 0.4 饱和度,放置数小时。

(8) 抽滤,弃去滤饼,滤液按 250 g/L 加入研细的硫酸铵,使溶液达到 0.75 饱和度,放置数小时。

(9) 再次抽滤,弃去滤液,滤饼(粗胰蛋白酶)溶解后进行结晶:按每克滤饼溶于 1.0 mL pH9.0 的 0.4 mol/L 硼酸盐缓冲液的量加入缓冲液,小心搅拌溶解。

(10) 取样,用 2 mol/L NaOH 溶液调 pH 值至 8.0,注意要小心调节(偏酸不易结晶,偏碱易失活),存放于冰箱。

(11) 放置数小时后,应出现大量絮状物,溶液逐渐变稠呈胶态,再加入总体积 1/5~1/4 的 pH8.0 的 0.2 mol/L 硼酸盐缓冲液,使胶态分散,必要时加入少许胰蛋白酶晶体。

(12) 放置 2~5 天可得到大量胰蛋白酶结晶,每天观察,核对 pH 值是否为 8.0 并及时调整。

(13) 用显微镜观察,待结晶析出完全时,抽滤,母液回收,一次结晶的胰蛋白酶产物再进行重结晶:用约 1 倍体积的 0.025 mol/L HCl 溶液,使上述结晶分散,加入 1.0~1.5 倍体积的 pH9.0 的 0.8 mol/L 硼酸盐缓冲液,至结晶酶全部溶解。

(14) 取样后,用 2 mol/L NaOH 溶液调溶液 pH 值至 8.0(准确)(若体积过大,则很难结晶),于冰箱中放置 1~2 天,可将大量结晶抽滤即得第二次结晶产物(母液回收),冰冻干燥后得重结晶的猪胰蛋白酶。

2. 胰蛋白酶活性的测定

(1) 紫外法测定酶溶液的蛋白质含量:在 280 nm 波长处测得蛋白质溶液的吸光度(A_{280}),除以该蛋白质的比吸光系数,即可算出该蛋白质溶液的浓度(mg/mL)。

少量氯化钠、硫酸铵、磷酸盐、硼酸盐和 Tris 等无明显干扰作用。紫外法操作简便、快速,适合于制备过程中进行监测。

测定时将待测酶液用 0.001 mol/L HCl 溶液稀释至适当浓度,以 0.001 mol/L HCl 溶液作对照。

猪胰蛋白酶在 280 nm 波长处的比吸光系数 $E_{1\,cm}^{1\%}=13.5$,所以当其浓度为 1 mg/mL 时,比吸光系数应为 1.35。

$$胰蛋白酶的蛋白质含量(mg/mL)=A_{280}\times 稀释倍数/1.35$$

(2) 胰蛋白酶活性的测定(BAEE 法)。

⊙注⊙意⊙事⊙项

(1) 胰脏必须是刚屠宰的新鲜组织或立即低温存放的,否则可能因组织自溶而导致实验失败。

(2) 在室温(14~20 ℃)条件下 8~12 h 可激活完全,若激活时间过长,因酶本身自溶而会使比活性降低,比活性达到 3000~4000 BAEE 单位/mg 时即可停止激活。

(3) 要想获得胰蛋白酶结晶,在进行结晶时应仔细地按规定条件操作,切勿粗心大意,前几步的分离纯化效果越好,则培养结晶也越容易,因此每一步操作都要严格。胰蛋白酶溶液过稀则难形成结晶,过浓则易形成无定形沉淀析出,因此,必须恰到好处,一般来说待结晶的溶液开始时应呈微浑浊状态。

(4) 过酸或过碱都会影响结晶的形成及酶活性变化,必须严格控制 pH 值。

(5) 第一次结晶时,3~5 天后仍然无结晶,应检查 pH 值,必要时调整 pH 值或接种,促使结晶形成。重结晶时间要短些。

实验 39　枯草杆菌中 α-淀粉酶的分离纯化

⊙实⊙验⊙目⊙的

(1) 掌握疏水层析的基本原理。

(2) 学会用疏水层析法从枯草杆菌中分离纯化 α-淀粉酶。

⊙实⊙验⊙原⊙理

疏水层析(hydrophobic chromatography,HIC)是指利用固定相载体上偶联的疏水性配基与流动相中的一些疏水分子发生可逆性结合而进行分离的方法。蛋白质表面一般有疏水基团与亲水基团,疏水层析是利用蛋白质表面某一部分具有疏水性,与带有疏水性的载体在高盐浓度时结合而进行分离的。在洗脱时,将盐浓度逐渐降低,因其疏水性不同逐个被洗脱而得到纯化。

本实验将枯草芽孢杆菌发酵，产生 α-淀粉酶。硫酸铵沉淀发酵液直接吸附到疏水树脂 D101 上，进行层析分离，用 40％乙醇溶液将 α-淀粉酶洗脱出来，即得到纯化。

1. 试剂

（1）枯草芽孢杆菌 BF7658 发酵液。

（2）固体硫酸铵。

（3）大孔型吸附树脂 D101。

（4）乙醇（40％、95％）。

（5）2 mol/L HCl 溶液。

（6）2 mol/L NaOH 溶液。

2. 器材

层析柱（1 cm×30 cm）、恒流泵、紫外检测仪、自动部分收集器、记录仪、试管、烧杯、移液管等。

1. 大孔型吸附树脂 D101 的处理

称取 20 g 大孔型吸附树脂 D101 于烧杯中，加 95％乙醇溶液 60 mL，浸泡 3 h，用布氏漏斗抽干，再用蒸馏水抽洗数次，然后加 2 mol/L HCl 溶液 60 mL，再浸泡 2 h，用布氏漏斗抽干，再用蒸馏水抽洗数次，最后加 2 mol/L NaOH 溶液 60 mL，再浸泡 1.5 h，用布氏漏斗抽干，再用蒸馏水抽洗数次至中性，备用。

2. 枯草芽孢杆菌 BF7658 发酵液的处理

取枯草芽孢杆菌 BF7658 发酵液 120 mL，调 pH 值至 6.7～7.8，加固体硫酸铵使其浓度在 40％～42％之间。静置数小时，抽滤。收集沉淀，加蒸馏水，稀释至 100 mL，即 α-淀粉酶的粗提液。

3. 层析

取 15 g 处理好的大孔型吸附树脂 D101 于烧杯中，加 α-淀粉酶的粗提液 100 mL，放在电磁搅拌器上搅拌吸附 1 h，然后静置 5 min，弃去部分上清液，余下的缓慢加到层析柱中，将层析出口打开，让废液流出，当液面与柱床表面相平时关闭出口，柱上端接恒流泵，用 40％乙醇溶液洗脱，速度为 0.5 mL/min，自动部分收集器收集，每管 5 mL，用紫外检测仪测定 A_{280}，自动记录仪绘制洗脱曲线。

4. 树脂的再处理

取出树脂，在 2 mol/L NaOH 溶液中浸泡 4 h，用布氏漏斗抽干，再用蒸馏水抽洗数次至中性即可。

注·意·事·项

（1）装柱的效果直接影响层析分离效果，因此，装柱一定要做到密实、均匀、无气泡。

（2）洗脱的过程中,上端溶剂不能干。

实验 40　蛋清中溶菌酶的提取、分离、纯化与活性测定

实验目的

掌握从蛋清中提纯溶菌酶的方法及酶活性测定的技术。

实验原理

溶菌酶(lysozyme)广泛存在于动植物及微生物体内,鸡蛋(含量为 2％～4％)和哺乳动物的乳汁是溶菌酶的主要来源。本实验以鸡蛋清为原料,对溶菌酶进行提纯,并进行活性测定。

将一定量的中性盐加入蛋清中,调节 pH 值至溶菌酶的等电点,溶菌酶即可结晶析出。如结晶不纯,可重结晶。

溶菌酶能催化革兰阳性细菌细胞壁黏多糖水解,故可以溶菌。测定溶菌酶的活性,可用细菌的细胞壁作底物,以单位时间内被溶菌酶水解的细胞壁的量表示酶活性的大小。

试剂和器材

1. 试剂

（1）0.1 mol/L 磷酸盐缓冲液(pH 6.2)：取 $NaH_2PO_4 \cdot 2H_2O$ 11.7 g、$Na_2HPO_4 \cdot 12H_2O$ 8.95 g、EDTA 0.392 g,溶于蒸馏水并定容至 1000 mL。用酸度计校正 pH 值。

（2）溶菌酶晶种：将无定形的溶菌酶配制成 5％水溶液,每 10 mL 加入 NaCl 0.5 g,滴加 1 mol/L NaOH 溶液,调节 pH 值至 9.5～10.0,置于冰箱中(4 ℃),1～2 天内溶菌酶晶体即析出。抽滤,即得晶体,用冷丙酮(0 ℃以下)洗涤晶体数次,置于有五氧化二磷和石蜡的真空干燥器中干燥。

（3）氯化钠：应研细。

（4）五氧化二磷：工业品,作吸水使用。

（5）1 mol/L NaOH 溶液。

（6）培养基：

① 液体培养基：牛肉膏 0.5 g、蛋白胨 1.0 g、葡萄糖 0.1 g、氯化钠 0.5 g、蒸馏水 100 mL。加热溶解,调 pH 值为 7.2～7.5,分装于三角瓶中,高温高压灭菌 20 min。

② 固体培养基：牛肉膏 5 g、蛋白胨 10 g、葡萄糖 1 g、氯化钠 5 g、琼脂 20 g、蒸馏水 1000 mL。加热溶解,分装于克氏瓶中,高温高压灭菌 20 min,冷却凝固,备用。

（7）丙酮。

2. 器材

真空干燥器、显微镜、匀浆器、恒温水浴箱、纱布、烧杯、布氏漏斗等。

操·作·步·骤

1. 溶菌酶的提纯结晶

(1) 将两只鸡蛋的蛋清置于小烧杯中(pH 值不低于 8.0),慢慢搅拌数分钟,使蛋清稠度均匀,然后用两层纱布滤去卵带或碎蛋壳,记录蛋清液体积。

(2) 按 100 mL 蛋清加 5 g 氯化钠的比例,向蛋清内缓慢加入氯化钠细粉,边加边搅,使氯化钠及时溶解,避免氯化钠沉于容器底部,否则将因局部盐浓度过高而产生大量白色沉淀。

(3) 加完氯化钠,用 1 mol/L NaOH 溶液调节 pH 值至 9.5~10.0,边加边搅匀,避免局部过碱。加入少量溶菌酶结晶作为晶种,4 ℃放置数天。当肉眼观察到有结晶形成后,吸取结晶液一滴,置于载玻片上,用显微镜观察(100×)。记录晶形。

(4) 结晶用布氏漏斗过滤,用 0 ℃丙酮洗涤数次,置于真空干燥器中干燥。

2. 溶菌酶活性的测定

(1) 实验用菌液的配制:将溶菌小球菌接种在液体培养基中,28 ℃培养 24 h 后,再接种到固体培养基中,28 ℃培养 48 h。用蒸馏水将将细菌洗下,4000 r/min 离心 20 min,弃去上清液,在沉淀中加少量蒸馏水,再离心,再弃去上清液,如此反复多次。最后在沉淀中加少量蒸馏水制成悬浊液,冰冻干燥,制成干菌粉。

称取干菌粉 5 mg,加到匀浆器中,加少量 0.1 mol/L 磷酸盐缓冲液(pH 6.2),研磨,倒出,用该缓冲液稀释至 25 mL,备用(于 450 nm 波长处测定吸光度 A 值,A 值应在 0.5~0.7 范围之内)。

(2) 称取干酶粉 5 mg,加 0.1 mol/L 磷酸盐缓冲液(pH6.2)5 mL,备用。用时再稀释成 20 倍(每毫升液体中酶量为 50 μg)。

(3) 将上述细菌悬浊液和酶液置于恒温水浴箱中,25 ℃保温 20 min。

(4) 比色。于 450 nm 波长处先测定细菌悬浊液的吸光度,记为零时,用 A_0 表示,然后加酶液 0.2 mL(10 μg),开始计时,并立即摇匀,每隔 30 s 测一次 A,共测 3 次。

计·算

$$P = \frac{A_0 - A_1}{m} \times 1000$$

定义每分钟吸光度下降 0.001 为一个活性单位(25 ℃,pH6.2)。

式中:P——每毫克酶的活性,U/mg;

A_0——"零"时 450 nm 波长处的吸光度值;

A_1——1 min 时 450 nm 波长处的吸光度值;

m——样品的质量,mg;

1000——0.001 的倒数,即 1 除以 0.001。

注·意·事·项

(1) 搅拌蛋清时,搅拌方向不得改变,搅拌棒要光滑,尽量避免泡沫的产生。

(2) 调节 pH 值时,避免局部过酸。

实验 41　过氧化氢酶米氏常数的测定

实验目的

了解米氏常数的意义,学习测定过氧化氢酶的米氏常数。

实验原理

本实验测定红细胞中过氧化氢酶的米氏常数。过氧化氢酶(CAT)催化下列反应:

$$2H_2O_2 \xrightarrow{\text{过氧化氢酶}} 2H_2O + O_2 \uparrow$$

H_2O_2 浓度可用 $KMnO_4$ 在硫酸存在下滴定测知。

$$2KMnO_4 + 5H_2O_2 + 3H_2SO_4 \longrightarrow 2MnSO_4 + K_2SO_4 + 5O_2 \uparrow + 8H_2O$$

求出反应前后 H_2O_2 的浓度差即为反应速度。作图求出过氧化氢酶的米氏常数(K_m)。K_m 的计算公式见实验 28。

试剂和器材

1. 试剂

(1) 0.05 mol/L 草酸钠标准溶液:将草酸钠于 $100 \sim 105\ ℃$ 烘 12 h。冷却后,准确称取 0.67 g,用水溶解后转入 100 mL 容量瓶中,加入浓 H_2SO_4 5 mL,加蒸馏水至刻度,充分混匀,此液可储存数周。

(2) 0.02 mol/L $KMnO_4$ 储存液:称取 $KMnO_4$ 3.4 g,溶于 1000 mL 蒸馏水中,加热搅拌,待全部溶解后,用表面皿盖住,在低于沸点的温度下加热数小时,冷后放置过夜,玻璃丝过滤,于棕色瓶内保存。

(3) 0.004 mol/L $KMnO_4$ 应用液:取 0.05 mol/L 草酸钠标准溶液 20 mL,置于锥形瓶中,加浓 H_2SO_4 mL,于 70 ℃ 水浴中用 $KMnO_4$ 储存液滴定至微红色,根据滴定结果算出 $KMnO_4$ 储存液的标准浓度,稀释成 0.004 mol/L,每次稀释都必须重新标定储存液。

(4) 0.05 mol/L H_2O_2 溶液:取 30% H_2O_2 23 mL 于 1000 mL 容量瓶中,加蒸馏水至刻度,用 0.004 mol/L $KMnO_4$ 应用液标定其准确浓度,稀释至 0.05 mol/L。

(5) 0.2 mol/L 磷酸盐缓冲液(pH7.0)。

(6) 25% H_2SO_4 溶液。

2. 器材

酸式滴定管、水浴锅、滴定台等。

操作步骤

1. 血液稀释

吸取新鲜(或肝素抗凝)血液 0.1 mL,用蒸馏水稀释至 10 mL,混匀。取此稀释血液

1.0 mL,用 0.2 mol/L 磷酸盐缓冲液(pH7.0)稀释至 10 mL,得 1∶1000 稀释血液。

2. 反应速度的测定

取干燥洁净 50 mL 锥形瓶 6 只,编号,按表 7-17 操作。

表 7-17　反应速度的测定

试剂/mL	0	1	2	3	4	5
0.05 mol/L H_2O_2 溶液	0	1.00	1.25	1.67	2.50	5.00
蒸馏水	9.5	8.5	8.25	7.83	7.0	4.5

将各瓶置于 37 ℃水浴预热 5 min,依次加入 1∶1000 稀释血液,每瓶 0.5 mL,边加边摇,继续保温 5 min,立即按顺序向各瓶加 25% H_2SO_4 溶液 2.0 mL,充分混匀,使酶促反应立即终止。最后用 0.004 mol/L $KMnO_4$ 应用液滴定至各瓶至呈红色,记录 $KMnO_4$ 应用液的消耗量(mL)。

 计 算

分别求出各瓶的底物浓度[S]和反应速度 v:

$$[S] = c_1 V_1/10$$

$$v = \frac{c_1 V_1 - \frac{5}{2} c_2 V_2}{5}$$

式中:[S]——底物的物质的量浓度,mol/L;

　　　v——反应速度;

　　　c_1——H_2O_2溶液的物质的量浓度,mol/L;

　　　V_1——H_2O_2的体积,mL;

　　　c_2——$KMnO_4$溶液的物质的量浓度,mol/L;

　　　V_2——$KMnO_4$的体积,mL。

以 $1/v$ 对 $1/[S]$ 作图求出 K_m。

正 常 值

$K_m \approx 0.032$ mol/L。

 注 意 事 项

(1) 滴定管在使用之前应检查是否渗漏。

(2) 在滴定过程中要逐滴加入,且要边加边摇动反应瓶,使反应充分。

(3) 按相同顺序向各瓶中加入 1∶1000 稀释血液和 25% H_2SO_4 溶液,边加边摇,使各瓶尽可能准确反应 5 min。

实验 42　酵母蔗糖酶米氏常数的测定

实·验·目·的

（1）学习米氏常数测定的原理和方法。
（2）掌握底物浓度对酶促反应速度的影响。

实·验·原·理

在环境温度、pH 值及酶浓度恒定的条件下,酶促反应的初速度(v)随底物浓度[S]的增大而增大,但当底物浓度增大到一定极限时,再增加底物浓度,反应速度不再增加,此时反应速度称为最大速度 v_{max}。反应速度与作用浓度的关系可用米氏方程表示:

$$v = \frac{v_{max}[S]}{K_m + [S]}$$

式中:K_m——米氏常数,mol/L。K_m 是酶的特征性常数。K_m 等于反应速度是最大反应速度一半时的底物浓度。测定 K_m 是研究酶促动力学的一种方法。

为了准确测得 K_m 值,林-贝氏(Lineweaver-Burk)将上式两边取倒数,得林-贝氏方程:

$$\frac{1}{v} = \frac{K_m}{v_{max}}\frac{1}{[S]} + \frac{1}{v_{max}}$$

以 $1/v$ 为纵坐标,$1/[S]$ 为横坐标作图,可得到一直线,其斜率是 K_m/v_{max},纵轴上的截距为 $1/v_{max}$,横轴上的截距为 $1/K_m$ 的负值。

本实验以酵母蔗糖酶为例,求其米氏常数(K_m)。蔗糖酶在 pH5.0 的缓冲液中,可使蔗糖还原而生成还原糖,后者在碱性溶液中可使 Cu^{2+} 还原成 Cu^+,Cu^+ 又可还原磷钼酸而生成蓝色化合物,利用比色法,测定还原糖的生成量,以此代表反应的初速度,按林-贝氏方程作图,从横轴上的截距可求出 K_m。

试·剂·和·器·材

1. 试剂

（1）0.2 mol/L 醋酸盐缓冲液(pH5.0):取 0.2 mol/L 的醋酸 30 mL 与 0.2 mol/L 的醋酸钠 70 mL,混合即可。

（2）0.1 mol/L 蔗糖溶液:取蔗糖 3.423 g,用上述缓冲溶液溶解并定容至 100 mL。

（3）甲苯饱和水:取甲苯 100 mL,蒸馏水 50 mL,用分液漏斗振荡,静置分层,下层为甲苯饱和水。

（4）碱性铜试剂:取无水碳酸钠 40 g,加蒸馏水 400 mL,溶解后加酒石酸 7.5 g 溶解,移入 1000 mL 容量瓶中。另取结晶硫酸铜 4.5 g,用蒸馏水溶解至 200 mL,也加到前述的容量瓶中,加蒸馏水定容至 1000 mL。

（5）磷钼酸-磷钨酸试剂：取氢氧化钠 40 g，溶于 100 mL 蒸馏水中，再加纯钼酸 70 g、钨酸钠 10 g 和蒸馏水，使总体积为 800 mL，煮沸 30 min 后冷却，再加 85% 磷酸 250 mL，加蒸馏水至 1000 mL 刻度，混匀，于棕色瓶内保存备用。

（6）0.25% 的苯甲酸溶液：取苯甲酸 2.5 g，加到 1000 mL 蒸馏水中，煮沸，即成苯甲酸饱和溶液，冷却后取上清液使用。

（7）5.0 mmol/L 葡萄糖标准应用液：参照血糖含量测定实验。

（8）蔗糖酶的提取：称取鲜酵母 120 g，放入 400 mL 烧杯中，置于 30 ℃ 水浴保温 30 min，加入甲苯 100 mL，用玻璃棒充分搅拌，30 min 后加入 200 mL 去离子水，充分混合，3000 r/min 离心 10 min，弃去上清液，在酵母沉淀物中加入甲苯饱和水 100 mL 和甲苯 10 mL，混匀后置于 30 ℃ 水浴过夜。次日取出后加入 200 mL 去离子水，搅拌，同时用浓度低于 1 mol/L 的醋酸溶液调节 pH 值至 3.5～4.0，用 3000 r/min 离心 15 min，将上清液倒入烧杯中，加入少量硅藻土（约 3 小匙），混匀，过滤，取滤液，用氨水中和至 pH5.0，置于冰箱中保存。实验前，用去离子水稀释（稀释比例为 1∶100），并进行预实验，如吸光度大于 0.8 则需继续稀释酶液。

2. 器材

分光光度计、恒温水浴箱、试管、移液管等。

（1）取干净的试管 7 支，编号，按表 7-18 操作。

表 7-18　酵母蔗糖酶米氏常数测定试剂用量

试　剂	1	2	3	4	5	6	7
0.1 mol/L 蔗糖溶液/mL	0.2	0.3	0.4	0.8	1.2	2.0	0
0.2 mol/L 醋酸盐缓冲液(pH5.0)/mL	1.8	1.7	1.6	1.2	0.8	—	2.0

（2）充分混匀后置于 30 ℃ 水浴中 10 min，按试管编号各管加入已事先预温的蔗糖酶各 0.5 mL，每管间隔 1 min。迅速混匀，置于 30 ℃ 水浴 5 min，迅速加入碱性铜试剂 1 mL 终止反应（每管仍间隔 1 min）。终止反应的各管内容物留作还原糖的测定。

（3）另取 8 支试管，同样编号，1～7 号管对应加入上述反应液 0.5 mL，8 号管加 5.0 mmol/L 葡萄糖标准应用液 0.5 mL（标准管），各管再加蒸馏水 1.5 mL、碱性铜试剂 2.0 mL，混匀后置于沸水浴中 8 min，取出冷却（勿摇）。

（4）各管再加入磷钼酸-磷钨酸试剂 2.0 mL，混匀，使气泡逸出，静置 5 min。以 7 号管调零，于 650 nm 波长处测定各管吸光度。

（5）计算每个管在 5 min 反应时间内产生还原糖的量。

（6）5 min 反应时间内产生还原糖的量作为反应速度（v），以每管蔗糖浓度的倒数 $1/[S]$ 为横坐标，$1/v$ 为纵坐标作图，在横坐标上查得酵母蔗糖酶的 K_m 值。

正常值

在 30 ℃ 时条件下，K_m 约为 2.8 mmol/L。

注意事项

（1）实验时，要保证各反应条件稳定，避免各成分的浓度、反应时间等其他因素对实验的影响。

（2）加入磷钼酸后，生成的蓝色不稳定，应迅速进行比色。

实验 43 有机磷化合物对胆碱酯酶活性的抑制作用

实验目的

（1）了解有机磷化合物对胆碱酯酶活性的抑制作用。

（2）掌握分光光度法测定胆碱酯酶活性的方法。

实验原理

乙酰胆碱被胆碱酯酶分解生成乙酸和胆碱。当有机磷化合物与胆碱酯酶活性中心的丝氨酸羟基结合时，胆碱酯酶活性被抑制，不能水解乙酰胆碱。

本实验观察有机磷杀虫剂——敌百虫对红细胞中胆碱酯酶活性的抑制作用。乙酰胆碱在胆碱酯酶作用下水解，剩余的乙酰胆碱与碱性羟胺作用生成乙羟肟酸，后者与三氯化铁作用生成红棕色的羟肟酸铁配合物。用比色法进行测定。

试剂和器材

1. 试剂

（1）磷酸盐缓冲液：称取纯结晶磷酸氢二钠（$Na_2HPO_4 \cdot 12H_2O$）16.72 g 和磷酸二氢钾（KH_2PO_4）2.72 g，用重蒸水溶解，稀释到 1000 mL，调节 pH 值至 7.2。置于冰箱中保存备用。

（2）0.004 mol/L 溴化乙酰胆碱溶液：称取溴化乙酰胆碱 0.1809 g，以磷酸盐缓冲液溶解并加到 200 mL 容量瓶中，加磷酸盐缓冲液至刻度。置于冰箱中保存备用。

（3）碱性羟胺溶液：称取盐酸羟胺 13.9 g，溶于 100 mL 重蒸水中。置于冰箱中保存备用。临用时与等量 3.5 mol/L NaOH 溶液混合即可。

（4）0.37 mol/L 三氯化铁溶液：称取化学纯 $FeCl_3 \cdot 6H_2O$ 100 g，溶于 0.1 mol/L HCl 溶液中，定容至 1000 mL。

（5）0.003 mol/L 敌百虫溶液：准确称取敌百虫 772.2 mg，溶于生理盐水中，定容至 1000 mL。

（6）4 mol/L HCl 溶液。

2. 器材

721 型分光光度计、恒温水浴箱、试管、移液管等。

1. 红细胞的分离和稀释

吸取 0.5 mL 血液于抗凝管中(每毫升血液加草酸盐 1～2 mg),然后以 2000 r/min 离心 15 min,分离出血浆。红细胞沉淀用 1 mL 生理盐水洗涤,再离心弃去上清液。如此反复洗涤两次,最后将洗净的红细胞悬浮于 1.5 mL 生理盐水中。

2. 酶活性的测定及有机磷化合物对胆碱酯酶活性的抑制作用

取大试管 4 支,编号,按表 7-19 操作。

表 7-19 酶活性测定及有机磷化合物对胆碱酯酶活性的抑制作用操作(1)

试　　剂	正常管	抑制剂管	标准管	空白管
稀释红细胞液/mL	0.1	0.1	0.1	0.1
0.003 mol/L 敌百虫溶液/mL	—	1.0	—	—
生理盐水/mL	1.0	—	1.0	1.0

各管混匀,置于 37 ℃水浴保温 10 min,各管加蒸馏水 1.9 mL,可见溶血现象。将各管继续在 37 ℃水浴中保温 10 min,正常管和抑制剂管加 0.004 mol/L 溴化乙酰胆碱溶液 1.0 mL,立即将各管置于 37 ℃水浴准确保温 10 min,然后按表 7-20 操作。

表 7-20 酶活性测定及有机磷化合物对胆碱酯酶活性的抑制作用操作(2)

试　　剂	正常管	抑制剂管	标准管	空白管
碱性羟胺溶液/mL	4.0	4.0	4.0	4.0
0.004 mol/L 溴化乙酰胆碱溶液/mL	—	—	1.0	—
磷酸盐缓冲液/mL	1.0	1.0	—	1.0
4 mol/L HCl 溶液/mL	2.0	2.0	2.0	2.0
0.37 mol/L 三氯化铁溶液/mL	2.0	2.0	2.0	2.0

各管混匀,于 540 nm 波长处,以空白管调零,测定各管吸光度。

在 pH7.2,37 ℃条件下作用 10 min,每分解 1 μg 乙酰胆碱,酶活性规定为 1 单位。

$$酶活性 = 4 \times \left(1 - \frac{A_{测}}{A_{标}}\right)$$

注:本实验反应体系中 4 μg 分子乙酰胆碱。

分别计算正常管和抑制剂管中红细胞胆碱酯酶活性,并进一步求出敌百虫对胆碱酯酶活性的抑制率。

$$酶活性抑制率 = \frac{酶活性_{正常管} - 酶活性_{抑制剂管}}{酶活性_{正常管}} \times 100\%$$

注·意·事·项

（1）酶试剂易失活，导致反应不稳定，检测结果误差较大，所以，要注意酶的保存。

（2）酶活性受温度、pH 值等因素的影响较大，所以反应中应注意条件一致。

（申梅淑 崔荣军）

第三篇

临床常用生物化学实验

第八章

临床常用生化实验

········· 实验 44　血、尿、组织样本的制备 ·········

在生物化学实验中,无论是分析组织中各种物质的含量,还是研究组织中物质代谢过程,都会涉及一些特定的生物样品。要想做好生物化学实验,就必须掌握这些实验样品的制备方法。下面介绍人或动物血、尿、组织样本的制备方法。

一、血液

1. 全血

取干燥清洁的试管,加适量抗凝剂,即成抗凝管。取血,加到抗凝管中,同时轻轻摇动,使血液和抗凝剂充分混合,以免形成凝块。取得的全血如不马上进行实验,应储存在冰箱中。

常用的抗凝剂有草酸盐、柠檬酸盐、氟化钠、肝素等,需根据实验的要求进行选择。抗凝剂使用要适量,通常每毫升血液加草酸盐 1~2 mg、柠檬酸盐 5 mg、氟化钠 5~10 mg、肝素 0.01~0.02 mg。使用时可将抗凝剂稀释,按需加到试管中,并涂布于试管壁,待蒸发干后备用。

2. 血浆

将上述抗凝血进行离心,上清液即血浆。分离血浆时,为防止溶血,采血用具应保持清洁干燥,取血时也不能剧烈振摇。

3. 血清

收集全血时不加抗凝剂,在室温下 5~20 min 即可自行凝固。通常经过 3 h 后血凝块收缩,析出淡黄色液体,即血清。如果血凝块黏着容器壁过紧,血清不易分离,可用细玻璃棒轻轻剥离。如果将血液离心,血清分离则较快且多。

4. 无蛋白血滤液

在分析血液中某些成分时,如非蛋白氮、葡萄糖、肌酐等,为了防止蛋白质的干扰,需预先除去血液中的蛋白质成分。常用三氯醋酸、钨酸等沉淀蛋白质,然后用过滤或离心的方法制成无蛋白血滤液。

二、尿液

一般来说,定性实验可用随时收集的新鲜尿液,定量实验时,因为一天之中每次排出尿液的成分随食物、饮水和体内生理变化等因素变化,故需收集 24 h 的尿液,混合后再取样。收集方法:一般将早晨某一时间排出的尿液弃去,以后的每次尿液收集在清洁的大玻璃瓶中,到第二天早晨同一时间收集最后一次。将 24 h 收集的尿液充分混合,用量筒准确量取其体积,然后取样分析。

三、组织样本

断头法或注射空气法杀死动物,放出血液后,迅速取出所需脏器或组织,去除外层的脂肪和结缔组织,用冷盐水洗去血液,再用滤纸吸干,马上称重,尽快进行提取或测定。

1. 组织糜

用剪子将组织剪碎,或用绞肉机绞成糜状即可。

2. 组织匀浆

取新鲜组织,用剪子剪碎,加入适量的冷匀浆制备液研磨。组织量大时,可用高速组织捣碎机。组织量少时,用研钵或玻璃组织匀浆器制成匀浆。常用的匀浆制备液有生理盐水、缓冲液、蔗糖溶液等。根据实验的要求加以选择。

3. 组织浸出液

将组织匀浆离心,上清液即组织浸出液。

实验 45 血清甘油三酯测定

实验目的

(1) 掌握血清甘油三酯的简易测定方法。
(2) 练习分光光度计的使用。

实验原理

用正庚烷-异丙醇混合液抽提血清中的甘油三酯,加 KOH 溶液皂化后,在酸性条件下与过碘酸钠反应生成甲醛,甲醛与乙酰丙酮试剂反应生成黄色的二氢二甲基吡啶衍生物,继而用分光光度法进行测定。

试剂和器材

1. 试剂

(1) 抽提液:正庚烷与异丙醇混合液(体积比 2∶3.5)。
(2) 0.04 mol/L H_2SO_4 溶液。

（3）皂化试剂：取 6.0 g KOH，溶于 60 mL 蒸馏水中，加异丙醇 40 mL，混匀，室温下置于棕色瓶内保存。

（4）过碘酸钠试剂：取 650 mg 过碘酸钠，溶于 100 mL 蒸馏水中，加 77 g 醋酸铵，再加 60 mL 冰醋酸，加蒸馏水定容至 1000 mL，混匀，室温下棕色瓶保存。

（5）乙酰丙酮试剂：取 0.4 mL 乙酰丙酮，加蒸馏水定容至 1000 mL，混匀，室温下棕色瓶保存。

（6）比色标准液：精确称取甘油三酯 1.0 g，放入 100 mL 容量瓶中，加抽提液至刻度，即得 10 mg/mL 的标准储存液。实验时再稀释成 10 倍，即成 1 mg/mL 的标准应用液。

（7）异丙醇。

2. 器材

721 型分光光度计、试管和移液管若干、恒温水浴箱等。

（1）取干净试管 3 支，编号，按表 8-1 操作。

表 8-1 血清甘油三酯测定试剂用量

试　　剂	标准管	测定管	空白管
血清/mL	—	1.0	—
1 mg/mL 标准应用液/mL	1.0	—	—
蒸馏水/mL	—	—	1.0
抽提液/mL	1.0	1.0	1.0
0.04 mol/L H_2SO_4 溶液/mL	0.3	0.3	0.3

（2）各管剧烈振摇 15 s，混匀后静置 10 min，待液体分层。

（3）另取试管 3 支，分别加上述试管中的上层液体各 1 mL，各管加异丙醇 1.0 mL，皂化试剂 0.2 mL，混匀，置于 65 ℃ 水浴保温 5 min。各管再加过碘酸钠试剂和乙酰丙酮试剂各 1.0 mL，充分混匀，置于 65 ℃ 水浴保温 15 min，冷却。

（4）取出，在冷水中冷却，于 420 nm 波长处，以空白管调零，分别测定标准管和测定管的吸光度值。

按下式计算甘油三酯的量。

$$m = \frac{A_{测} C_{标}}{A_{标}} \times 100$$

式中：m——血清中甘油三酯的含量，mg/100 mL(mg/dL)；

$A_{测}$——测定液的吸光度；

$A_{标}$——标准管的光密度；

$C_{标}$——标准应用液的质量浓度，即 1 mg/mL；

100——100 mL 血清。

正常值

50～150 mg/dL(0.57～1.69 mmol/L)。

注意事项

（1）为了保证反应条件一致，每次都应做标准管。

（2）当吸光度大于 0.7 时，血清量要减半。

········· 实验 46 血清胆固醇测定 ·········

实验目的

（1）学会制备无蛋白血滤液。

（2）掌握血清胆固醇总量测定的原理及方法。

实验原理

用无水乙醇处理血清，蛋白质被沉淀，胆固醇则溶解在无水乙醇中。向胆固醇提取液中加显色剂（浓硫酸及三价铁试剂），胆固醇与试剂反应生成紫红色化合物。用比色法可以测定其含量。

试剂和器材

1. 试剂

（1）显色剂。

① 储存液：取 $FeCl_3 \cdot 6H_2O$ 10 g，加到浓硫酸中，加蒸馏水定容至 100 mL，储存于棕色瓶中，此液即为储存液。

② 应用液：取原液 1.5 mL，加浓硫酸至 100 mL。此液即为应用液。

（2）胆固醇标准溶液。

① 储存液：称取胆固醇 80 mg，溶于无水乙醇中，加蒸馏水定容至 100 mL。储存于棕色瓶中，此液为原液，置于冰箱中保存。

② 应用液：取原液，稀释成 10 倍即为应用液。

（3）无水乙醇。

2. 器材

721 型分光光度计、离心机、试管、移液管等。

操作步骤

1. 胆固醇的提取

准确吸取血清 0.1 mL，置于离心管中，加无水乙醇 0.4 mL，摇匀后再加无水乙醇

2.0 mL,摇匀,静置 10 min 后离心(3000 r/min)5 min,取上清液备用。

取试管 3 支,编号,按表 8-2 操作。

表 8-2　血清胆固醇测定试剂用量

试　　剂	测定管	标准管	空白管
胆固醇提取液/mL	1.0	—	—
胆固醇标准应用液/mL	—	1.0	—
无水乙醇/mL	—	—	1.0
显色剂(沿管壁缓慢加入)/mL	1.0	1.0	1.0

2. 比色测定

将上述各管混匀,静置 15 min,于 550 nm 波长处,以空白管调零,测出各管吸光度值。

 计·算

$$血清中胆固醇的含量(mg/100\ mL)=\frac{A_{测}}{A_{标}}\times0.08\times\frac{100}{0.04}$$

正·常·值

人血清胆固醇正常含量为 110~220 mg/dL。

注·意·事·项

(1) 整个实验过程中,容器要保持清洁、干燥。

(2) 显色剂要沿管壁缓慢加入,不能边加边摇。加完后立即摇匀。

(3) 乙醇提取胆固醇过程中,加乙醇要边加边摇,以便于胆固醇游离。

实验 47　酮体的生成与定性

实·验·目·的

(1) 通过实验证明肝有生成酮体的作用。

(2) 学习生物分子提取和鉴定的方法。

实·验·原·理

脂肪酸氧化生成的乙酰辅酶 A 在肝脏中可通过两条途径进行代谢。一条途径是进入三羧酸循环氧化,另一条途径是生成乙酰乙酸、β-羟丁酸及丙酮,这三种物质统称为酮体。酮体生成是肝脏输出脂肪酸类能源的一种形式。

本实验用丁酸作底物,与肝匀浆保温,即有酮体生成。酮体在弱碱性条件下,与亚硝基铁氰化钠反应,生成紫红色化合物,以此鉴定酮体的存在。而经过同样处理的肌匀浆则无颜色反应。

1. 试剂

(1) Locke 氏液:NaCl 1.8 g、KCl 10.084 g、CaCl$_2$ 0.04 g、NaHSO$_4$ 0.04 g、葡萄糖 1.0 g/L。

(2) 0.1 mol/L 磷酸盐缓冲液(pH7.6):准确称取 Na$_2$HPO$_4$ · H$_2$O 7.74 g 和 NaH$_2$PO$_4$ · H$_2$O 0.897 g,用蒸馏水稀释至 500 mL,调节 pH 值至 7.6。

(3) 0.5 mol/L 丁酸溶液:取 44.0 g 正丁酸,加入 0.1 mol/L 氢氧化钠溶液中,加蒸馏水定容到 1000 mL。

(4) 15% 三氯醋酸溶液:取 15 g 三氯醋酸,用蒸馏水溶解后加到 100 mL 容量瓶中,加蒸馏水至刻度。

(5) 10% 亚硝基铁氰化钠溶液:取 10 g 亚硝基铁氰化钠,用蒸馏水溶解后加到 100 mL 容量瓶中,加蒸馏水至刻度。

(6) 浓氨水。

(7) 冰醋酸。

(8) 生理盐水。

2. 器材

恒温水浴锅、试管、漏斗、移液管、滤纸、滴管等。

操·作·步·骤

(1) 组织匀浆的制备:取小白鼠一只,迅速处死,取出肝脏和肌肉组织,分别称取等量的上述组织,置于研钵中研磨,加入生理盐水(按质量比为 1∶4),继续研磨成匀浆备用。

(2) 取试管 4 支,编号,按表 8-3 操作。

表 8-3 酮体生成试剂用量

试 剂	1	2	3	4
肝匀浆/滴	40	40	—	—
肌匀浆/滴	—	—	40	40
Locke 氏液/mL	2	2	2	2
0.1 mol/L 磷酸盐缓冲液/mL	2	2	2	2
0.5 mol/L 丁酸溶液/mL	3	—	3	—
蒸馏水/mL	—	3	—	3

(3) 充分混匀,置于 37 ℃保温 45 min,取出,4 支管各加 15% 的三氯醋酸溶液 2 mL,混匀,静置 5 min,有沉淀析出后,分别过滤于相应的试管中。

(4) 另取试管 4 支,分别取上述滤液 1 mL,各管加入冰醋酸 2 滴,10% 亚硝基铁氰化钠溶液 2 滴,浓氨水 2 滴,混匀,比较各管颜色变化。

注意事项

(1) 组织匀浆要研磨均匀,不能有组织块。

(2) 加 10％亚硝基铁氰化钠溶液不能过多,否则会影响结果。

实验 48　血液非蛋白氮定量

实验目的

学习测定非蛋白氮的原理和方法。

实验原理

　　血液中的非蛋白氮主要有尿素、尿酸、肌酸、肌酐等,它们都是蛋白质代谢的产物。蛋白质沉淀剂不沉淀非蛋白氮,故测定无蛋白血滤液中的氮含量即为非蛋白氮含量。非蛋白氮与硫酸共热,生成硫酸铵。硫酸铵与氢氧化钠反应,生成氢氧化铵和硫酸钠。氢氧化铵与奈氏试剂(包括 HgI_2 和 KI)在氢氧化钠存在的情况下,生成黄色的碘化二汞铵。用比色法进行测定。

试剂和器材

1. 试剂

(1) 10％三氯醋酸溶液:取 10 g 三氯醋酸溶于蒸馏水中,稀释至 100 mL。

(2) 硫酸(1∶1):将 1 份浓硫酸缓慢加到等体积的蒸馏水中。

(3) 2 mol/L 氢氧化钠溶液:称取 8 g 干燥的氢氧化钠溶于蒸馏水中,稀释至 100 mL。

(4) 1％硫酸铜溶液:称取 1 g 硫酸铜溶于蒸馏水中,稀释至 100 mL。

(5) 硫酸铵标准溶液:准确称取干燥的硫酸铵 0.4714 g,稀释至 1000 mL,加几滴硫酸防腐,备用,此溶液含氮量为 100 $\mu g/mL$。临用前稀释成 4 倍,含氮量为 25 $\mu g/mL$。

(6) 奈氏试剂:称取茄替胶 1.75 g,加蒸馏水 750 mL,溶解 2～3 h 后,过滤,取滤液备用;称取 HgI_2 和 KI 各 4 g,溶于 25 mL 蒸馏水中,备用。

将上述两种液体混合,加蒸馏水稀释至 1000 mL。临用前用蒸馏水等体积稀释。

(7) 30％过氧化氢溶液。

2. 器材

721 型分光光度计、离心机、容量瓶、烧瓶、移液管等。

操作步骤

(1) 吸取血清 1.5 mL,加到离心管中,加 10％三氯醋酸溶液 1.5 mL,混匀,3000

r/min离心 5 min。

（2）吸取上述上清液 1.0 mL,加到烧瓶中,加硫酸(1∶1)1 mL,再加 1％硫酸铜溶液 4～6 滴,放到电炉上加热,开始有白雾生成时,用玻璃盖住管口或在烧瓶内斜插一漏斗。

（3）待白雾消失后,加入 3 滴 30％过氧化氢溶液,继续加热直至烧瓶内液体透明。

（4）冷却烧瓶,将液体倒入 10 mL 容量瓶内,加蒸馏水至刻度,此液称为消化液。

（5）取 3 支试管,编号,按表 8-4 操作。

表 8-4　血液非蛋白氮定量实验试剂用量

试　　剂	空白管	标准管	测定管
蒸馏水/mL	0.5	—	—
消化液/mL	—	—	0.5
硫酸铵标准溶液/mL	—	0.5	—
奈氏试剂/mL	2.0	2.0	2.0
2 mol/L 氢氧化钠溶液/mL	1.5	1.5	1.5

（6）将各管混匀,室温下静置 20 min,以空白管调零,于 490 nm 波长处测定吸光度值。

$$m_{测} = \frac{A_{测} m_{标}}{A_{标}} \times \frac{100}{V}$$

式中:$m_{测}$——100 mL 血清中非蛋白氮质量,mg;

$\quad A_{测}$——测定管吸光度;

$\quad A_{标}$——标准管吸光度;

$\quad m_{标}$——标准液含氮质量,mg;

$\quad V$——所取稀释消化液相当于血清体积,mL。

18～25 mmol/L。

注·意·事·项

（1）所用所有试剂必须都不含氮。

（2）注意掌握温度,使标本氧化恰到好处。

实验 49　血清胆红素的测定

实·验·目·的

（1）掌握测定血清胆红素的原理和方法。

（2）掌握血清胆红素测定的正常值及临床意义。

血清中有两种胆红素：结合胆红素和未结合胆红素。结合胆红素可直接与重氮试剂反应，生成偶氮胆红素；未结合胆红素需要在加速剂（乙醇、尿素等）作用下，破坏氢键后才能反应。常用的重氮试剂是对氨基苯磺酸与亚硝酸钠作用产生的重氮苯磺酸。胆红素与重氮苯磺酸反应生成偶氮双吡咯，在酸性条件下呈红色。

在加速剂（乙醇、尿素等）作用下，胆红素与重氮试剂反应，产生红色化合物，在一定范围内，其颜色的深浅与胆红素含量成正比，用比色法测定。在一分钟内与重氮试剂反应的胆红素，与结合胆红素含量有关，称为一分钟胆红素。

1. 试剂

（1）重氮试剂：

A 液：称取对氨基苯磺酸 5 g，溶于 60 mL 浓盐酸中。

B 液：2% 的亚硝酸钠溶液。

临用前将 A 液和 B 液按 100：3 比例混合。

（2）胆红素标准储存液：称取胆红素 10 g，溶于少量氯仿，并稀释至 100 mL。－20 ℃保存。

（3）胆红素标准应用液：取胆红素标准储存液 20 mL，加 95% 乙醇至 100 mL，瓶外用黑纸包裹，两天内使用。

（4）无水甲醇。

（5）95% 乙醇。

2. 器材

721 型分光光度计、恒温水浴箱、试管、移液管等。

⦿操⦿作⦿步⦿骤⦿

1. 胆红素标准曲线的制作

取试管 6 支，编号，按表 8-5 操作。

表 8-5 胆红素标准曲线的制作试剂用量

试　　剂	1	2	3	4	5	空白管
胆红素标准应用液/mL	0.25	0.50	1.00	2.00	3.00	—
重氮试剂/mL	0.50	0.50	0.50	0.50	0.50	—
重氮试剂 A 液/mL	—	—	—	—	—	0.50
95% 乙醇/mL	4.25	4.00	3.50	2.50	1.50	4.50

将各管混匀，室温静置 10 min，以空白管调零，于 560 nm 波长处测定各管吸光度 A_{560}。以胆红素含量为横坐标，吸光度值为纵坐标，绘制胆红素标准曲线。

2. 血清总胆红素及一分钟胆红素测定

取试管 3 支,编号,按表 8-6 操作。

表 8-6   血清总胆红素及一分钟胆红素测定试剂用量

试 剂	一分钟胆红素试管	总胆红素试管	空白管
血清/mL	0.2	0.2	0.2
蒸馏水/mL	4.3	2.8	4.3
重氮试剂 A 液/mL	—	—	0.5
重氮试剂/mL	0.5	0.5	—
无水甲醇/mL	—	1.5	—

将各管混匀,以空白管调零,一分钟胆红素试管在加入重氮试剂后立即计时,准确在一分钟时测 A_{560}。总胆红素试管室温静置 10 min,然后测 A_{560}。最后通过前面所作的标准曲线查出相应的胆红素含量。

正 常 值

血清总胆红素:3.4~17.1 μmol/L。

血清结合胆红素:0~3.4 μmol/L。

注 意 事 项

(1) 血清标本要新鲜,采血时注意不能溶血。如果不马上测定,应放在冰箱中保存。

(2) 一分钟胆红素并不代表全部结合胆红素,而是结合胆红素中的快速部分。

· · · · · · · 实验 50   尿中尿胆原的测定 · · · · · · ·

实 验 目 的

掌握尿胆原测定的改良 Ehrlich 法。

实 验 原 理

尿胆原在酸性溶液中与对二甲氨基苯甲醛(Ehrlich 试剂)作用,生成樱红色化合物。颜色深浅可反映尿胆原的含量。

试 剂 和 器 材

1. 试剂

(1) Ehrlich 试剂:取对二甲氨基苯甲醛 2 g,加浓盐酸 20 mL 和蒸馏水 80 mL,溶解。于棕色瓶中保存。

(2) 100 g/L 氯化钡溶液。

2. 器材

离心机、试管、移液管等。

操作步骤

(1) 取 100 g/L 氯化钙溶液和新鲜尿液,按 1∶4 的比例混合,离心沉淀,以除去尿液中的胆红素,取上清液备用。

(2) 取 1 支试管,加上清液 2 mL,再加 Ehrlich 试剂 4 滴,摇匀。室温下静置 20 min,观察结果。

(3) 结果判定。

不出现樱红色:阴性。

出现淡樱红色:弱阳性。

出现深樱红色:阳性。

如果出现阳性结果,则将尿液按 1∶20、1∶40、1∶80 比例进行稀释,报告时标明 1∶X 稀释阳性。

正常值

定性:阴性或弱阳性,其稀释度在 1∶20 以下。

注意事项

(1) 尿液标本必须新鲜,久置后尿胆原氧化为尿胆素,可能出现假阴性反应。

(2) Ehrlich 试剂可与多种药物及内源性物质如胆色素原等产生干扰颜色,可在加试剂后再加 2 mL 氯仿,振荡后静置,此时尿胆原可被抽提到氯仿中,据此可确定为阳性。

(3) 饮水量、排尿时间、尿液 pH 值等都会影响尿胆原。使用抗生素,可抑制肠道菌群,使尿胆原减少或缺乏。

实验 51 血清无机磷定量(硫酸亚铁 钼蓝比色法)

实验目的

掌握硫酸亚铁钼蓝比色法测定血清无机磷含量的方法。

实验原理

用三氯醋酸沉淀血清蛋白质,在无蛋白血滤液中加入钼酸铵试剂,使之与滤液中的磷结合生成磷钼酸,再以硫酸亚铁为还原剂,还原生成蓝色化合物,与同样处理的磷标准溶液进行比色测定。

试·剂·和·器·材

1. 试剂

（1）三氯醋酸-硫酸亚铁试剂：取三氯醋酸 50 g、硫酸亚铁 10.6 g、硫脲 5 g，加蒸馏水溶解，定容至 500 mL，置于冰箱中保存。

（2）钼酸铵试剂：取浓硫酸 45 mL，缓慢加入 200 mL 蒸馏水中，将钼酸铵 22.0 g 溶于 200 mL 蒸馏水中，溶解后，将两溶液混合，加蒸馏水定容到 500 mL，保存备用。

（3）磷标准储存液：称取磷酸二氢钾 0.439 g，用蒸馏水溶解并稀释至 100 mL。加入氯仿 1 mL 防腐，置于冰箱中保存（1 mL 含 1 mg 磷）。

（4）磷标准应用液：取磷标准储存液 4.0 mL，置于 100 mL 容量瓶中，加蒸馏水至刻度（1 mL 含 0.04 mg 磷）。

2. 器材

721 型分光光度计、试管、移液管等。

操·作·步·骤

（1）取血清 0.2 mL，加三氯醋酸-硫酸亚铁试剂 4.8 mL，充分混匀，放置 10 min，离心，吸取上清液。

（2）取试管 3 支，编号，按表 8-7 操作。

表 8-7　血清无机磷测定试剂用量

试　　剂	标准管	测定管	空白管
血滤液/mL	—	4.0	—
磷标准应用液/mL	0.2	—	—
蒸馏水/mL	—	—	0.2
三氯醋酸-硫酸亚铁试剂/mL	3.8	—	3.8
钼酸铵试剂/mL	0.5	0.5	0.5

（3）混匀，放置 10 min，于 620 nm 波长处，以空白管调零，进行比色。读取测定管及标准管的吸光度值。

计·算

$$血清无机磷含量(mmol/L)=\frac{A_{测}}{A_{标}}\times 0.08\times \frac{100}{0.2\times 4/5}\times 0.323$$

正·常·值

0.97～1.82 mmol/L。

注·意·事·项

（1）血液标本不能溶血，采血后应尽快将血清分离出来，防止红细胞中的有机磷水解成无机磷，使测定结果偏高。

（2）硫酸亚铁为还原剂，应在临用前配制。如已氧化成高铁，即失去还原性，结果将显色太浅或不显色。

（3）标本最好用血清而不要用血浆，否则将影响显色。

········· 实验 52 血清钙的定量(乙二胺四 ·········
乙酸二钠滴定法)

实·验·目·的

掌握乙二胺四乙酸二钠滴定法测定血清钙含量的方法。

实·验·原·理

血清中的钙离子在碱性溶液中与钙红指示剂（蓝色）结合成可溶性的配合物，使溶液呈红色。乙二胺四乙酸二钠（EDTA-Na$_2$）对钙离子的亲和力大，能与前述配合物中的钙离子结合，使指示剂重新游离在碱性溶液中而显蓝色。所以用 EDTA-Na$_2$ 滴定时，溶液由红色变为蓝色时，即表示终点的达到。用同样方法滴定已知钙含量的标准溶液，从而计算出血清标本中钙的含量。

试·剂·和·器·材

1. 试剂

（1）钙标准溶液：精确称取干燥碳酸钙 250 mg 于烧杯中，加蒸馏水 50 mL 及浓盐酸 1 mL 溶解，移入 1000 mL 容量瓶，以蒸馏水洗烧杯数次，洗液一并倾入容量瓶，加蒸馏水稀释至 1000 mL（1 mL 含 0.1 mg 钙）。

（2）EDTA-Na$_2$ 溶液：称取 EDTA-Na$_2$ 1.8613 g，加少量蒸馏水，溶解后移入 1000 mL 容量瓶中，加蒸馏水至刻度，即得 5 mmol/L 标准储存液。该储存液再稀释 10 倍，即得 0.5 mmol/L 标准应用液。

（3）钙红指示剂：称取钙红 0.1 g，溶于 20 mL 甲醇中。

（4）0.2 mol/L 氢氧化钠溶液。

2. 器材

试管、烧杯、容量瓶、移液管、分光光度计等。

操·作·步·骤

取试管 3 支，编号，按表 8-8 操作。

表 8-8　血清钙的定量试剂用量

试　　剂	标准管	测定管	空白管
血清/mL	—	0.1	—
蒸馏水/mL	—	—	0.1
钙标准溶液/mL	0.1	—	—
0.2 mol/L 氢氧化钠溶液/mL	1.0	1.0	1.0
钙红指示剂/滴	2	2	2

混匀,立即用 EDTA-Na$_2$ 标准应用液滴定至终点,记录 EDTA-Na$_2$ 的消耗量(mL)。

计算

$$血清钙(mmol/L)=\frac{V_{测}-V_{空白}}{V_{标}-V_{空白}}\times 0.01 \times \frac{100}{0.1}\times 0.2495=\frac{V_{测}-V_{空白}}{V_{标}-V_{空白}}\times 10 \times 0.2495$$

正常值

2.2~2.7 mmol/L。

注意事项

(1) 该滴定法的终点是由红变蓝,但不是突然变色,故终点判定比较困难。注意红色已褪去,由紫蓝色刚变蓝色时为终点,标准管的终点呈蓝色,测定管的终点则呈浅蓝绿色。

(2) 滴定时,标准管与测定管滴定的速度要一致。

(3) 血液标本要新鲜,否则滴定效果不明显。

(4) 指示剂应在滴定前临时加。

(5) 最好用微量滴定管滴定。

实验 53　血清钾的测定

实验目的

掌握四苯硼钠比浊法测定血清钾含量的方法。

实验原理

血清中的钾离子与四苯硼钠反应生成不溶于水的四苯硼钾,其浊度与钾离子浓度有关。通过比色法即可求得血清钾的含量。

试剂和器材

1. 试剂

(1) 缓冲液:取 Na$_2$HPO$_4$ · 12H$_2$O 7.16 g,溶于 100 mL 蒸馏水中,即得 0.2 mol/L

Na_2HPO_4溶液。另取柠檬酸 2.1 g,溶于 100 mL 蒸馏水中,即得 0.1 mol/L 柠檬酸溶液。将上述两溶液混合,备用。

（2）1%四苯硼钠溶液:取四苯硼钠 1 g,溶于上述缓冲液 20 mL 中,加蒸馏水定容至 100 mL。

（3）钾标准溶液:精确称取干燥硫酸钾 0.446 g,放入 100 mL 容量瓶中,加蒸馏水稀释到刻度。

（4）10%钨酸钠溶液。

（5）2/3 mol/L 硫酸。

2. 器材

试管、移液管、容量瓶、分光光度计等。

 操 作 步 骤

（1）取清洁、干燥的试管 3 支,编号,按表 8-9 操作。

表 8-9 血清钾测定试剂用量及操作

试 剂	标准管	测定管	空白管
血清/mL	—	0.1	—
钾标准溶液/mL	0.1	—	—
蒸馏水/mL	0.7	0.5	0.8
10%钨酸钠溶液/mL	0.1	0.2	0.1
2/3 mol/L 硫酸/mL	0.1	0.2	0.1
测定管混匀,离心 5 min,取上清液 0.1 mL 加到另一试管中			
1%四苯硼钠溶液	4.0	4.0	4.0

（2）各管混匀,静置 5 min,于 630 nm 波长处,以空白管调零,测定吸光度 A 值。

 计 算

$$血清钾(mmol/L)=\frac{A_{测}}{A_{标}}\times 0.2\times\frac{100}{0.1}\times 0.2558$$

 正 常 值

3.5～5.5 mmol/L。

注 意 事 项

（1）所测标本严禁溶血。血液凝固后立即分离血清,以免细胞内钾离子渗入血清中,影响测定结果。

（2）加入四苯硼钠的速度不同,所得浊度也不同,因此要严格控制加入速度。

····················· 实验 54　血清铜的测定 ·····················

⊙实⊙验⊙目⊙的⊙

掌握双环己酮草酰二腙比色法测定血清铜含量的方法。

⊙实⊙验⊙原⊙理⊙

在血清中加入稀盐酸,血清中与蛋白质结合的铜可游离出来,用三氯醋酸沉淀蛋白质。滤液中的铜离子与双环己酮草酰二腙反应,生成稳定的蓝色化合物,通过比色法即可求得血清铜含量。

⊙试⊙剂⊙和⊙器⊙材⊙

1. 试剂

(1)缓冲液:取饱和焦磷酸钠溶液 35.7 mL、饱和枸橼酸钠溶液 35.7 mL、250 g/L 氨水溶液 80.3 mL,加到 1000 mL 容量瓶中,加去离子水定容至 1000 mL。

(2)铜试剂:称取双环己酮草酰二腙 0.5 g,加 50％乙醇定容至 100 mL。

(3)铜标准储存液:精确称取硫酸铜($CuSO_4 \cdot 5H_2O$)392.8 mg,加去离子水溶解并定容至 1000 mL。

(4)铜标准应用液:取上述铜标准储存液 2 mL,加去离子水定容至 100 mL。

(5)2 mol/L 盐酸。

(6)200 g/L 三氯醋酸溶液。

2. 器材

试管、烧杯、移液管、容量瓶、分光光度计等。

⊙操⊙作⊙步⊙骤⊙

(1)取试管 3 支,编号,按表 8-10 操作。

表 8-10　血清铜测定试剂用量及操作

试剂/mL	标准管	测定管	空白管
血清	—	1.0	—
铜标准应用液	1.0	—	—
去离子水	—	—	1.0
2 mol/L 盐酸	0.7	0.7	0.7
混匀,在室温中静置 10 min			
200 g/L 三氯醋酸溶液	1.0	1.0	1.0

续表

试剂/mL	标准管	测定管	空白管
混匀,在室温放置 10 min,3000 r/min 离心 10 min,取上清液			
相应上清液	2.0	2.0	2.0
缓冲液	2.8	2.8	2.8
铜试剂	0.2	0.2	0.2

（2）将各管混匀,在室温中静置 20 min,于 620 nm 波长处,以空白管调零,分别读取各管吸光度。

【计算】

$$血清铜(\mu mol/L)=\frac{A_{测}}{A_{标}}\times 31.5$$

【正常值】

男性:10.99～21.98 $\mu mol/L$。女性:12.56～24.34 $\mu mol/L$。

【注意事项】

本法十分灵敏,所用试剂要求高纯度。实验中所用仪器、试管及一切玻璃器皿均应避免铜的污染。

实验 55 血液凝固纠正实验

【实验目的】

掌握血液凝固纠正实验(又称凝血纠正实验)的基本原理和操作过程,以协助诊断某些血液疾病,尤其是先天性血液疾病。

【实验原理】

凝血纠正实验是指因为某种凝血因子缺乏所导致的一些凝血试验异常,可预先加入含有该因子的血液制品而得到纠正的实验。本实验采用含有不同凝血因子的储存血浆、吸附血浆和正常血浆,进行实验,观察纤维蛋白的形成。不同血液制品所含凝血因子见表 8-11。

表 8-11 血液制品所含凝血因子

凝血因子	I	II	IV	V	VII	VIII	IX	X	XI	XII	XIII
正常血浆	+	+	－	+	+	+	+	+	+	+	+
储存血浆	+	+	－	－	+	－	+	+	+	+	－

续表

凝 血 因 子	I	II	IV	V	VII	VIII	IX	X	XI	XII	XIII
吸附血浆	+	—	—	+	—	+	—	—	+	+	+
正常血清	—	±	+	—	+	—	+	+	+	+	—

试剂和器材

1. 试剂

(1) 草酸盐。

(2) 生理盐水。

(3) 0.025 mol/L $CaCl_2$ 溶液：取 $CaCl_2 \cdot 2H_2O$ 14.7 g，溶于蒸馏水并定容至 100 mL。临用时稀释成 40 倍。

(4) 家兔。

2. 器材

恒温水浴箱、试管、离心管、滴管、移液管等。

操作步骤

(1) 正常血浆的制备：兔心脏取血，将血收集于抗凝管中(每毫升血液加草酸盐 1～2 mg)。然后以 2000 r/min 离心 15 min，分离出血浆，将血浆用生理盐水稀释 4 倍，备用。

(2) 正常血清的制备：兔心脏取血 3 mL，置于离心管中，在室温下 5～20 min 即可自行凝固。经过 3 h 血凝块收缩，析出淡黄色液体，即血清。临用时用生理盐水稀释 4 倍。

(3) 储存血浆的制备：取操作(1)中部分未稀释正常血浆，置于冰箱中储存 7 天，即储存血浆。临用时用生理盐水稀释 4 倍。

(4) 吸附血浆的制备：取操作(1)中未稀释正常血浆约 2 mL，加 $BaSO_4$ 300～400 mg，置于 37 ℃ 水浴溶解 15 min，并不断搅拌。然后以 3000 r/min 离心 15 min，吸取上清液，再加 $BaSO_4$ 300～400 mg，再置于 37 ℃ 水浴溶解 15 min，并不断搅拌。然后以 3000 r/min离心 15 min，吸取上清液，即吸附血浆。临用时用生理盐水稀释 4 倍。

(5) 取试管 6 支，编号，按表 8-12 操作。

表 8-12　凝血纠正实验试剂用量

试剂/滴	1	2	3	4	5	6
正常血浆	2	—	—	—	—	—
吸附血浆	—	2	—	—	2	2
正常血清	—	—	2	—	2	—
储存血浆	—	—	—	2	—	2
0.025 mol/L $CaCl_2$ 溶液	2	2	2	2	4	4

将各管混匀，置于 40 ℃ 水浴保温 10 min，观察结果。

(6) 结果观察：将试管底部溶液与视线水平对光观察，溶液中有白色絮状物或束状白色物出现,说明有纤维蛋白形成。

（1）分离血浆时,为防止溶血,采血用具要清洁、干燥,取血时也不能剧烈振摇。

（2）制备血清样品时,如果血凝块黏着容器壁过紧,血清不易分离,可用细玻璃棒轻轻剥离。如果将血液离心,血清分离则较快且多。

（申梅淑）

第四篇 4

探索性实验

第九章
探索性实验的开设与实施原则

传统的实验教学每堂课都有固定内容,学生按实验指导的步骤进行实验,一般都可得到满意的结果。这类实验教学对于培养学生的基本知识、实验技能、分析问题与解决问题的能力很有好处,因而也是必需的。但是,传统实验教学缩窄了学生的视野,束缚了学生的思维,由于学生未能主动参与,因而难以开发学生创新精神与智力潜能。所以一门教学实验课仅有传统的实验内容是不够的。教师不仅要给学生传授现成知识,更要引导学生对未知领域进行探索。因此,在分子医学实验教学中设置探索性实验,可以弥补传统实验教学的不足。

探索性实验一般由 3~5 名学生组成实验小组,由文献查阅、选题、课题设计与开题、教师组评述与筛选(10%~30%学生入选)、进行实验、完成论文、论文答辩、教师组评分等步骤组成。最后还可组织编印探索性实验论文集,论文做得较好的还可推荐对外正式发表及组织学生参加相关比赛。

学生通过参加探索性实验,经历一次初步科研工作实践,可以开阔视野、增长知识,激发起探索生命奥秘的热情。这对于培养学生勇于开拓和敢于创新的精神、通过自学获取知识的能力、动手操作能力、科学思维能力、语言与文字表达能力、团队协作能力等各方面的能力与综合素质都有很大的促进作用。这也培养学生进行初步科研工作的能力,为学生日后参与科研活动打下基础。

一、文献查阅、选题

文献查阅、选题是探索性实验开展的前提。在教师向学生宣讲开展探索性实验的目的、意义与具体实施计划后,学生组成一个 3~5 人的研究小组,利用课余时间通过校园信息网络、图书、杂志查阅文献、收集资料,选择自己感兴趣的研究方向,在前阶段学习到的分子医学的知识和操作技术的基础上,选定实验题目。

一个好的选题应该具有目的性、创新性、科学性和可行性。

(1)目的性:选题应明确,具体地提出要解决的问题,它必须具有明确的理论或实践意义。

(2)创新性:选题应有创新性,或提出新规律、新见解、新技术、新方法,或对原有的规律、技术或方法提出修改、补充。没有新意的课题毫无价值。

(3)科学性:选题应有充分的科学依据,与已证实的科学理论、科学规律相符合,而非毫无根据的胡思乱想。

（4）可行性：选题应切合实验者的主、客观条件，盲目地求大、求全、求新最终只能纸上谈兵，无法实施。

因此，选题过程中要搜集大量的文献资料及实践资料并进行分析研究，了解前人及其他人对有关课题已做的工作、取得的成果和尚未解决的问题。只有在充分了解目前的进展和动向、进行综合分析的基础上，找出所要探索的研究课题的关键所在，才能建立假说，确定研究课题。

二、课题设计与开题

课题设计即实验设计，是指实验研究的计划、方案的制订。必须根据研究目的、结合专业和统计学要求，作出周密、完整的有关具体内容、方法和计划安排，这是实验过程的依据、数据处理的前提，是提高实验研究质量的保证。

实验设计的任务：有效地控制干扰因素，保证实验数据的可靠性和精确性；节省人力、物力、财力和时间；尽量安排多因素、多剂量、多指标的实验，提高实验效率。

实验设计包括三大要素和三大原则。

科研立题后，从题目通常可反映研究内容的三个要素，即处理因素、受试对象、实验效应。例如："大剂量葡萄糖诱导人视网膜内皮细胞凋亡"一题中，处理因素为"大剂量葡萄糖"，受试对象为"人视网膜内皮细胞"，实验效应为"凋亡"。

实验研究的特点之一是研究者人为设置处理因素（study factor）。处理因素可以是物理、化学、生物等因素。在确定处理因素时应注意以下事项。

（1）抓住实验的主要因素。按所提出的假设、目的和可能结果确定实验的主要因素为单因素或多因素。一个实验的处理因素不宜过多，否则会使分组过多，方法繁杂，受试对象增多，实验时难以控制。而处理因素过少又难以提高实验的广度、深度及效率。必要时，可采用几个小实验构成系列实验。

（2）确定处理因素的强度。处理因素的强度是指因素的量的大小，如药物的剂量等。处理的强度应适当。同一因素有时可以设置几个不同的强度，如一实验药物设有几个剂量（高、中、低），但处理因素的水平也不要过多。

（3）处理因素的标准化。处理因素在整个实验过程中应保持不变，即应标准化，否则会影响实验结果的评定。例如，药物质量（来源、成分、纯度、生产厂家、批号、配制方法等）应始终一样。

（4）重视非处理因素的控制。非处理因素（干扰因素）会影响实验结果，应加以控制，如细胞培养时的各种条件等。

受试对象（object）可包括一切与动物和人相关的分子医学研究对象。

被试因素作用于受试对象引起的实验效应（effect）或反应（reaction），总是通过具体实验指标来反映的，因此必须正确选定实验指标。实验指标的选定也与实验方法有关。

实验指标（观测指标）是指在实验观察中用于反映研究对象中某些可被检测仪器或研究者感知的特征或现象标志。实验指标选择必须具备以下基本条件：特异性、客观性、灵敏度、精确度、可行性、认可性。

实验设计的三大原则是对照、随机、重复。这些原则是实验过程应始终遵循的，是为了避免和减少实验误差、取得实验可靠结论所必需的。

对照原则要求处理组和对照组除处理因素以外的其他可能影响实验的因素应力求一致（即齐同比较或有可比性）。对照形式有：空白对照、条件对照、安慰剂对照、配对对照、自身对照、标准对照、相互对照、阳性对照、阴性对照。并非每个课题均需上述所有对照，而应视具体情况而定。

随机（randomization）是使每个实验对象在接受分组处理时具有相等的机会，以减少偏性，使各种因素对各组的影响保持一致（均衡性好），通过随机化可减少分组人为误差。这是对资料分析进行统计推断的前提。

重复（replication）是指可靠的实验应能在相同条件下重复出来（重现性），这就要求实验要有一定的例数（重复数）。因此，重复的含义是重现性与重复数。

重现性可用统计学中显著性检验的值来衡量其是否满意：

$P \leqslant 0.05$：差异在统计学上有显著意义，不可重现的概率小于或等于5%，重现性好。

$P \leqslant 0.01$：差异在统计学上有非常显著意义，不可重现的概率小于或等于1%，重现性非常好。

重复数（实验例数）应适当，过少固然不行，过多也没有必要（不仅是浪费，而且要例数多才有显著水平的动物实验反而比例数少就能有显著水平的实验重现性差）。实验例数与许多因素有关，选择可参考各类文献。

同学在查阅文献中会了解当今分子医学的发展前沿，感受分子医学的热点。课题设计要尽量选择与分子医学相关方面的实验，须从资料收集、整理、理解、消化中设计出一个可行性的实验课题，包括其具体计划：实验目的、实验材料、实验方法等。最简单的方法是从阅读自己感兴趣的教授课题组或科研实验室已发表的学术论文开始，逐步阅读，拓展相关的专业领域的文献，在不断阅读和思考中形成自己感兴趣的课题。

三、教师组评述与筛选

学生在完成课题实验方案的设计后，应立即上交给带教教师，然后作好开题报告的准备：PPT 的制作，安排好主要发言者（报告人）、补充者、答疑者，让组内每个学生都有锻炼的机会。带教教师则应认真阅读学生的实验设计方案，记下自己的意见、疑问与建议。并根据学生上交的实验课题计划，组织在班内举行开题报告会，开题报告安排一个单元时间（4～5 学时），可由班长或学习委员主持。每个课题组向全班作开题报告。报告的内容时间为 10～15 min，然后由同学与教师提问，课题组作答，时间为 10～15 min。教师要注意掌握答辩的方向，启发诱导，让学生对课题发表意见，鼓励学生畅所欲言，展开争论，并注意控制答辩时间。评议主要根据表 9-1 所示的几方面打分，依分值高低选取班上 30%～50%的课题进入全年级教师组进行评述与筛选。

教师对每个进入年级评述的课题提出修改与完善的意见或建议，学生再查阅有关文献资料，进一步修改、充实、完善实验设计方案后参加年级评议。年级教师组（全年级的带教老师一起）最后评出 10%～30%的课题进入正式实验阶段。

表 9-1　探索性实验设计教师评述细则(100 分制)

项　目	内　容	分　值
基本数据	课题名称、组长、组员、联系方式、拟在哪个实验室进行实验等	满分 10 分
论证报告	阐述课题研究的基本内容、重点和难点;国内外同类研究的现状,课题研究的意义等。主要体现: ①是否有理论或实践意义 ②是否与分子医学实验密切相关 ③是否有针对性、现实性和创新性	满分 40 分
研究方法	说明课题研究所使用的主要方法,以及采用这些方法的理由	满分 15 分
研究计划	包括课题研究的时间(一般不超过 1 年)、人员分工,分阶段研究的目标、实施办法、检测手段和研究结果的呈现形式等。主要体现: ①是否有周密的计划 ②是否有可操作性 ③分阶段任务和目标是否清晰,分工是否明确	满 20 分 (因探索性实验须在学生学有余力的情况下进行,研究计划性更显重要)
经费预算	必要的费用预算	满分 15 分

四、实验过程

通过最终评述立项的课题,上报给基础医学实验教学中心分子医学实验室,由基础医学实验教学中心提供实验记录本及一定的实验经费。当然,立项的课题还可参与学校开放实验室基金、学生科技创新基金、学生业余科研基金、实验教学改革课题、教授导师课题经费等项目的资助。

探索性实验可在基础医学实验教学中心分子医学实验室、开放实验室或相关课题组的教授实验室中进行。要在学生学有余力的情况下进行,时间不超过 1 年,实验期间密切与指导教师联系,积极参与所在实验室的实验室会议,逐步培养自己的科研思维能力。教师在学生探索性实验期间记下各人表现,学生在实验期间所有的一切实验都要有原始记录,用以作为评定成绩的依据。

五、论文答辩

探索性实验结束后要完成的论文书写,论文的书写要求按照正式论文格式进行。具体格式如下。

(1)标题:要求中英文,反映研究课题的基本要素,字数最好不要超过 25 个字。

(2)作者与班级:要求中英文,按照贡献大小进行排名,并注明所在班级、学号、指导教师名字、所在实验室名称等信息。

(3)摘要：要求中英文，按照目的、方法、结果、结论四个部分进行表述，要求有重要的数据，能概括全文的主要内容与观点，字数以350字以内为宜。

(4)前言：简要说明有关领域的研究概况和本研究的立论与宗旨。

(5)材料与方法：包括试剂、仪器、实验分组、实验模型、实验过程、数据处理等。

(6)结果：用文字及图、表表示。

(7)讨论：根据结果并结合有关理论和文献进行分析。

(8)参考文献：只列重要的文献，注明作者、标题、杂志或书名、出版或发表时间或卷期，起止页码等。

所写的论文必须符合医学论文的基本要求，具体如下。

(1)思想性。医学论文是医学研究结果的文字表达载体，内容与形式具有时代特点，因此论文要体现思想性。

(2)创新性。医学研究贵在创新，创新是医学论文的灵魂，是判定论文质量的主要标准。所谓"创"，就是创造、创见和发明，也就是说论文的主要内容是前人没有做过或没有发表过的研究结果，不是重复他人的工作。所谓"新"，就是指新颖、新意，也就是论文提供的信息是鲜为人知的、非公知公用的、非模仿抄袭的新发现、新理论、新方法和新工艺等。科学研究是继承发展的过程，医学论文的创新性强调的是继承中有发展，模仿中有创新。医学论文就是要在独到之处上做文章。

(3)科学性。科学性是医学论文的生命和立足点，也是衡量论文质量和价值的基本条件。主要体现在以下方面。

①真实性：体现在医学论文取材客观、真实，数据确凿可靠，科研设计严谨、合理，研究方法正确、先进，结果忠实于事实和原始资料，数据通过统计学处理，论证以理服人，论点、论据正确有力。

②准确性：体现在选题准确、选材准确、数据准确、用词准确、引文准确、论证准确、结果准确、结论准确。

③再现性：也称重复性，体现在医学论文报道的临床和实验观察采用的对象、方法、器材和步骤，所得出的实验结果以及由此导出的结论，他人用相同的方法在同样的条件下可以再现。

④逻辑性：医学论文结构严谨、层次清楚、概念明确，推理合乎逻辑，符合思维规律，判断恰当、思路清晰、论点鲜明、论据充分、结论正确。可从表面现象推断出事物本质。

⑤公正性：医学论文要客观地反映和评价自己或他人的研究成果，不主观臆断，不任意取舍，内容不失实，重事实、重证据，不抬高自己，不贬低他人。文中引用的文献要注明出处。

(4)实用性：实用是医学论文的目的，撰写医学论文是为了解决临床工作中的实际问题，促进医学发展。

(5)规范性：对医学论文的题目、署名、关键词、摘要、前言、方法、结果、讨论、致谢和参考文献等的写法，以及论文中图表的制作、数字、计量单位、名词术语、缩略词、标点符号、时间和汉字的书写等须符合相关要求。

(6)可读性：医学论文通过阅读方式传递信息，达到让他人理解、掌握和应用的目的。

因此,需要文字简洁、语法正确、标点规范、语言通顺,具有良好的可读性。

在各课题组完成论文写作,做好论文答辩的充分准备的基础上,召开年级论文答辩会。报告 PPT 的内容包括:题目,实验目的、材料、方法,实验结果、讨论、结论。提问者则从实验设计的目的性、科学性、可行性与创新性,实验结果的可靠性,分析讨论的逻辑性等几方面加以讨论。对其中创新性较强、难度较大的实验可汇报阶段性结果,之后可考虑通过申请各类科研基金资助的方式将后续实验进行下去。教师在学生论文答辩期间,同样要记下各同学的答辩表现,以作为评定成绩的依据。

六、教师组评分

分子医学实验课总成绩包括两部分:经典实验平时成绩(30 分)和探索性实验成绩(占 70 分)。在探索性实验成绩中,可按表 9-2 所示的评分细则进行评定。

表 9-2　探索性实验评分细则(满分 100 分)

项　目	内容及评分
实验设计	入选年级进入实施的课题为满分,共 60 分,评分标准见表 9-1。组员按设计排名先后递减 1～3 分
实验操作与结果	在各开放实验室或教授课题组实验室表现,原始记录完好等,满分 20 分。组员按表现先后递减 1～3 分
答辩表现	完成论文写作,参加答辩表现,满分 10 分。组员按表现先后递减 1～3 分
论文质量	论文正式发表或入选探索性论文集,满分 10 分。组员按排名先后递减 1～3 分

案例 1

2006 级中山大学中山医学院临床医学八年制朱玥同学的探索性实验课题设计

项 目 名 称:PCR 法检测唾液中日本血吸虫 DNA 的初步探索

申　请　者:朱　玥

所 在 年 级:2006 级

指 导 教 师:杨　霞

申请者电话:××

电 子 邮 件:××

申 请 日 期:2010 年 1 月 10 日

一、项目摘要

随着分子生物学技术的发展,核酸检测为病原生物的检测提供了快速、高效、灵敏的诊断新方法。聚合酶链反应(PCR)技术以其高敏感性、高特异性等特点,被广泛应用于生命科学的各个领域。因此,研究能用于血吸虫病诊断及疗效考核的快速、高效、灵敏的基因诊断新方法具有十分重要的现实意义。现已有应用 PCR 技术检测日本血吸虫 DNA 的报道,并显示出具有较高的敏感性和特异性,但该技术主要是从血液样品中检测 DNA,在疫区对需要重复测试的患者具有较大的伤害性和潜在的传病危险。通过查阅文献,我们发现 Nwakanma 等用 PCR 方法检测来自冈比亚门诊患有疑似疟疾感染的 386 例患者的唾液中寄生虫 DNA 数量,结果显示,唾液中 PCR 的测定结果与显微镜检查法所测的数量具有显著的相关性,证明对于检测疟疾感染来说,唾液取样是一种很有前途的低侵入性的方法。目前,对于血吸虫病的唾液诊断在免疫学上已有很多探索,但在唾液中利用 PCR 法检测血吸虫的 DNA 还没有相关的研究报道,本项目从 Nwakanma 的研究得到启示,通过提取疫区患者唾液中的 DNA,利用设计的特异性引物进行 PCR 特异性扩增后,再经过 2%的琼脂糖凝胶电泳检测,通过紫外观察是否有血吸虫特异性条带。若有特异性条带,将扩增产物经基因测序并应用生物信息学技术将测得的序列在基因库中匹配,验证所扩增的条带是否为日本血吸虫基因,并计算出测设的阳性率和对照组的假阳性率,评价该方法的可行性和准确率,为血吸虫病的基因诊断提供新的思路和依据。

二、立论依据

1. 研究背景与意义

日本血吸虫感染的确诊需要从粪便中检出虫卵,但由于日本血吸虫生活史的特点,在同一时间段内所获得的粪便中的虫卵数不相同,或者没有虫卵,所以粪便检测的随机性很大,不能准确反映感染情况。尤其当感染度较低时,粪便检测方法的敏感性较低,不适用于低度流行病区日本血吸虫感染的检测以及疗效考核,而且,在成虫未产卵以前,即处于潜伏期时,粪便检测法则无法检测到早期感染。

为了弥补上述缺陷,抗体检测和循环抗原检测已经成为粪便检测的辅助手段。目前,已有环卵沉淀试验(COPT)、间接红细胞凝集试验(IHA)、酶联免疫吸附试验(ELISA)和循环抗原检测等血吸虫病免疫诊断方法。抗体检测虽然敏感性高,但由于经药物治疗后患者体内的抗体仍将持续较长时间,所以抗体检测法的疗效考核效果不理想,尤其在疫区反复感染人群中无法区别是现行感染还是既往感染。循环抗原检测虽然特异性高,能反映感染虫荷,而且经治疗后,感染的宿主体内循环抗原消失快,可用于确定诊断和(或)疗效考核,但由于血吸虫成虫外膜具有不断更新的特点,使得血中抗原的量不够稳定,检测结果有时难以反映真实情况,所以循环抗原检测敏感性较低,并易受多种因素干扰,尤其对慢性病的检出率较低。

分子生物学技术为血吸虫病的诊断提供了新的手段,尤其是基因检测技术,即采用 PCR 方法检测血吸虫的基因片段,在血吸虫的诊断方面受到了极大的关注。目前已经成功对感染血吸虫患者和实验动物的肝组织、粪便、外周血清标本中的 DNA 进行扩增,并证明有较高的敏感性。不过目前利用 PCR 方法检测可疑患者的方法具有侵入性,且当需要重复取样测定时该方法具有很差的顺应性。在减少侵入性的方式中用来进行寄生虫检测和定量的新方法将大大提高对临床试验纵向监测的潜力。2009 年 J Infect Dis 报道 Nwakanma 等用 PCR 方法检测来自冈比亚门诊患有疑似疟疾感染的 386 例患者的唾液中寄生虫 DNA 数量,结果显示,唾液中 PCR 的测定结果与显微镜检查法所测的数量具有显著的相关性,证明对于检测疟疾感染来说,唾液取样是一种很有前途的低侵入性的方法。而寄生虫 DNA 是如何释放到唾液中的机制目前还不明确。由此我们得到启示,通过 PCR 方法检测日本血吸虫患者唾液中血吸虫 DNA 片段,评价用 PCR 方法检测血吸虫患者唾液中血吸虫 DNA 片段的可行性,为探索唾液检测这一低侵入性的检测方法提供新的思路和依据。

2. 国内外研究现状

陆正贤等根据日本血吸虫基因设计特异性引物，采用 PCR 方法对日本血吸虫的成虫、虫卵，日本血吸虫感染家兔的肝组织、粪便、外周血清标本中的 DNA 进行扩增，结果表明 PCR 检测日本血吸虫 DNA 有较高的敏感性，尤其是能从日本血吸虫感染宿主血清中检测出特异性 DNA，具有潜在的诊断应用价值。陈军虎等报道了检测日本血吸虫感染性钉螺的 PCR 方法，靶基因是 18 S 小亚基单位核糖体核酸基因，准确检测水中是否含有尾蚴，对安全用水、保护易感人群、控制血吸虫病流行具有一定意义。Driscoll 等报道了检测日本血吸虫尾蚴的 PCR 方法，选择的靶基因为日本血吸虫基因组中有大量拷贝数的一种逆转录子(SjR2)。杨秋林等建立了一种检测日本血吸虫尾蚴的方法，此研究使用基因释放剂(gene releaser)在反应管中直接提取尾蚴 DNA，然后结合环介导等温扩增技术(loop-mediated isothermal amplification，简称 LAMP 技术)扩增尾蚴 DNA，建立了检测尾蚴的方法。此法具有快速、非靶序列的污染少及提取过程中无扩增靶序列的丢失等特点，操作简便，敏感性高(可检测到 1 条尾蚴)，可在 1.5 h 内完成，若再设计 2 条环引物，可再节约 0.5 h，但成本较高，在试剂国产化后，成本会有所下降，可望在现场使用。周立等运用实时荧光定量 PCR 法检测日本血吸虫，根据日本血吸虫 18S 小亚基单位核糖体核酸(18S rRNA)基因设计特异性引物，PCR 扩增出 1450 bp 序列，经 TA 克隆后转入大肠埃希菌 DH5α，提取重组质粒，鉴定后作为模板制作荧光定量 PCR 标准曲线。此方法的最低检测浓度约为 6 pg，已经初步应用于血吸虫病患者粪便标本检测，准确性和特异性均较好。

3. 本项目的构思

本项目通过从湖南血吸虫疫区收集 30 份日本血吸虫患者唾液样本，并在中山大学北校区在校大学生中收集 50 份唾液样本作为正常对照。提取唾液中的 DNA，利用设计的引物进行 PCR 特异性扩增后再经 2% 的琼脂糖凝胶电泳检测，通过紫外观察是否有特异性条带。若有特异性条带，将扩增产物经基因测序并应用生物信息学技术将测得的序列在基因库中匹配，验证所扩增的条带是否为日本血吸虫基因。

4. 本项目的创新之处

目前血吸虫的基因检测技术，即 PCR 方法检测血吸虫的基因片段，在血吸虫的诊断中已经得到了很大的发展，已经成功从感染血吸虫患者和实验动物的肝组织、粪便、外周血清标本中的 DNA 进行扩增，并证明有较高的敏感性，但这些方法具有侵入性，且当需要重复取样测定时该方法具有很差的顺应性。本项目首次通过 PCR 方法对血吸虫患者唾液中可能存在的血吸虫 DNA 片段进行特异性扩增并进行电泳检测，观察是否有特异性条带，为唾液检测这一血吸虫低侵入性检测方法提供新的思路和依据。

5. 主要参考文献

[1] 吴观陵.我国血吸虫病免疫诊断发展的回顾与展望[J].中国寄生虫学与寄生虫病杂志,2005,23(5):323-328.

[2] 鞠川,冯正,胡薇.日本血吸虫病免疫诊断方法的研究进展[J].国际医学寄生虫病杂志论文,2006,24(5):360-365.

[3] 金永柱,蒋作君.日本血吸虫病的免疫诊断现状与研究进展[J].疾病控制杂志,

1999,3(2).

[4] 向静,刘毅,江为民,等.牛日本血吸虫病 5 种血清学诊断技术比较[J].湖南农业大学学报(自然科学版),2007,33(01):49-52.

[5] 李志坚,张悟澄.用 ELISA 法比较五种不同日本血吸虫抗原的特异性和敏感性[J].湖南医学,1994(1):35.

[6] 余秩婧,沈继龙,罗庆礼,等.循环抗原及血清抗体的联合检测诊断测日本血吸虫病[J].安徽医学大学学报,2007(4):351-354.

[7] 周晓农,汪天平,王立英,等.中国血吸虫病流行现状分析[J].中华流行病学杂志,2004,25(7):555-558.

[8] 李岳生,蔡凯平.中国血吸虫病流行趋势及面临的挑战[J].中华流行病学杂志,2004,25(7):553-554.

[9] 谢木生,李以义,吴昭武,等.湖南省 1979—2003 年血吸虫病新流行区疫情现状[J].中华流行病学杂志,2004,25(7):572-574.

[10] 钱宗立,陈名刚.呼唤血防明天——日本血吸虫疫苗研究专项课题 3 年评估报告[J].中国血吸虫病防治杂志,1998,10(增刊):1-6.

[11] 吴忠道,赵根明.日本血吸虫病人群再感染规律的研究 I.化疗后人群再感染的流行病学特征[J].中国血吸虫病防治杂志,1997,9(5):257-259.

[12] Rashika E R, Toshihiro O, Hiroshi S, et al. Immunization of mice with ultraviolet-attenuated cercariae of Schistosoma mansoni transiently reduces the fecundity of challenge worms[J]. International Journal for Parasitology,1997,27 (5):581-586.

[13] 杨琳琳,吕志跃,胡旭初,等.紫外线照射前后日本血吸虫尾蚴可溶性虫体蛋白组分的比较[J].热带医学杂志,2006,6(3):1-5.

[14] 曹宇,汤浩,赵红艳,等.人皮肤成纤维细胞在紫外线 B 照射后的 TGF-β 和 HSP70 表达[J].中国应用生理学杂志,2002,18(2):166-168.

[15] 罗端德.如何防范血吸虫病的误诊误治[J].临床误诊误治杂志,1999,12(3):165-166.

[16] 李岩,周艺.我国血吸虫病现状及治疗药物[J].畜牧兽医杂志,2007,26(1):63-65.

[17] 王坤平,顿国栋,马铁军,等.日本血吸虫病免疫诊断研究的现状和进展[J].寄生虫病与感染性疾病,2008,6(2):105-108.

[18] 许静,陈年高,冯婷,等.日本血吸虫病常用诊断方法现场查病效果的评估[J].中国寄生虫学与寄生虫病杂志,2007,25(3):175-179.

[19] Nwakanma D C,Gomez-Escobar N, Walther M,et al. Quantitative detection of plasmodium falciparum DNA in saliva,Blood,and Urine[J]. J Infect Dis,2009,199 (11):1567-1574.

三、研究方案

(一)研究目标、研究内容和拟解决的关键问题

1. 研究目标

本项目通过对疫区血吸虫病患者的唾液样本进行 PCR 特异性扩增后经电泳检测,观

察是否有特异性条带产生,并通过基因测序将测得的 DNA 序列输入数据库检索,分析其与日本血吸虫的同源性以及与其他寄生虫的交叉性,并计算出本检测方法的阳性率,以及对照组假阳性率,并与其他检测方法进行比较,评价唾液 PCR 法检测血吸虫 DNA 在血吸虫的基因诊断中的应用前景,为血吸虫基因诊断提供新的思路和依据。

2. 研究内容

(1) 对患者的唾液样品进行 DNA 提取,并利用设计的引物进行特异性扩增后经电泳检测,观察是否有特异性条带出现。

(2) 若有特异性条带出现,对得到的特异性条带进行基因测序,并输入数据库检索,分析其与日本血吸虫的同源性以及与其他寄生虫的交叉性,并计算出本检测方法的阳性率,以及对照组假阳性率,并与其他检测方法进行比较。

3) 拟解决的关键问题

(1) 疫区患者唾液中 DNA 的提取。

(2) PCR 扩增特异性引物的设计和退火温度的探索。

(3) 若琼脂糖凝胶电泳得到特异性条带,特异性条带的基因测序和通过数据库检索分析其与日本血吸虫的同源性以及与其他寄生虫的交叉性。

(二) 拟采取的研究方法、技术路线、实验方案(包括流程图)及可行性分析

1. 研究方法

1) 唾液样品的获取

实验组取自湖南慢性血吸虫病患者,共 30 例,皆为改良加藤氏厚涂片法吸虫虫卵阳性,对照组为从中山大学在校学生中获取 30 份健康人唾液样品。

2) 样品 DNA 的提取

除去蛋白质:蛋白酶 K 水解蛋白质,酚和氯仿/异戊醇抽提、分离蛋白质。

析出 DNA:乙醇沉淀使 DNA 从溶液中析出。

3) 扩增引物的设计

引物 1:5′→3′TCT AA T GCT A TT GGT TTG A GT。

引物 2:5′→3′TTC CTT A TT TTC ACA A GG TGA。

4) PCR 扩增

(1) 试剂:Taq 酶、10×buffer、MgCl$_2$、dNTP、100 bp DNA Marker、蛋白酶 K 等。

(2) 引物:由上海生工生物工程技术服务有限公司合成。

(3) PCR 扩增体系:反应体积 25 μL,包括 10×buffer2.5 μL、25 mmol/L MgCl$_2$ 1.5 μL、2.5 mmol/L dNTP2 μL、20 pmol/L 引物 1 和引物 2 各 0.5 μL、5 U/L Taq 酶 0.4 μL 及模板 1 μL(粪便模板和血清模板分别为 4 μL)。反应程序为 94 ℃变性 3 min、94 ℃ 60 s、55 ℃ 60 s、72 ℃ 60 s,扩增 35 个循环,然后 72 ℃延伸 7 min。扩增反应在梯度基因扩增仪(Eppendorf AG22331 Hamburg Madein Germany)上进行。

(4) 琼脂糖凝胶电泳:PCR 扩增产物经 2% 琼脂糖凝胶(溴乙锭含量 0.5 μg/mL)电泳,电泳缓冲液为 1×TBE,100 bpDNA 相对分子质量标准。每份样品加样量为 10 μL,加 2 μL 上样缓冲液,电压 80 V,电泳时间 60 min,电泳后凝胶置于紫外透射反射仪上观察结果。

（5）DNA 序列分析：该扩增产物经基因测序并应用生物信息学技术将测得的序列在基因库中匹配，证实所扩增的条带是否为日本血吸虫基因以及与其他寄生虫的交叉性。

（6）统计学分析：利用统计学方法计算出本检测方法的阳性率，以及对照组假阳性率，并与其他检测方法进行比较，评价本方法的准确率和敏感度。

2. 技术路线流程

（1）获取患者及健康人唾液样品。

（2）提取唾液样品中的 DNA。

（3）加入特异性引物进行 PCR 扩增。

（4）琼脂糖凝胶电泳检测产物。

（5）如有特异性条带则进行序列分析。

（6）利用统计学方法计算出本检测方法的阳性率，以及对照组假阳性率。

3. 可行性

1）实验技术成熟可行

本实验所涉及的技术为常见的成熟基本技术，如 DNA 提取、PCR 扩增、琼脂糖电泳检测等，简单操作。

2）实验材料易获取

中山大学中山医学院寄生虫学实验室与我国主要血吸虫病流行区建立有密切的合作关系，收集并保存了较丰富的各类血吸虫感染者的唾液标本，并可方便地在疫区进行新鲜标本的采集。

3）实验设备齐全

中山大学中山医学院分子医学教学实验室具备本项目所需全部分子生物学实验的仪器和器材，以保障本项目的顺利实施。

案例 2

2009 级中山大学中山医学院法医系五年制张楚楚同学的探索性实验课题设计

项 目 名 称：探究窄谱蓝光介导的视网膜 melanopsin 含量分布改变对生物节律的影响

申 请 者：张楚楚

所 在 年 级：2009 级

指 导 教 师：高国全、杨霞

申请者电话：××

电 子 邮 件：××

申 请 日 期：2011 年 4 月 23 日

一、项目摘要

有研究证实波长为 470 nm 的蓝光对抑制褪黑素分泌、调整生物节律效果最明显，但其影响生物节律的机制尚未被揭示。本课题旨在通过观察蓝光照射视网膜后节细胞上表达的 melanopsin（感光蛋白）含量及分布改变的研究，拟建立窄谱蓝光（LED 蓝光）照射

C57 小鼠视网膜的模型,通过褪黑素酶联免疫方法评估生物节律的改变,以此验证模型的有效性,然后分别对以下两方面进行观察:一方面从视网膜节细胞的凋亡及 Hi 电位改变间接观察 melanopsin 含量和分布的变化;另一方面用 RT-PCR 直接分析 melanopsin 含量改变。由此探索 LED 蓝光影响生物节律的细胞生物学和分子水平机制,从而揭示 melanopsin 介导的非视觉成像作用在调控生物节律中的重要性,为临床科学研究中正确评估 LED 蓝光对生物安全的影响提供科学依据。

二、立论依据

1. 研究意义

眼睛是哺乳动物感受并传输光信号到中枢神经系统的首要的介质。视锥、视杆细胞一直被认为是哺乳动物视网膜内存在的唯一的感光细胞。但是近来研究发现这两种细胞缺失的大鼠依然存在瞳孔对光反应以及生物节律的光信号调节作用。即除视觉功能外,眼睛还有许多非视觉光反应性,包括调节生物钟、睡眠周期、瞳孔收缩及快速抑制松果腺合成褪黑素等。美国布朗(Brown)大学的 David Berson 等学者发现这种对进入人眼的可见光辐射产生生物效应而获得对外界的认识的细胞是视网膜上第 3 种感光细胞——神经节细胞,并把该视觉效应称为 citopic(我国有的学者译为司辰视觉)。光生物效应虽然是一种非映像的视觉效应,却控制了人的生物节律和强度。并且有研究表明,光生物效应与光源中蓝光含量有着密切的关系。

近年来,国内外也有很多报道称高强度的 LED 蓝光会造成人的眩晕、恶心等不良症状。同时,国外已有 LED 调节褪黑素节律的研究报道,并且有患者接受 420~500 nm 波段的 LED 光疗来治疗延迟的睡眠周期综合征、季节性情感障碍、慢性抑郁症、老年痴呆等疾患的案例报道。此外,有国外动物研究证实,波长为 470 nm 的蓝光对抑制褪黑素分泌,调整生物节律效果最明显。本课题旨在通过视网膜节细胞上表达的 melanopsin(感光蛋白)含量及分布改变的研究,探索 LED 蓝光对生物节律影响的细胞学和分子水平机制,从而揭示 melanopsin 在非视觉感光作用中调控生物节律的重要性,也为正确评估窄谱蓝光对生物安全的影响提供科学依据。

2. 国内外研究现状

(1) LED 蓝光照明对生物昼夜节律的影响。

目前已有很多实验证明可见光中对人体生物节律影响最大的光线是波长在 470~490 nm 范围的短波蓝光。波长为 470 nm 的蓝光通过抑制褪黑激素分泌、引起褪黑激素分泌周期改变,从而调节 24 h 生物周期节律,其效果明显。而低强度的 LED 蓝光光照可以达到使褪黑素分泌前移的效果。已有实验证实波长为 470 nm、强度为 65 $\mu W/cm^2$ 的 LED 蓝光,对健康豚鼠生物节律的影响是有效并且安全的。澳大利亚研究者用强度为 130 pW/cm^2 的蓝色(470 nm)发光二极管光源制成的光疗眼镜给健康受试者佩戴,结果发现受试者褪黑素分泌节律有明显改变,且未发现不良反应。

(2) 生物节律改变对人体造成的影响。

各种研究表明,正常的生物节律是维持人体正常生理功能的重要组成部分,节律波动将影响人体的各项生理指标。目前,生物节律已成为研究临床、预防及基础医学的一个重要学科。正确的给药时间不但可以提高药效,而且可以减低副作用。

（3）LED 蓝光造成视网膜的损伤和节细胞的凋亡。

照射强度为 $300 \sim 350$ pW/cm^2 蓝光发光二极管光源照射强度对有色素保护的视网膜是安全的，照射强度为 $120 \sim 150$ pW/cm^2 的蓝色发光二极管光源对不同种属大鼠的视网膜都不会造成光损伤，视网膜结构层次清晰，细胞排列整齐。而超过此强度则视网膜变薄，层次不清，细胞排列不整齐。

（4）Melanopsin 对蓝光（$440 \sim 480$ nm）谱段敏感。

实验已证明，melanopsin 相对于三种感光色素来说对蓝光（$440 \sim 480$ nm）谱段更敏感。研究者用不同的光谱段对小鼠进行照射，并测定小鼠视网膜节细胞中 melanopsin 的含量，结果是用蓝光（$440 \sim 480$ nm）谱段照射的小鼠 melanopsin 含量明显升高。

同样有实验证明鸡表达 melanopsin 对于蓝光（$440 \sim 480$ nm）谱段更敏感。

（5）视网膜节细胞表达 melanopsin 调控生物节律。

许多实验证明，视网膜节细胞通过表达 melanopsin 并投射到下丘脑视交叉上核内 AVP 神经元来调节生物节律。实验者将假狂犬病毒注入大鼠眼球内通过顺行追踪结合免疫荧光双重标记法观察到：①视交叉上核神经元被病毒感染的时间始于病毒注入后 56 h，并随存活时间的延长而增多；②呈绿色荧光的病毒感染神经元见于双侧视交叉上核，注射对侧优于同侧，主要位于视交叉上核的腹外侧部和嘴侧份，个别散在于二者之外。

（6）有 melanopsin 表达的节细胞受刺激产生超极化电流 I(h)。

有研究表明，表达 melanopsin 的节细胞受刺激产生超极化电位，并将信号刺激投射到视交叉上核并产生一种超极化激化的内向整流钾离子电流（I(h)），以起到调节生物节律、瞳孔对光反射、抑制褪黑激素分泌等非视觉功能。

（7）用褪黑素含量评估生物节律改变。

松果体（PG）分泌的褪黑素（melatonin，MT），具有明显的昼低夜高节律性，MT 作为一种内源性授时因子或同步因子，以第一信使的形式，对许多生理机能的昼夜节律起引导作用。摘除 PG 可使某些机体节律消失或位相发生改变，而给予外源性 MT 可恢复和稳定生理昼夜节律。这表明 MT 含量的变化可改变生物节律。另有实验表明，MT 的分泌高峰在夜间，白天分泌减少，因此，MT 可调节昼夜节律，具有镇静、改善睡眠失调、调节机体免疫力等多种功能。

3. 本项目的构思或设计思路

大量研究证实，波长为 470 nm 的蓝光对抑制褪黑素分泌，调整生物节律效果最明显。但有学者证实支持人类明视觉的三种锥状光感受器系统，并不是对昼夜节律系统的最基本的输入。这意味存在着一种独特的人类昼夜节律系统的光感受器的可能性。而人的视网膜上存在一种非视觉成像系统的组成——节细胞，其上表达的 melanopsin 也恰巧对蓝光（$440 \sim 480$ nm）谱段更敏感。基于对上述实验结果的思考和联系，猜想 LED 蓝光引起生物节律变化的机制可能与视网膜上非视觉成像系统有关，因此本实验主要探究节细胞上表达的 melanopsin 在光调控生物节律性中产生的作用。

本实验拟建立 C57 小鼠视网膜蓝光照射模型，通过褪黑素酶联免疫分析验证模型的有效性，然后分别从以下两方面进行观察：一方面从视网膜节细胞的凋亡及 Hi 电位改变间接观察 melanopsin 含量和分布的变化；另一方面用 RT-PCR 直接分析 melanopsin 含量改变。以此达到多层次、多角度验证,全面地探究 LED 蓝光调控生物节律的分子机制。

4. 本项目的创新之处

(1) 本研究大胆猜想非视觉感光系统在 LED 蓝光照明调节生物节律过程中起到了重要作用,独创性地将 LED 照明光环境与 melanopsin 相关非视觉感光系统相联系,突破了现有照明生物安全研究仅靶向于视觉感光系统的局限性,为光生物安全评估提供新思路、新途径、新方法。

(2) 本实验结果将提供量化的客观科学指标(如褪黑素的含量变化曲线、蛋白的表达、离子通道的改变、细胞凋亡程度等),为评估 LED 蓝光对生物节律的影响提供合理的、科学的参考依据,从而打破本领域经常使用神经-心理-认知量表评估生物节律变化的传统,解决实验结果主观性过强的瓶颈问题。

(3) 本实验基于凋亡检测、免疫组织化学、电生理记录等实验方法,创新性地研究视网膜节细胞的凋亡、电活动的变化、melanopsin 的含量分布变化与 C57 小鼠褪黑素改变的联系,从细胞生物学和分子生物学的微观角度探索 LED 蓝光照射引起生物节律改变的机制,在本领域的行为学研究基础上做出了补充。

(4) 本实验创新性地以 C57/BL 品系的小黑鼠为研究对象建立 LED 蓝光的刺激模型。C57/BL 小黑鼠的视网膜色素表达及节细胞上 melanopsin 的表达与人类基本一致,因此,选用 C57 品系的小鼠作为研究对象,可以很好地模拟人的视网膜模型,具有很大的科研价值,可为进一步的临床研究奠定基础。

5. 主要参考文献

[1] Panda S, Provencio I, Tu D C, et al. Melanopsin is required for non-image-forming photic responses in blind mice[J]. Science, 2003, 301(5632): 525-527.

[2] 杨公侠,杨旭东. 人类的第三种光感受器[J]. 光源与照明, 2006, 6(2): 30-31.

[3] 刘娜,张楠,文冰亭,等. 单色 LED 蓝色光照对健康人体昼夜节律的影响[J]. 中国组织工程研究与临床康复, 2009, 13(30): 5923-5926.

[4] 刘娜,何仲恺,蔡志强,等. 蓝色发光二极管光源照射对大鼠视网膜的安全性试验[J]. 中国组织工程研究与临床康复, 2009, 13(48): 9559-9563.

[5] Wang F, Zhou J, Lu Y, et al. Effects of 530 nm green light on refractive status, melatonin, MT1 receptor, and melanopsin in the guinea pig[J]. Curr Eye Res, 2011, 36(2): 103-111.

[6] Wright H R, Lack L C, Partridge K J. Light emitting diodes can be used to phase delay the melatonin rhythm[J]. J Pineal Res, 2001, 31(4): 350-355.

[7] 丁健明. 光照对哺乳类动物生物钟的调节机制[J]. 基础医学与临床, 2005, 25(7): 577-586.

[8] 杨金有. 生物节律与合理用药[J]. 中国实用医药, 2010, 5(5): 241-243.

[9] An M, Huang J, Shimomura Y, et al. Time-of-day-dependent effects of monochromatic light exposure on human cognitive function[J]. J Physiol Anthropol, 2009, 28(5): 217-223.

[10] Revell V L, Barrett D C, Schlangen L J, et al. Predicting human nocturnal

nonvisual responses to monochromatic and polychromatic light with a melanopsin photosensitivity function[J]. Chronobiol Int，2010，27(9-10)：1762-1777.

[11]Torii M，Kojima D，Okano T，et al. Two isoforms of chicken melanopsins show blue light sensitivity[J]. FEBS Lett，2007，581(27)：5327-5331.

[12]谌小维,胡志安.哺乳动物昼夜节律调节的神经基础——昼夜光感受器[J].第四军医大学学报,2005,26(6):562-564.

[13]张军,欧可群,吴良芳,等.视网膜节细胞与视交叉上核 AVP 神经元联系的研究——假狂犬病毒顺行追踪与免疫荧光双重标记[J].神经解剖学杂志,1998,14(2):142-146.

[14]Van Hook MJ，Berson DM. Hyperpolarization-activated current（I(h)）in ganglion-cell photoreceptors[J]. PLoS One，2010，5(12)：e15344.

[15]刘青松,贾铀生,谢佐平,等.大鼠下丘脑离体脑薄片视上核神经元的全细胞记录[J].生理学报,1997,49(4):467-470.

[16]王国卿,童建.松果体昼夜节律生物钟分子调控机制的研究进展[J].中国血液学流变杂志,2003,13(4):430-436.

[17]吴燕川,魏海峰,叶翠飞,等.高效液相色谱法测定睡眠剥夺大鼠松果体内褪黑素含量[J].首都医科大学学报,2009,30(3):399-401.

[18] An M，Huang J，Shimomura Y. Time-of-day-dependent effects of monochromatic light exposure on human cognitive function[J]. J Physiol Anthropol，2009，28(5)：217-223.

三、研究方案

1. 研究目标、研究内容和拟解决的关键问题

1) 研究目标

(1) 建立并验证有效的 LED 蓝光照射 C57 小鼠视网膜的模型。

(2) 探究 LED 蓝光照射视网膜节细胞,其凋亡程度及膜表面 Hi 电流的改变。

(3) 探究 LED 蓝光照射视网膜后 melanopsin 表达含量的变化。

(4) 寻找 LED 蓝光引起生物节律改变的分子机制。

(5) 为 LED 蓝光治疗人体生物节律改变征提供科学的依据。

2) 研究内容

(1) 通过褪黑素酶联免疫法,测得小鼠血清中褪黑素含量,以验证模型的有效性。

(2) TUNEL 法检测视网膜节细胞的凋亡,以观察节细胞功能的改变,间接获知 melanopsin 表达量的变化和分布的变化。

(3) 膜片钳记录节细胞 Hi 电流变化,观察节细胞功能活动的改变,间接了解 melanopsin 的活性状况。

(4) 通过 Single Cell RT-PCR 的实验方法,半定量分析 melanopsin 的 mRNA 表达变化,从而直观得出 LED 蓝光照射后对 melanopsin 在节细胞上表达的影响。

3) 拟解决的关键问题

(1) 验证建立模型的有效性。

在查阅大量文献的基础上得知 LED 蓝光照射视网膜可以引起生物节律的改变。但本实验设计的 C57 小鼠的视网膜照射模型未有文献报道（但暗适应的时间和光刺激频率间隔均是在参考其他文献的基础上得出的），为验证模型的有效性，使用褪黑素酶联免疫法对比分析对照组和实验组小鼠血清中褪黑素的含量，以评估两组小鼠生物节律的改变。由此来确保所建立的 LED 蓝光刺激模型有效，为后续实验打下基础。

（2）可量化的科学评价指标的选取。

为观察 LED 蓝光照射视网膜后引起 melanopsin 的变化情况，本实验选取了细胞生物学或分子水平上可量化的评价指标进行观察。

TUNEL 细胞凋亡检测试剂盒用来检测组织细胞在凋亡早期过程中细胞核 DNA 的断裂情况。其原理是荧光素标记的 dUTP 在脱氧核糖核苷酸末端转移酶的作用下，可以连接到凋亡细胞中断裂 DNA 的 3'-OH 末端，并与连接辣根过氧化酶的荧光素抗体特异性结合，后者又与 HRP 底物二氨基联苯胺（DAB）反应产生很强的颜色反应（呈深棕色），因此可特异准确地定位正在凋亡的细胞，并通过计数一定视野区域（200～500 个细胞）的细胞凋亡数目算出细胞凋亡的比例，以此来判断视网膜节细胞的活力。

RT-PCR 技术是将 RNA 的反转录（RT）和 cDNA 的聚合酶链反应（PCR）相结合的技术。首先经反转录酶的作用从 RNA 合成 cDNA，再以 cDNA 为模板，扩增合成目的片段，以此来检测细胞中目的基因的表达水平。RT-PCR 技术灵敏，并且用途广泛。本实验采取 single cell RT-PCR 技术，可半定量地分析对照组和实验组 melanopsin mRNA 表达的差异，从而分析不同光照条件下 melanopsin 表达的不同。

（3）实现视网膜节细胞的电生理记录。

节细胞为视网膜最内层的神经元，其胞体较大、胞质疏松，在显微镜下能较好定位。但视网膜节细胞层表面覆盖一层纤维结缔组织膜，用完整剥离的视网膜做电生理分析，电极较难封接到节细胞。因此本实验在查阅大量文献的基础上，设计采用振动切片法取垂直于视网膜各个细胞层的截面，从侧面下电极封接记录视网膜节细胞。

2. 拟采取的研究方法、技术路线、实验方案（包括流程图）及可行性分析

1）研究方法

（1）文献分析法：在查阅大量文献的基础上，以文献中给出的技术方法和实验条件为参考，制订出最适合本实验的实验方案（如试剂浓度、反应时间、反应温度、PCR 反应条件等）。

（2）模型建构法：本项目中根据实验内容和文献参考设计了有效的 LED 蓝光照射 C57 小鼠视网膜的模型，并考虑到用检测生物节律的特征物质——褪黑素的含量变化来验证模型的有效性。

（3）控制变量法：在小鼠的饲养中考虑到小鼠的正常生物节律性设计的光刺激模型，除了改变光源之外，严格控制其他实验可变因素（如小鼠年龄、体重、光源照度、实验条件等），保证其他变量尽可能一致，已达到实验的准确性及实验结果的可靠性。

（4）比较研究法：设置自然光源条件刺激的 C57 小鼠为对照组。

（5）多指标量化分析法：对生物节律的评估、视网膜功能活性的检测和感光蛋白质的表达等多项指标进行量化分析，在细胞生物学水平和分子水平看到其生物特性的改变，以

此得到准确可靠的结果。

2）技术路线流程

建立 C57 小鼠 LED 蓝光照射视网膜模型→小鼠血清的褪黑素酶联免疫分析→TUNEL 法检测视网膜节细胞凋亡→膜片钳记录节细胞 Hi 电流变化→single cell RT-PCR 检测 melanopsin 的 mRNA 表达含量的变化。

3）实验方案

步骤 1　LED 蓝光照射视网膜模型的建立

选取 1 月龄（视网膜已发育完全）的 C57/BL（以下简称 C57）小黑鼠 48 只，用随机数表法分成 A、B 两组，每组 24 只，暗环境饲养 72 h 后，A 组小鼠在全波谱自然光下连续照射 12 h，B 组小鼠接受波长 470 nm、强度 150 μW/cm^2 的 LED 蓝光连续照射 12 h。

步骤 2　C57 小鼠褪黑素酶联免疫分析评估生物节律变化

（1）取材。

取 A、B 组小鼠各 8 只，眼眶取血法取全血，室温血液自然凝固 10～20 min，离心 20 min 左右（2000～3000 r/min）。仔细收集上清，保存过程中如出现沉淀，应再次离心。

（2）褪黑素酶联免疫分析。

① 标准品的稀释与加样：在酶标包被板上设标准品孔 10 孔，在第一、第二孔中分别加标准品 100 μL，然后在第一、第二孔中加标准品稀释液 50 μL，混匀；然后从第一孔、第二孔中各取 100 μL 分别加到第三孔和第四孔，再在第三、第四孔分别加标准品稀释液 50 μL，混匀；然后在第三孔和第四孔中先各取 50 μL 弃掉，再各取 50 μL 分别加到第五、第六孔中，再在第五、第六孔中分别加标准品稀释液 50 μL，混匀；混匀后从第五、第六孔中各取 50 μL 分别加到第七、第八孔中，再在第七、第八孔中分别加标准品稀释液 50 μL，混匀后从第七、第八孔中分别取 50 μL 加到第九、第十孔中，再在第九、第十孔分别加标准品稀释液 50 μL，混匀后从第九、第十孔中各取 50 μL 弃掉。（稀释后各孔加样量都为 50 μL，浓度分别为 36 ng/L、24 ng/L、12 ng/L、6 ng/L、3 ng/L。）

② 加样：分别设空白孔（空白对照孔不加样品及酶标试剂，其余各步操作相同）、待测样品孔。在酶标包被板上待测样品孔中先加样品稀释液 40 μL，然后加待测样品 10 μL（样品最终稀释度为 5 倍）。将样品加于酶标板孔底部，尽量不触及孔壁，轻轻晃动，混匀。

③ 温育：用封板膜封板后置于 37 ℃ 温育 30 min。

④ 配液：将 30 倍浓缩洗涤液用蒸馏水 30 倍稀释后备用。

⑤ 洗涤：小心揭掉封板膜，弃去液体，甩干，每孔加满洗涤液，静置 30 s 后弃去，如此重复 5 次，拍干。

⑥ 加酶：每孔加入酶标试剂 50 μL，空白孔除外。进行温育、洗涤，步骤同上。

⑦ 显色：每孔先加入显色剂 A 50 μL，再加入显色剂 B 50 μL，轻轻振荡，混匀，37 ℃ 避光显色 15 min。

⑧ 终止：每孔加终止液 50 μL，终止反应（此时蓝色立即转变为黄色）。

⑨ 测定：以空白孔调零，在 450 nm 波长处依次测量各孔的吸光度值（A 值）。测定应在加终止液后 15 min 以内进行。

（3）绘制标准曲线。

以标准物的浓度为横坐标，A 值为纵坐标，在坐标纸上绘出标准曲线，根据样品的 A 值由标准曲线查出相应的浓度，再乘以稀释倍数，或用标准物的浓度与 A 值计算出标准曲线的直线回归方程式，将样品的 A 值代入方程式，计算出样品浓度，再乘以稀释倍数，即为样品的实际浓度。

步骤 3 TUNEL 法检测视网膜节细胞凋亡

（1）视网膜切片的制备。

①取材：取 A、B 组 C57 小鼠各 8 只，颈椎脱白法处死后，取双侧眼球。

②固定：将样本置于 4% 多聚甲醛中，于 4 ℃ 固定 16 h。

③漂洗：将标本取出，用流水冲洗 2～10 h。

④脱水：从低浓度乙醇到高浓度乙醇梯度脱水。流程如下：

30% 乙醇 30 min → 50% 乙醇 30 min → 75% 乙醇 30 min → 95% 乙醇 30 min → 100% 乙醇（Ⅰ）30 min →100% 乙醇（Ⅱ）30 min →100% 乙醇（Ⅲ）30 min。

⑤透明：组织块脱水后用二甲苯，浸泡三次，每次 20 min。

100% 二甲苯（Ⅰ）20 min →100% 二甲苯（Ⅱ）20 min →100% 二甲苯（Ⅲ）20 min。

⑥浸蜡：组织经透明后浸渍于熔化的石蜡内，一般 2～3 次。

浸蜡（Ⅰ）20 min → 浸蜡（Ⅱ）20 min → 浸蜡（Ⅲ）20 min。

⑦包埋：将浸蜡结束后标本放入石蜡包埋剂进行石蜡包埋。

⑧切片：使用石蜡切片机，沿与眼球赤道平面平行的方向进行切片，片厚 7 μm。

⑨脱蜡水合：贴片后用二甲苯脱蜡，再经各级乙醇水合，制得视网膜石蜡切片。

二甲苯（Ⅰ）5 min → 二甲苯（Ⅱ）5 min→ 100% 乙醇 1 min → 95% 乙醇 1 min → 80% 乙醇 1 min → 70% 乙醇 1 min → 蒸馏水洗 1 min。

（2）TUNEL 凋亡检测。

（本实验 TUNEL 凋亡检测试剂盒购于罗氏公司）

①将切片浸没于 Proteinase K 工作液，21～37 ℃ 的环境中孵育 15～30 min。用 PBS 冲洗 2 次，每次 5 min。

②烘干标本周围的部分，加 50 μL TUNEL 反应混合液，在湿盒 37 ℃ 中闭光孵育 1 h，取下盖玻片，用 PBS 冲洗 3 次，每次 5 min。

③加 1 滴 PBS，在荧光显微镜下分析（激发光波长为 450～500 nm，检测波长为 515～565 nm）。

④烘干标本周围部分，加 50 μL Converter-POD，在 37 ℃ 湿盒中孵育 30 min，取下盖玻片，用 PBS 冲洗 3 次，每次 5 min。

⑤加 50～100 μL DAB 底物或另一种 POD 底物，在 15～25 ℃ 中孵育 10 min，用 PBS 冲洗 3 次，每次 5 min。

⑥拍照后再用苏木素或甲基绿复染，几秒后立即用自来水冲洗，然后用梯度乙醇脱水、二甲苯透明、中性树胶封片。

⑦加 1 滴 PBS 或甘油，在视野下用光学显微镜观察凋亡细胞（共计 200～500 个细胞）并拍照，可结合凋亡细胞形态特征来综合判断。

步骤4 膜片钳记录节细胞 Hi 电流变化

(1) 视网膜铺片。

分别向 A、B 两组中另一半小鼠腹腔内注射盐酸氯氨酮(50 mg/kg)和速眠新(10 mg/kg),麻醉至角膜反射消失,快速取出眼球后颈椎脱臼处死。在巩膜边缘接近角膜处切一小口后把眼球置于充有 95% O₂ 和 5%CO₂ 的 Ames 培养液内(包含 120 mmol/L NaCl, 3.1 mmol/L KCl, 1.15 mmol/L CaCl₂, 1.24 mmol/L MgSO₄, 0.52 mmol/L KH₂PO₄)。在 Ames 培养液内去除眼球的前半部分(角膜、晶体、玻璃体),再将视网膜从色素上皮上分离下来,在其边缘剪 3~4 个小口后在一张载玻片上铺平。把铺片视网膜标本迅速转移到灌流槽内。灌流槽容积约为 0.5 mL,位于装备有 40× 水浸物镜、荧光照明系统和 CCD 摄像机的正置显微镜(E600FN, Nikon)的镜台上。标本在实验中始终用 NaHCO₃-CO₂ 缓冲体系下的、O₂ 饱和的 Ames 培养液灌流(6 mL/min),溶液温度控制在 35 ℃ 左右。

(2) 振动切片。

①制备包埋明胶:称取 0.2 g 琼脂糖明胶粉,溶于 10 mL 孵育外液中,放入水浴锅中加热,以加速其溶解。

②包埋:将煮好的明胶放在 37 ℃ 水中降温,将浸于 Ames 培养液中的小鼠眼球取出并浸入明胶中,用冰加速明胶凝固。

③切片:用 Leica VT 1000S 震动切片机将组织切成 400 μm 厚的薄片,切好的组织立即放入通氧的孵育外液中,进行电生理记录。

(3) 膜片钳记录。

对视网膜铺片及震动切片均采用相同记录模式。利用全细胞电压钳等记录节细胞层静息膜电位等指标。与阴性对照组进行比较,以确定 LED 蓝光照射组的细胞电生理活性变化。

(4) 数据分析。

Hi 电流的特点是:漏电流为一种延迟-整流 K⁺ 电流,而内向去极化电流为一种瞬时的 Na⁺ 电流。可使用霍奇金-贺胥黎(Hodgkin-Huxley)模型来描述 melanopsin 阳性神经节细胞的动作电位产生及光刺激引发的膜电位变化规律。其方程如下:

$$i_m = \overline{g_L}(V - E_L) + \overline{g_K}n^4(V - E_K) + \overline{g_{Na}}m^3h(V - E_{Na})$$

其中,i_m 为膜电流,n、m、h 分别为门变量。最大电导量和反转电位分别是 $\overline{g_L} = 0.005$ mS/mm², $\overline{g_K} = 0.046$ mS/mm², $\overline{g_{Na}} = 1.4$ mS/mm², $E_L = -54.402$ mV, $E_K = -77$ mV, $E_{Na} = 50$ mV。

步骤5 Single cell RT-PCR 半定量分析 melanopsin 的 mRNA 表达含量变化

(1) 取材。

用膜片钳电极将所记录的视网膜节细胞抽提出来,用细胞裂解液 Trlzol 提取 RNA,按 Takara 试剂盒操作步骤逆转录 RNA 为 cDNA。

(2) 引物设计。

引物序列根据 Vector NTI6.0 软件设计,各基因的检测引物序列和扩增片段大小为:melanopsin 上游序列 5′ATCTGGTGATCACAC 3′,下游序列 5′TAGTCCCAGGAGCAG 3′,

片段为 150 bp;内参照 β-肌动蛋白（β-actin）上游序列 5′ CTGTGGCATCCAC-GAAACTAC 3′,下游序列 5′CGGACTCGTCATACTCCTGCT 3′,片段大小 284 bp。

（3）PCR 扩增。

逆转录反应条件:30 ℃10 min,50 ℃30 min,99 ℃5 min,5 ℃5 min,1 个循环。Melanopsin 的 PCR 反应条件为:95 ℃8 min,1 个循环,95 ℃15 s,60 ℃45 s,72 ℃30 s,40 个循环。内参照 β-actin 的 PCR 反应条件为:94 ℃2 min,1 个循环,95 ℃15 s,58 ℃45 s,72 ℃1 min,30 个循环。

（4）凝胶电泳及观测。

各取 5 μL RT-PCR 产物进行 1.0% 琼脂糖凝胶电泳,紫外灯下观察、摄片,对条带进行吸光光度值分析。以目的基因 melanopsin 与内参照 β-肌动蛋白的平均吸光度的比值表示 melanopsin 的 mRNA 水平,并比较实验组 A 和对照组 B 的结果,进行半定量分析。

3. 可行性

（1）本实验是在参考了大量文献的基础上,并对比总结了不同技术方法而确定的。因此实验方案的科学性强,可操作性高。

（2）C57/BL 小黑鼠视网膜的色素表达及节细胞上 melanopsin 的表达与人类基本一致,因此选用 C57 品系的小鼠作为研究对象,建立 LED 蓝光刺激模型可以很好地模拟人地视网膜模型,具有很大的科研价值,可为进一步的临床研究奠定基础。

（3）本课题组成员已基本掌握本课题所涉及的关键性技术,如 TUNEL 凋亡检测、RT-PCR、褪黑素免疫酶联分析等,保证了该项目的关键技术的实现。

（4）由中山大学中山医学院分子医学技能教研实验室提供实验设备和技术支持。

（高国全 杨 霞）

第五篇

5

附　录

附录 A
实验室规则和常识

一、实验室规则

（1）每个同学都应该自觉遵守课堂纪律,维护课堂秩序,不迟到,不早退,不喧哗和相互打闹。实验过程要听从教师的指导,认真按照实验规程来操作实验,并把实验结果及数据如实地记录在实验记录本上,文字要清楚、简练、明确。实验器材及药品,不经许可不得带出实验室。

（2）实验前必须认真预习,熟悉本次实验的目的、原理、操作步骤,弄清每一个操作步骤的意义和目的,了解实验仪器的使用方法和注意事项。全面理解、掌握实验后,才开始实验。

（3）实验室保持干净明亮,保持室内及仪器表面无灰尘,做到干净、整齐、美观。实验台保持整洁,仪器及试剂摆放整齐。实验完毕后,摆放好仪器和试剂,实验台面清理干净后,才能离开实验室。

（4）实验仪器使用时,要看清说明书及注意事项,操作应小心仔细,以防止毁坏仪器。实验试剂等物品使用时要注意安全和注意节约,切勿滥用。仪器存放要注意防潮、防压、防冻、防晒、防霉和防震。

（5）进到实验室时,应穿白大衣,保护好自己。实验操作时要戴手套,必要时戴好口罩。实验室内禁止饮食、吸烟。实验完毕后要用洗手液或肥皂洗手。火源、电源要按时定期检查。乙醇、丙酮、乙醚等易燃物品要远离火源及电源操作和放置。贵重仪器、药品、易燃、易挥发、剧毒、放射性药品应设有专柜保管。实验完毕后应关掉电源、火源、水源及关好门窗,严防发生安全事故。

（6）一般废液体可以直接倒进水槽内,同时用水冲走。强酸、强碱需用水稀释后才丢弃。危险的实验废物和残渣要装进特殊的废物盒内,统一处理,严禁倒入水槽内或乱丢。

（7）要精心使用和爱护仪器,防止玻璃器皿摔坏。每次实验课由班长或学习委员安排值日,打扫卫生。

二、实验室常识

（1）洗净的仪器要放在架上或干净纱布上晾干,不能用抹布擦拭,更不能用抹布擦拭仪器内壁。挪动干净玻璃仪器时,勿使手指接触玻璃仪器内部。

（2）取用试剂和药品后,要立即盖紧瓶盖,放回原处。取用的药品或试剂如未用完时,最好丢弃,勿倒回瓶内,防止污染。

（3）凡是涉及有毒气体、臭味气体、剧毒试剂及药品的实验,均应在通风橱内操作。

（4）做动物实验时,不许戏弄动物。进行处死或解剖等操作时,必须按照规定的方法进行。绝对不能拿动物、手术器械和药物开玩笑。

（5）使用贵重仪器时应谨慎小心。使用前应熟知使用方法和各项注意事项,应严格遵守操作规程。如有障碍,应立即报告教师,请专门负责仪器管理人处理,不得擅自拆开维修。

（6）不能用烧杯定量,不能量筒作盛器或配试剂。烧杯是用来配制试剂的,量筒是用来定量的。滴定管、容量瓶、移液管等,由于其容量精确、形状特殊,不宜用刷子机械地擦其内壁。通常是用专用洗液浸泡内壁,然后依次用自来水和去离子水冲洗。

（7）生物化学实验室对水的要求严格,水可分为单蒸水、双蒸水、三蒸水和超纯水等。一般用于细胞培养的试剂要求三蒸水或超纯水配制。

（8）烧杯、烧瓶等容器中的液体加热时,应把容器放在石棉网上,防止容器受热不均而导致破裂。

（9）移液器使用时要垂直吸液、慢吸慢放;选择合适的量程范围,不能超过量程使用;选择与移液器匹配的枪头,安装枪头时不要用力太猛;移液器每日用完后,应旋到最大刻度。

（10）根据实验需求选择合适的离心机和转子以及离心管,使用离心机时的工作转速不应该超过离心机、转子以及离心管的最大允许转速。使用离心机时要对称放置,特别是使用高速离心机时,在离心机到达最高转速且正常运行时才可离开,发现离心机异常时应立即停止离心。

（11）绝对避免浓酸、浓碱等腐蚀性试剂溅到皮肤、衣服上。稀释浓酸时,一定把浓酸加入水中,而不能反向操作;汞盐、氰化物、重铬酸盐等试剂有毒,使用时要特别小心,切勿接触皮肤,更不能入口,严禁在酸性介质中使用氰化物,以免溢出剧毒气体 HCN。

（12）保持水槽清洁,切勿把废纸和固体物质投入槽内,废酸和废碱应小心倒入废液缸内,切勿倒入水槽,以免腐蚀下水道。

附录 B
实验室安全及防护知识

在生物化学实验室中,经常使用各种化学药品、试剂和仪器设备,以及水、电、煤气等,还会经常遇到高温、低温、高速转动、高压、真空和带有辐射源的实验和仪器,此外,还经常与毒性很强、有腐蚀性、易燃烧和具有爆炸性的化学药品直接接触,也常常使用易碎的玻璃和瓷质器皿。若缺乏必要的安全防护知识,会造成生命和财产的巨大损失。

一、生物化学实验室主要安全隐患的类型

(1) 化学药品危害:主要指实验室中用到的一些易燃、易爆、易腐蚀、强酸强碱、容易引起中毒的化学试剂和药品造成的危害。

(2) 生物危害:主要指由动物、植物、微生物等生物因子给人类健康、生存环境和社会生活造成的危害,包括细菌、病毒、基因产物、病毒疫苗等。

(3) 仪器设备危害:某些特定的仪器如带放射性物质仪器的辐射危害;一些仪器运行过程中的噪音危害;运行不当造成的生命和财产的损害等。

(4) 其他潜在危害:使用煤气、氮气、二氧化碳、氧气等时,气瓶位置不当,如倒置气瓶、气体阀门长时间不检修造成气体泄漏所引起的毒害、爆炸等潜在危险;强酸的挥发性气体碰到眼睛和皮肤;高温烤箱造成的烫伤、液氮使用不当造成的冻伤等。

二、防护措施

1. 防毒

大多数化学药品和试剂都有着不同程度的毒性,它们可以通过呼吸道、消化道和皮肤直接进到体内而使人中毒。如一氧化碳、三氧化二砷、氰化物、叠氮钠、一些蛋白酶的抑制剂,吸入少量即会致命。

注意事项如下。

(1) 实验前应对所用的试剂及药品的性能、作用、毒性、物理性质和防护措施有所了解,做到未雨绸缪,防患于未然。

(2) 毒物应按实验室的规定办理审批手续后领取,使用时严格操作,用后妥善处理。

(3) 使用有毒气体,如氯化氢、硫化氢、氯气、氟化氢等应在通风橱中进行操作。苯、四氯化碳、乙醚、丙酮等对人体神经、嗅觉有刺激作用;有机溶剂能穿过皮肤进入体内,要戴好手套、穿好实验服。汞盐、镉盐、铅盐等重金属有剧毒,应小心操作和保管。

(4) 严格按照实验操作规程,实验操作要规范,实验后要勤洗手。

（5）水银容易由呼吸道进入人体，也可经皮肤直接吸收而引起累积性中毒。故在做接触水银的实验时应戴好口罩和手套，急性中毒时应用催吐剂彻底洗胃，或者食入蛋白如牛奶和鸡蛋清并使之呕吐。

2. 防爆

实验室许多药品或仪器使用不当便会引起爆炸。氧化剂和还原剂的混合物在受热、摩擦或激烈撞击时会发生爆炸；气体钢瓶减压阀失灵，在加压或减压实验中使用不耐压的玻璃仪器会发生爆炸；使用一些易燃易爆气体如氢气、乙炔、煤气等会发生爆炸；一些本身容易爆炸的化合物，如硝酸酯类、硝酸盐类、重金属盐、重氮盐、叠氮化物等，在受热或被敲击时会发生爆炸。

注意事项如下。

（1）当大量使用可燃性气体时，应严禁使用明火和可能产生电火花的电器。

（2）强氧化剂和强还原剂必须分开存放，使用时轻拿轻放，远离热源。

（3）煤气灯用完后或中途煤气供应中断时，应立即关闭煤气龙头。灯焰大小和火力强弱，应根据实验的需求来调节。用火时，应做到火着人在，人走火灭。

（4）易燃易爆物质的残渣如金属钠、白磷、火柴头等不得倒入污物桶或水槽，应收集在特殊的容器内。

（5）气瓶应存放在阴凉、干燥、远离热源的地方。易燃气体气瓶与明火距离应不小于5 m；气瓶搬运要轻、稳，放置要牢靠；氧气瓶严禁油污，注意手、扳手或衣服上的油污；开启气门时应站在气压表的一侧，不准将头或身体对准气瓶总阀，以防万一阀门或气压表冲出伤人。

3. 防火防电

电、火是实验室最常见的安全隐患。煤气灯、易燃物品、金属钠、磷等，电线老化、短路、仪器使用不当等，都会引起火灾和用电隐患。

注意事项如下。

（1）防止煤气管、煤气灯漏气，使用煤气后一定要把阀门关好。

（2）乙醚、乙醇、丙酮、二硫化碳、苯等有机溶剂易燃，要管理、存放好。乙醇及其他可溶于水的液体着火时可用水灭火。汽油、乙醚、甲苯等有机溶剂着火时，应用石棉布或砂土扑灭。绝对不能用水，否则会扩大燃烧面积。

（3）金属钠、金属钾、铝粉、电石、黄磷及金属氢化物要注意使用和存放，尤其不宜与水直接接触。金属着火时，可把砂子倒在它的上面，或用相应的灭火器灭火。万一着火，应冷静判断情况，采取适当的措施灭火；可根据不同情况，选用水、沙、泡沫、二氧化碳或四氯化碳灭火器灭火。

（4）使用电器时，严防触电；决不可用湿手开关电闸和仪器开关。检查仪器设备是否漏电应用试电笔。凡是漏电的仪器，一律不能使用，应拔掉电源，报告管理人员维修。

电源裸露部分应有绝缘装置，电器外壳应接地线；不应用双手同时接触电器，以防止触电时电流通过心脏；一旦有人触电，应首先切断电源，然后抢救。

4. 防烫、灼烧、冻伤

液氮、低温冰箱、强酸、强碱、强氧化剂、磷、钠、钾、苯酚等物质会冻伤、灼伤皮肤，应注意不要让皮肤与之直接接触,尤其应注意防止溅到眼中。

被实验药品及试剂烫伤时,一般用 95％乙醇消毒后,涂上苦味酸软膏,严重时应立即送医院治疗,强碱、金属钠、金属钾等触及皮肤引起灼伤时,应先用大量自来水冲洗,再用 5％硼酸溶液或 2％涂洗。强酸、溴等触及皮肤引起灼伤时,应立即用大量自来水冲洗,再以 5％碳酸氢钠溶液或 5％氢氧化铵溶液洗涤;如酚接触皮肤引起灼伤时,可用乙醇冲洗。

5. 防生物安全隐患

生物化学实验经常接触到各种细菌、病毒、基因产物、微生物、动植物等,应根据实验所操作的细菌、病毒等的危害程度来分级,需要相应的实验室设施、安全设备及实验室操作和技术。

注意事项如下。

(1)应明确生物因子的危害等级,在相应的生物安全水平实验室中进行操作,使用合适的生物安全柜等。

(2)在进行传染性细菌、病毒研究时,首先了解该微生物的传染特性、操作的注意点、防护措施和实验后的消毒处理程序以及紧急情况发生时的应对措施。

(3)在实验操作时应穿好实验防护衣或其他合适的防护服。实验室中不宜穿凉鞋、露趾鞋。操作感染性、有毒物质或动物时,必须戴手套。不宜将实验衣、手套或其他个人防护装备穿着到实验室以外的场所。

(4)在对传染性材料操作时,须在生物安全柜内进行;有毒物质应在化学抽气柜内操作。所有污染物、玻璃器皿、动物笼、实验装置等,必须先经过消毒处理 如以高压蒸汽灭菌或化学杀菌,再行清洗或重复使用。废弃物需经废弃物处理流程处置。

(5)针筒、针头、吸管等尖锐物品,必须置于硬质且防漏的容器中,并遵守废弃物处置规定处理。具有传染性的毒种、菌种和标本必须保存在专用冰箱内。在接触传染性物质、化学物和动物后脱掉手套,切记洗手。

附录 C
实验室常规仪器和设施

一、常用的玻璃器皿

1. 烧杯
烧杯常用于配制溶液、溶解样品,溶液加热或蒸发,较多试剂时作为反应容器等。加热时应置于石棉网上,使其受热均匀,一般不直接加热,也不可烧干。

2. 锥形瓶
锥形瓶常用于加热处理试样和容量分析滴定,作为试剂反应容器,用于菌类培养。加热时应置于石棉网上,使其受热均匀,一般不直接加热,磨口锥形瓶加热时要打开塞子,非标准磨口要保持原配塞。

3. 圆(平)底烧瓶
圆底烧瓶常用于加热及蒸馏液体,一般避免直火加热,应隔着石棉网加热或使用各种加热浴加热。

4. 凯氏烧瓶
凯氏烧瓶常用于消解有机物质,加热时应置于石棉网上,瓶口勿对向自己及他人。

5. 量筒、量杯
量筒、量杯常用于粗略地量取一定体积的液体,不能加热,不能在其中配制溶液,不能用作反应容器,不能在烘箱中烘烤,操作时要沿筒(杯)壁加入或倒出溶液。

6. 量瓶
量瓶用于配制准确体积的标准溶液或被测溶液。非标准的磨口塞要保持原配,漏水的不能使用,不能在烘箱内烘烤,不能用直火加热,可水浴加热,不能用作反应容器。

7. 滴定管
滴定管常用于容量分析、滴定操作,分为酸式滴定管和碱式滴定管。活塞要原配,漏水的不能使用,不能加热,不能长期存放碱液,碱式管不能放与橡胶作用的滴定液。

8. 微量滴定管
微量滴定管用于微量或半微量分析滴定操作。只有活塞式;其余注意事项同滴定管。

9. 移液管
移液管用于准确地移取一定量的液体。不能加热;上端和尖端不可磕破。

10. 刻度吸管

刻度吸管用于准确地移取各种不同体积的液体。

11. 称量瓶

矮形用作测定干燥失重或在烘箱中烘干基准物;高形用于称量基准物、样品。不可盖紧磨口塞烘烤,磨口塞要保持原配。

12. 试剂瓶

试剂瓶分为细口瓶、广口瓶、下口瓶。

细口瓶用于存放液体试剂;广口瓶用于装固体试剂;棕色瓶用于存放见光易分解的试剂。不能加热;不能在瓶内配制在操作过程放出大量热量的溶液;磨口塞要保持原配;放碱液的瓶子应使用橡皮塞,以免日久打不开。

13. 漏斗

长颈漏斗用于定量分析,过滤沉淀;短颈漏斗用作一般过滤。

14. 分液漏斗

分液漏斗分为球形、梨形、筒形等几种。

分液漏斗用于分开两种互不相溶的液体、萃取分离和富集、制备反应中加液体。磨口旋塞必须要原配的,漏水的漏斗不能使用。

15. 试管

试管分为普通试管、离心试管。

试管用于定性分析检验离子;离心试管可在离心机中借离心作用分离溶液和沉淀。硬质玻璃制的试管可直接在火焰上加热,但不能骤冷。离心管只能水浴加热。

二、恒温水浴箱

(1)生物化学实验常用到恒温水浴箱,比如 PCR、复苏细胞等实验。恒温水浴箱主要使水温维持在一定的温度,便于实验需要。一般温度可高达 100 ℃。

(2)恒温水浴箱使用前一定要先注入适量清水。使用过程中要注意及时补充清水,因为炉丝套管是焊接密封的。无水时加热会烧坏套管,使水进入套管,毁坏炉丝或发生漏电现象。

(3)温度自动控制盒中有双金属片弹簧式装置,通过双金属片的膨胀或收缩或接通或切断电源,达到控制温度的目的。注意勿使控制盒溅上水或受潮,以控制失灵、漏电或损坏。

(4)水浴箱内要保持清洁,定期洗刷,防止生锈和防止漏电、漏水。水浴箱内的水要经常更换,如较长时间停用,水浴箱内的水要全部放掉并用布擦干,以免生锈。

三、分光光度计

不同物质对不同波长入射光的吸收程度各不相同,从而形成特征性的吸收光谱。分光光度法不仅适应于可见光区,同时还可扩展至紫外光区及红外光区,因此给科研实验带来了极大的方便。

使用方法如下。

(1) 分光光度计接通稳压器电源,仪器自动进入初始化。初始化约需时 10 min,之后可进入检测状态。

(2) 按实验要求输入各项参数,选择相应比色皿(玻璃或石英),将空白管、标准管及待测管依次放入比色皿架内,关上比色池盖。

(3) 以空白管自动调零。

(4) 试样槽依次移至样品位置,待数据显示稳定后按"START/STOP"键,打印机自动打印所测数据,重复上述步骤,直到所有样品检测完毕。

(5) 检测结束后应及时取出比色皿,清洗干净并放回原处,同时关上仪器电源开关及稳压器电源开关,做好使用情况登记。

注意事项如下。

(1) 仪器初次使用或使用较长时间(一般为一年),需检查波长准确度,以确保检测结果的可靠性。

(2) 由于长途运输或室内搬运可能造成光源位置偏移,导致亮电流漂移增大。此时应对光源位置进行调整,直至达到有关技术指标为止。若经调整校正后波长准确度、暗电源漂移及亮电流漂移三项关键指标仍未符合要求,则应停止使用,并及时通知有关技术人员检修。

(3) 每次检测结束后应检查比色池内是否有溶液溢出,若有溢出应随时用滤纸吸干,以免引起测量误差或影响仪器使用寿命。

(4) 仪器每次使用完毕,应于灯室内放置数袋硅胶(或其他干燥剂),以免反射镜受潮霉变或沾污,影响仪器使用,同时应盖好防尘罩。

(5) 仪器室不得存放酸性、碱性、挥发性或腐蚀性等物质,以免损坏仪器。

(6) 仪器每次使用前都要进行预热,每次预热 30 min,以保证仪器处于良好使用状态。

四、离心机

在生物化学实验中研究物质的结构与功能,离心技术是不可或缺的一门技术手段。离心机是利用各种物质在沉降系数、质量、密度等方面的差异,使物质各组分得到分离、纯化和浓缩。现在离心机分为很多种,有普通离心机、高速离心机、超速离心机、台式超速离心机等。各种离心机的使用方法不一,应按照离心机的操作规程严格操作。

冷冻离心机使用方法如下。

(1) 离心机应放置在水平坚固的地板或平台上,并力求使仪器处于水平位置以免离心时造成机器震动。

(2) 打开电源开关,按要求装上所需的转头,将预先以托盘天平平衡好的样品放置于转头样品架上(离心筒须与样品同时平衡),关闭机盖。

(3) 按功能选择键,设置各项要求:温度、速度、时间、加速度及减速度。

(4) 按启动键,离心机将执行上述参数进行运作,到预定时间自动关机。

(5) 待离心机完全停止转动后打开机盖,取出离心样品,用柔软干净的布擦净转头和机腔内壁,待离心机腔内温度与室温平衡后方可盖上机盖。

注意事项如下。

（1）机体应始终处于水平位置,外接电源系统的电压要匹配,并要求有良好的接地线。

（2）开机前应检查转头安装是否牢固,机腔有无异物掉入。

（3）离心管必须用天平严格配平,样品应预先平衡,使用离心筒离心时离心筒与样品应同时平衡。

（4）挥发性或腐蚀性液体离心时,应使用带盖的离心管,并确保液体不外漏,以免腐蚀机腔或造成事故。

（5）擦拭离心机机腔时动作要轻,以免损坏机腔内温度感应器。关机后卸下转子并保持上盖打开以使水汽蒸发。

（6）如转速无法升高,检查配平情况及转子内是否有液体存留。用毕取出所有离心管。每次操作完毕应做好使用情况记录,并定期对机器各项性能进行检修。

（7）离心过程中若发现异常现象,应立即关闭电源,报请有关技术人员检修。

五、PCR 仪

PCR 仪用于扩增目的基因片段,目的基因在短时间内扩增成千上万倍。PCR,即聚合酶链反应,其原理是以拟扩增的 DNA 分子为模板,以一对分别与模板互补的寡核苷酸片段为引物,在 DNA 聚合酶的作用下,按照半保留复制的机理沿着模板链延伸直至完成新的 DNA 合成。通过不断重复这一过程,可以使目的 DNA 片段得到扩增。另一方面,新合成的 DNA 片段也可以作为模板,因而 PCR 技术可使 DNA 的合成量呈指数型增长。各类 PCR 仪可从操作上分为两类:半自动化和自动化 PCR 仪。各类 PCR 仪使用方法有所不同,应具体按照仪器说明书操作。PCR 的过程简单归纳为三个步骤,即变性,退火,延伸。PCR 仪主要用于基础研究和临床检验等许多领域,如基因序列分析、基因扩增、物种进化研究、法医学鉴定、临床检测、分子考古学等。

六、电冰箱

电冰箱一般用于药品、试剂的冷藏,以及有关科研实验。生化实验室一般需要 4 ℃和 —20 ℃冰箱。

冰箱的使用和维修注意事项如下。

（1）冰箱应放置在通风、干燥、避免阳光照射和不靠近热源的地方。离墙壁至少 10 cm,以保证冷凝器对流效率。

（2）所有电源必须符合冰箱说明书的规定,接地线要接好。

（3）温度控制器面板上的刻度和数字并不一定表示冰箱内的温度数值。冰箱内最好放置一支温度计,以显示冰箱的温度。

（4）冰箱内托架上放置的物品不能过满过挤,应留有一定的空间,以便空气对流,保持温度均匀。

热物品需要在冰箱外预先冷却至室温后再放入冰箱内,尤其不准把热开水放入冰箱内冷却。

每次往冰箱内放东西时,应尽快关好箱门,以免温度升高。放入强酸、强碱及腐蚀性物品,必须密封后再放入。有强烈刺激性气味的试剂,需用瓶子盖好后再放入冰箱,以防止污染。

(5)冰箱内外应经常保持清洁卫生。存放的物品应定期清理,防止发霉发臭。冰箱内的霜冰定期清理,保持冰箱空间充足。清除霜冰时应使冰箱停电,让其自动融化,禁止用金属利器敲除,以免毁坏冰箱。

(6)若长期停止使用冰箱,应将里外清理干净,放置在干燥、通风的室内,避免阳光直接照射,并远离热源、火源。

七、细胞培养室

细胞培养室区别于一般实验室的是要求无菌条件。细胞培养是在无菌条件下进行操作的,故要求细胞培养室具备灭菌设备。细胞培养室主要设施包括超净工作台、细胞培养箱、显微镜等。细胞培养室所用的试剂和物品都需要严格的消毒灭菌,试剂和药品的消毒主要有高压灭菌和过滤除菌。细胞培养室一般用紫外灯来消毒灭菌。每次进入细胞培养室时都要求脱鞋、穿白大衣和戴手套,用75%乙醇消毒。在开始细胞培养实验之前,要用紫外照射超净工作台和细胞培养室 30 min。实验后还需用乙醇擦拭超净台面后方可离开。

超净工作台:细胞培养操作必须有超净工作台。其原理是利用鼓风机驱动空气,经过高效滤器净化后,使实验操作区域达到无菌环境。超净台按气流方向分为倒流式超净工作台和外流式超净工作台。细胞培养主要使用外流式超净工作台。

细胞培养箱:细胞培养一般需要5%的二氧化碳,温度在 37 ℃,此外,可根据实验要求调节二氧化碳和氧气的浓度。

八、暗室

在分子生物学的研究领域中,Western blot 是最基本也是最重要的实验技术。Western blot 最后把蛋白转移到 NC 膜上(或 PVDF 膜),通过加底物曝光,X 光片的处理需要在暗室中操作。暗室是处理感光材料的场所,如凝胶照相、冲洗和 X 光片的显影定影等、暗室一般设施有曝光箱、显影定影瓶、照相装置、暗室安全灯、压片盒等。

附录 D

化学试剂的规格、保管

一、化学试剂的规格

我国的试剂规格基本上按纯度(杂质含量的多少)划分,根据纯度及杂质含量的多少,可分为高纯、基准试剂、光谱纯、分光纯、优级纯、分析纯、化学纯等规格。

(1) 高纯试剂(EP):包括超纯、特纯、高纯等,用于配制标准溶液。高纯试剂是在通用试剂的基础上发展起来的,它的杂质含量要比优级试剂低2、3、4个或更多数量级。高纯试剂质量注重的是:在特定方法分析过程中可能引起分析结果偏差,适用于一些痕量分析。

(2) 基准试剂(JZ,深绿色标签):纯度高、杂质少、稳定性好、化学组分恒定的化合物。有容量分析、pH值测定、热值测定等等分类,每一分类中均有第一基准和工作基准之分。目前,商业经营的基准试剂主要是指容量分析类中的容量分析工作基准,一般用于标定滴定标准溶液。

(3) 光谱纯(SP):主要用于光谱分析中作标准物质,一般纯度较高,其杂质用光谱分析法测不出或杂质低于某一限度,但对其纯度并无具体规定。适用于作为分光光度计标准品、原子吸收光谱标准品、原子发射光谱标准品。

(4) 分光纯:使用分光光度分析法时所用的溶液,有一定的波长透过率,用于定性分析和定量分析。

(5) 优级纯(GR,深绿色标签):亦称保证试剂,为一级品,纯度高,杂质极少,主要用于精密分析和科学研究。

(6) 分析纯(AR,金光红色标签):亦称分析试剂,为二级品,纯度略低于优级纯,杂质含量略高于优级纯,适用于重要分析和一般性研究工作。

(7) 化学纯(CP,中蓝色标签):为三级品,纯度较分析纯差,但高于实验试剂,存在干扰杂质,适用于工厂、学校一般性的分析工作和化学实验和合成制备。

(8) 实验纯(LR):为四级品,纯度比化学纯差,但比工业品纯度高,杂质含量不做选择,只适用于一般化学实验和合成制备,不能用于分析工作。

另外,市场上常见的其他按纯度或者按照应用划分的试剂规格有如下几种。

(1) 教学试剂(JX):可以满足学生教学目的,不至于造成化学反应现象偏差的一类试剂。

(2) 指定级(ZD):该类试剂是按照用户要求的质量控制指标,为特定用户订做的化学试剂。

（3）电子纯（MOS）：适用于电子产品生产中，电性杂质含量极低。

（4）当量试剂（3N、4N、5N）：主成分含量分别为99.9％、99.99％、99.999％以上。

（5）微量分析试剂（micro-analytical reagent）：适用于被测定物质的许可量仅为常量百分之一（重量为1～15 mg，体积为0.01～2 mL）的微量分析用的试剂。

（6）生化试剂（BR）：指有关生命科学研究的生物材料或有机化合物，以及临床诊断、医学研究用的试剂。用于配制生物化学检验试液。质量指标注重生物活性杂质含量。

（7）生物染色剂（BS，玫红色标签）：用于配制微生物标本染色液。质量指标注重生物活性杂质。可替代指示剂，用于有机合成。

（8）指示剂（IND）：能由某些物质存在的影响而改变自己颜色的物质。主要用于容量分析中指示滴定的终点。一般可分为酸碱指示剂、氧化还原指示剂、吸附指示剂等。指示剂除分析外，也可用来检验气体或溶液中某些有毒有害物质的存在。

（9）生物碱（alkaloid）：为一类含氮的有机化合物，存在于自然界，有似碱的性质。大多数生物碱均有复杂的环状结构，氮素多包括在环内，具有光学活性，但也有少数生物碱例外。生物碱一般性质较稳定，在储存上除避光外，不需特殊储存保管。

（10）标准物质（standard substance）：用于化学分析、仪器分析中作对比的化学物品，或是用于校准仪器的化学品。其化学组分、含量、理化性质及所含杂质必须已知，并符合规定或得到公认。

（11）有机分析标准品（organic analytical standards）：测定有机化合物的组分和结构时用作对比的化学试剂，其组分必须精确已知。也可用于微量分析。

（12）农药分析标准品（pesticide analytical standards）：适用于气相色谱法分析农药或测定农药残留量时作对比物品，其含量要求精确。有由微量单一农药配制的溶液，也有由多种农药配制的混合溶液。

（13）原子吸收光谱标准品（atomic absorption spectroscopy standards）：利用原子吸收光谱法进行试样分析时作为标准用的试剂。

二、试剂的保管

化学试剂常因包装、取用和保存不当时而变质。有些容易吸湿而潮解或水解；有的容易跟空气里的氧气、二氧化碳或扩散在其中的其他气体发生反应，还有一些试剂受光照和环境温度的影响会变质。因此，必须根据试剂的不同性质，分别采取相应的措施妥善保存、包装和取用。

1. 试剂的保管方法

（1）密封保存。

试剂取用后一般都用塞子盖紧，特别是挥发性的物质（如硝酸、盐酸、氨水）以及很多低沸点有机物（如乙醚、丙酮、甲醛、乙醛、氯仿、苯等）必须严密盖紧。有些吸湿性极强或遇水蒸气发生强烈水解的试剂，如五氧化二磷、无水 $AlCl_3$ 等，不仅要严密盖紧，还要蜡封。在空气里能自燃的白磷保存在水中。活泼的金属钾、钠要保存在煤油中。

（2）用棕色瓶盛放和安放在阴凉处。

光照或受热容易变质的试剂（如浓硝酸、硝酸银、氯化汞、碘化钾、过氧化氢以及溴水、氯水)要存放在棕色瓶里,并放在阴凉处,防止分解变质。

(3)危险药品要跟其他药品分开存放。

具有易发生爆炸、燃烧、毒害、腐蚀和放射性等危险性的物质,以及受到外界因素影响能引起灾害性事故的化学药品,都属于化学危险品。它们一定要单独存放,例如高氯酸不能与有机物接触,否则易发生爆炸。

强氧化性物质和有机溶剂能腐蚀橡胶,不能盛放在带橡皮塞的玻璃瓶中。容易侵蚀玻璃而影响试剂纯度的试剂,如氢氟酸、含氟盐(氟化钾、氟化钠、氟化铵)和苛性碱(氢氧化钾、氢氧化钠),应保存在聚乙烯塑料瓶或涂有石蜡的玻璃瓶中。

剧毒品必须存放在保险柜中,加锁保管。取用时要由两人以上共同操作,并记录用途和用量,随用随取,严格管理。腐蚀性强的试剂要设有专门的存放橱。

2. 试剂的包装

固体试剂一般装在带胶木塞的广口瓶中,液体试剂则盛在细口瓶中(或滴瓶中),见光易分解的试剂(如硝酸银)应装在棕色瓶中,每一种试剂都应贴有标签以标明试剂的名称、浓度、纯度。(实验室分装时,固体只标明试剂名称,液体还须注明浓度。)

3. 试剂的取用

固体粉末试剂可用洁净的牛角勺取用。称取一定量的固体时,可把固体放在纸上或表面皿上在台秤上称量。要准确称量时,则用称量瓶在天平上进行称量。液体试剂常用量筒量取,量筒的容量有 5 mL、10 mL、50 mL、500 mL 等数种,使用时要把量取的液体注入量筒中,使视线与量筒内液体凹面的最低处保持水平,然后对应的量筒上的刻度值,即为液体的体积。

如需少量液体试剂则可用滴管取用,取用时应注意不要将滴管碰到或插入接收容器的壁上或里面。取用试剂规则:为了得到准确的实验结果,取用试剂时应遵守以下规则,以保证试剂不受污染和不变质。

(1)试剂不能与手接触。

(2)要用洁净的药勺,量筒或滴管取用试剂,绝对不能用同一种工具同时连续取用多种试剂。取完一种试剂后,应将工具洗净(药勺要擦干)后,方可取用另一种试剂。

(3)试剂取用后一定要将瓶塞盖紧,不可放错瓶盖和滴管,绝不允许张冠李戴,用完后将瓶放回原处。

(4)已取出的试剂不能再放回原试剂瓶内。另外,取用试剂时应本着节约精神,尽可能少用,这样既便于操作和仔细观察现象,又能得到较好的实验结果。

附录 E
缓冲液的配制方法

生物化学反应需要在一定的氢离子浓度范围内进行。缓冲液是一类在特定的 pH 值范围内耐受可逆质子化作用的物质,因此它在容许的极限内可维持氢离子浓度。

1. Tris 缓冲液

Tris 具有很高的缓冲能力,在水中高度溶解,对很多种酶反应是惰性的。因此 Tris 也成了用于许多生化目的非常满意的缓冲液,也是目前用于分子克隆中大多数酶反应的标准缓冲液。各种 pH 值的 Tris 缓冲液的配制如表 E-1 所示。

表 E-1 各种 pH 值的 Tris 缓冲液的配制

pH	X/mL	pH	X/mL
7.1	45.7	8.1	26.2
7.2	44.7	8.2	22.9
7.3	43.4	8.3	19.9
7.4	42.0	8.4	17.2
7.5	40.3	8.5	14.7
7.6	38.5	8.6	12.4
7.7	36.6	8.7	10.3
7.8	34.5	8.8	8.5
7.9	32.0	8.9	7.0
8.0	29.2		

注:50 mL 0.1 mol/L 三羟甲基氨基甲烷(Tris)溶液与 X(mL)0.1 mol/L 盐酸混匀后,加水稀释至 100 mL,即得相应 pH 值的 Tris 缓冲液。

Tris 溶液可以从空气中吸收二氧化碳,使用时注意将瓶盖严。

2. 磷酸盐缓冲液

磷酸盐缓冲液是由单价磷酸二氢盐和双价磷酸一氢盐的混合物组成的。通过改变各种盐的量,就可配制出 pH 5.8~8.0 的缓冲液。磷酸盐具有很高的缓冲能力,在水中高度可溶。

（1）磷酸氢二钠-磷酸二氢钠缓冲液（表 E-2）。

表 E-2 磷酸氢二钠-磷酸二氢钠缓冲液的配制

pH	0.2 mol/L 磷酸氢二钠/mL	0.2 mol/L 磷酸二氢钠/mL	pH	0.2 mol/L 磷酸氢二钠/mL	0.2 mol/L 磷酸二氢钠/mL
5.8	8.0	92.0	7.0	61.0	39.0
5.9	10.0	90.0	7.1	67.0	33.0
6.0	12.3	87.7	7.2	72.0	28.0
6.1	15.0	85.0	7.3	77.0	23.0
6.2	18.5	81.5	7.4	81.0	19.0
6.3	22.5	77.5	7.5	84.0	16.0
6.4	26.5	73.5	7.6	87.0	13.0
6.5	31.5	68.5	7.7	89.5	10.5
6.6	37.5	62.5	7.8	91.5	8.5
6.7	43.5	56.5	7.9	93.0	7.0
6.8	49.5	51.0	8.0	94.7	5.3
55.0	45.0				

（2）磷酸二氢钾-氢氧化钠缓冲液（表 E-3）。

表 E-3 磷酸二氢钾-氢氧化钠缓冲液的配制

pH	X/mL	Y/mL	pH	X/mL	Y/mL
5.8	5	0.372	7.0	5	2.963
6.0	5	0.570	7.2	5	3.500
6.2	5	0.860	7.4	5	3.950
6.4	5	1.260	7.6	5	4.280
6.6	5	1.780	7.8	5	4.520
6.8	5	2.365	8.0	5	4.680

注：0.2 mol/L KH_2PO_4 X(mL)与 0.2 mol/L NaOH Y(mL)混匀，加水稀释至 20 mL，即得相应 pH 值的磷酸二氢钾-氢氧化钠缓冲液。

（3）磷酸氢二钠-柠檬酸缓冲液（表 E-4）。

表 E-4 磷酸氢二钠-柠檬酸缓冲液的配制

pH	0.2 mol/L Na$_2$HPO$_4$/mL	0.1 mol/L 柠檬酸/mL	pH	0.2 mol/L Na$_2$HPO$_4$/mL	0.1 mol/L 柠檬酸/mL
2.2	0.40	19.6	5.2	10.72	9.28
2.4	1.24	18.76	5.4	11.15	8.85
2.6	2.18	17.82	5.6	11.60	8.40
2.8	3.17	16.83	5.8	12.09	7.91
3.0	4.11	15.89	6.0	12.63	7.37
3.2	4.94	15.06	6.2	13.22	6.78
3.4	5.70	14.30	6.4	13.85	6.15
3.6	6.44	13.56	6.6	14.55	5.45
3.8	7.10	12.90	6.8	15.45	4.55
4.0	7.71	12.29	7.0	16.47	3.53
4.2	8.28	11.72	7.2	17.39	2.61
4.4	8.82	11.18	7.4	18.17	1.83
4.6	9.35	10.65	7.6	18.73	1.27
4.8	9.86	10.14	7.8	19.15	0.85

（4）0.1 mol/L 柠檬酸-柠檬酸钠缓冲液（表 E-5）。

表 E-5 0.1 mol/L 柠檬酸-柠檬酸钠缓冲液的配制

pH	0.1 mol/L 柠檬酸/mL	0.1 mol/L 柠檬酸钠/mL	pH	0.1 mol/L 柠檬酸/mL	0.1 mol/L 柠檬酸钠/mL
3.0	18.6	1.4	5.0	8.2	11.8
3.2	17.2	2.8	5.2	7.3	12.7
3.4	16.0	4.0	5.4	6.4	13.6
3.6	14.9	5.1	5.6	5.5	14.5
3.8	14.0	6.0	5.8	4.7	15.3
4.0	13.1	6.9	6.0	3.8	16.2
4.2	12.3	7.7	6.2	2.8	17.2
4.4	11.4	8.6	6.4	2.0	18.0
4.6	10.3	9.7	6.6	1.4	18.6
4.8	9.2	10.8			

（5）0.2 mol/L 醋酸-醋酸钠缓冲液（表 E-6）。

表 E-6　0.2 mol/L 醋酸-醋酸钠缓冲液的配制

pH	0.2 mol/L NaAc/mL	0.2 mol/L HAc/mL	pH	0.2 mol/L NaAc/mL	0.2 mol/L HAc/mL
3.6	0.75	9.25	4.8	5.90	4.10
3.8	1.20	8.80	5.0	7.00	3.00
4.0	1.80	8.20	5.2	7.90	2.10
4.2	2.65	7.35	5.4	8.60	1.40
4.4	3.70	6.30	5.6	9.10	0.90
4.6	4.90	5.10	5.8	9.40	0.60

（6）巴比妥钠-盐酸缓冲液（18 ℃）（表 E-7）。

表 E-7　巴比妥钠-盐酸缓冲液的配制

pH	0.04 mol/L 巴比妥钠/mL	0.2 mol/L 盐酸/mL	pH	0.04 mol/L 巴比妥钠/mL	0.2 mol/L 盐酸/mL
6.8	100	18.4	8.4	100	5.21
7.0	100	17.8	8.6	100	3.82
7.2	100	16.7	8.8	100	2.52
7.4	100	15.3	9.0	100	1.65
7.6	100	13.4	9.2	100	1.13
7.8	100	11.47	9.4	100	0.70
8.0	100	9.39	9.6	100	0.35
8.2	100	7.21			

（7）硼酸-硼砂缓冲液（0.2 mol/L 硼酸根）（表 E-8）。

表 E-8　硼酸-硼砂缓冲液的配制

pH	0.05 mol/L 硼砂/mL	0.2 mol/L 硼酸/mL	pH	0.05 mol/L 硼砂/mL	0.2 mol/L 硼酸/mL
7.4	1.0	9.0	8.2	3.5	6.5
7.6	1.5	8.5	8.4	4.5	5.5
7.8	2.0	8.0	8.7	6.0	4.0
8.0	3.0	7.0	9.0	8.0	2.0

注：硼砂易失去结晶水，必须在带塞的瓶中保存。

（8）甘氨酸-氢氧化钠缓冲液（0.05 mol/L）（表 E-9）。

表 E-9　甘氨酸-氢氧化钠缓冲液的配制

pH	X/mL	Y/mL	pH	X/mL	Y/mL
8.6	50	4.0	9.6	50	22.4
8.8	50	6.0	9.8	50	27.2
9.0	50	8.8	10.0	50	32.0
9.2	50	12.0	10.4	50	38.6
9.4	50	16.8	10.6	50	45.5

注：X(mL) 0.2 mol/L 甘氨酸与 Y(mL) 0.2 mol/L 氢氧化钠混匀，再加水稀释至 200 mL，即得相应 pH 的甘氨酸-氢氧化钠缓冲液。

（9）常用的电泳缓冲液（表 E-10）。

表 E-10　常用的电泳缓冲液

缓 冲 液	工 作 液	储存液/L
Tris-醋酸（TAE）	1× 40 mmol/L Tris-醋酸 1 mmol/L EDTA	50× 242 g Tris 碱 57.1 mL 冰醋酸 100 mL 0.5 mol/L EDTA(pH8.0)
Tris-硼酸（TBE）	0.5× 45 mmol/L Tris-硼酸 1 mmol/L EDTA	5× 54 g Tris 碱 27.5 g 硼酸 20 mL 0.5 mol/L EDTA(pH8.0)
Tris-磷酸（TPE）	1× 90 mmol/L Tris-磷酸 2 mmol/L EDTA	10× 108 g Tris 碱 15.5 mL 磷酸(85%,1.679 g/mL) 40 mL 0.5 mol/L EDTA(pH8.0)
Tris-甘氨酸	1× 25 mmol/L Tris-Cl 250 mmol/L 甘氨酸 0.1%SDS	5× 15.1 g Tris 碱 94 g 甘氨酸(电泳级) 50 mL 10% SDS(电泳级)

注：①TBE 溶液长时间存放后会形成沉淀物，为避免这一问题，可在室温下用玻璃瓶保存 5× 溶液，出现沉淀后则予以废弃。

以往都以 1×TBE 作为使用液（即 1∶5 稀释浓储存液）进行琼脂糖凝胶电泳。但 0.5× 的使用液已具备足够的缓冲容量。目前几乎所有的琼脂糖凝胶电泳都以 1∶10 稀释的储存液作为使用液。

进行聚丙烯酰胺凝胶垂直槽的缓冲液槽较小，故通过缓冲液的电流量通常较大，需要使用 1×TBE，以提供足够的缓冲容量。

②碱性电泳缓冲液应现用现配。

附录 F

层析法常用数据表

一、聚丙烯酰胺凝胶的技术数据(表 F-1)

表 F-1 聚丙烯酰胺凝胶的技术数据

型　　号	排阻的下限 (M_r)	分级分离的范围 (M_r)	膨胀后的床体积/ (mL/g 干凝胶)	膨胀所需最少时间 (室温)/h
Bio-Gel-P-2	1600	200～2000	3.8	2～4
Bio-Gel-P-4	3600	500～4000	5.8	2～4
Bio-Gel-P-6	4600	1000～5000	8.8	2～4
Bio-Gel-P-10	10000	5000～17000	12.4	2～4
Bio-Gel-P-30	30000	20000～50000	14.9	10～12
Bio-Gel-P-60	60000	30000～70000	19.0	10～12
Bio-Gel-P-100	100000	40000～100000	19.0	24
Bio-Gel-P-150	150000	50000～150000	24.0	24
Bio-Gel-P-200	200000	80000～300000	34.0	48
Bio-Gel-P-300	300000	100000～400000	40.0	48

注：上述各种型号的凝胶都是亲水性的多孔颗粒，在水和缓冲溶液中很容易膨胀，生产厂家为 Bio-Rad Laboratories，Rich-mond，California，U. S. A.

二、琼脂糖凝胶的技术数据(表 F-2)

表 F-2 琼脂糖凝胶的技术数据

名称、型号	凝胶内琼脂糖含量质量分数/(%)	排阻的下限 (M_r)	分级分离的范围 (M_r)	生产厂商
Sagavac 10	10	2.5×10^5	1×10^4～2.5×10^5	
Sagavac 8	8	7×10^5	2.5×10^4～7×10^5	
Sagavac 6	6	2×10^6	5×10^4～2×10^6	Seravac Laboratories, Maidenhead, England
Sagavac 4	4	15×10^6	2×10^5～15×10^6	
Sagavac 2	2	150×10^6	5×10^5～15×10^7	

名称、型号	凝胶内琼脂糖含量质量分数/(%)	排阻的下限 (M_r)	分级分离的范围 (M_r)	生 产 厂 商
Bio-Gel A-0.5M	10	0.5×10^5	$<1 \times 10^4 \sim 2.5 \times 10^6$	
Bio-Gel A-1.5M	8	1.5×10^6	$<1 \times 10^4 \sim 1.5 \times 10^6$	
Bio-Gel A-5M	6	5×10^6	$1 \times 10^4 \sim 5 \times 10^6$	Bio-Rad Laboratories,
Bio-Gel A-15M	4	15×10^5	$4 \times 10^4 \sim 15 \times 10^6$	California, U. S. A.
Bio-Gel A-50M	2	50×10^6	$1 \times 10^5 \sim 50 \times 10^6$	
Bio-Gel A-150M	1	150×10^6	$1 \times 10^6 \sim 150 \times 10^6$	

三、离子交换层析介质的技术数据(表 F-3)

表 F-3 离子交换层析介质的技术数据

离子交换介质名称	最高载量	颗粒大小/μm	pH(稳定性工作)	耐压/MPa	最快流速/(cm/h)
SOURCE 15 Q	25 mg 蛋白	15	$2 \sim 12$	4	1800
SOURCE 15 S	25 mg 蛋白	15	$2 \sim 12$	4	1800
Q Sepharose H. P.	70 mg BSA	$24 \sim 44$	$2 \sim 12$	0.3	150
SP Sepharose H. P.	55 mg 核糖核酸酶	$24 \sim 44$	$3 \sim 12$	0.3	150
Q Sepharose F. F.	120 mg HSA	$45 \sim 165$	$2 \sim 12$	0.2	400
SP Sepharose F. F.	75 mg BSA	$45 \sim 165$	$4 \sim 13$	0.2	400
DEAE Sepharose F. F.	110 mg HSA	$45 \sim 165$	$2 \sim 9$	0.2	300
CM Sepharose F. F.	50 mg 核糖核酸酶	$100 \sim 300$	$6 \sim 13$	0.2	300
SP Sepharose Big Beads	60 mg BSA	干粉 $40 \sim 120$	$4 \sim 12$	0.3	$1200 \sim 1800$

四、离子交换层析介质的技术数据(表 F-4)

表 F-4 离子交换层析介质的技术数据

离子交换介质名称	最高载量	颗粒大小/μm	特性/应用	pH(稳定性工作)	耐压/MPa	最快流速/(cm/h)
QAE Sephadex A-25	1.2 mg 甲状腺球蛋白 80 mg HSA	干粉 $40 \sim 120$	纯化低相对分子质量蛋白、多肽、核苷以及巨大分子($M_r > 200000$),在工业传统应用上具有重要作用	$2 \sim 10$	0.11	475

续表

离子交换介质名称	最高载量	颗粒大小/μm	特性/应用	pH（稳定性工作）	耐压/MPa	最快流速/（cm/h）
QAE Sephadex A-50	1.2 mg 甲状腺球蛋白 80 mg HSA	干粉 40~120	批量生产和预处理用，分离中等大小的生物分子（30~200000）	2~11	0.01	45
SP Sephadex C-25	1.1 mg IgG 70 mg 牛氧合血红蛋白 230 mg 核糖核酸酶	干粉 40~120	纯化低相对分子质量蛋白、多肽、核苷以及巨大分子（$M_r > 200000$），在工业传统应用上具有重要作用	2~10	0.13	475
SP Sephadex C-50	8 mg IgG 110 mg 牛氧合血红蛋白	干粉 40~120	批量生产和预处理用，分离中等大小的生物分子（30~200000）	2~10	0.01	45
DEAE Sephadex A-25	1 mg 甲状腺球蛋白 30 mg HAS 140 mg α-乳清蛋白	干粉 40~120	纯化低相对分子质量蛋白、多肽、核苷以及巨大分子（$M_r > 200000$），在工业传统应用上具有重要作用	2~9	0.11	475
DEAE Sephadex A-50	2 mg 甲状腺球蛋白 110 mg HSA	干粉 40~120	批量生产和预处理用，分离中等大小的生物分子（$M_r > 200000$），在工业传统应用上具有重要作用	2~9	0.11	45
CM Sephadex C-25	1.6 mg IgG 70 mg 牛氧合血红蛋白 190 mg 核糖核酸酶	干粉 40~120	纯化低相对分子质量蛋白、多肽、核苷以及巨大分子（$M_r > 200000$），在工业传统应用上具有重要作用	6~13	0.13	475

五、凝胶过滤层析介质的技术数据(表 F-5)

表 F-5　凝胶过滤层析介质的技术数据

凝胶过滤 介质名称	分离范围	颗粒大小 /μm	pH(稳定性 工作)	耐压 /MPa	最快流速/ (cm/h)
Superdex 30	<10000	24~44	3~12	0.3	100
Superdex 75	3000~70000	24~44	3~12	0.3	100
Superdex 200	10000~600000	24~44	3~12	0.3	100
Superose 6	5000~5×10^6	20~40	3~12	0.4	30
Superose 12	1000~300000	20~40	3~12	0.7	30
Sephacryl S-100 HR	1000~100000	25~75	3~11	0.2	20~39
Sephacryl S-200 HR	5000~250000	25~75	3~11	0.2	20~39
Sephacryl S-300 HR	10000~1.5×10^6	25~75	3~11	0.2	20~39
Sephacryl S-400 HR	20000~8×10^6	25~75	3~11	0.2	20~39
Sepharose 6Fast Flow	10000~4×10^6	平均90	2~12	0.1	300
Sepharose 4Fast Flow	60000~20×10^6	90	2~12	0.1	250
Sepharose 2B	70000~40×10^6	60~200	4~9	0.004	10
Sepharose 4B	60000~20×10^6	45~165	4~9	0.008	11.5
Sepharose 6B	10000~4×10^6	45~165	4~9	0.02	14
Sepharose CL-2B	70000~40×10^6	60~200	3~13	0.005	15
Sepharose CL-4B	60000~20×10^5	45~165	3~13	0.012	26
Sepharose CL-6B	10000~4×10^6	45~165	3-13	0.02	30

附录 G
一些常用的数据表

一、化学元素周期表(表 G-1)

表 G-1　化学元素周期表

(录自 1999 年国际相对原子质量表,并全部取四位有效数字)

元　素	符　号	相对原子质量	原 子 序 数
锕	Ac	227.0	89
银	Ag	107.9	47
铝	Al	26.98	13
镅	Am	[243]	95
氩	Ar	39.95	18
砷	As	74.92	33
砹	At	[210]	85
金	Au	197.0	79
硼	B	10.81	5
钡	Ba	137.3	56
铍	Be	9.012	4
铋	Bi	209.0	83
锫	Bk	[247]	97
溴	Br	79.90	35
碳	C	12.01	6
钙	Ca	40.08	20
镉	Cd	112.4	48
铈	Ce	140.1	58
锎	Cf	[251]	98
氯	Cl	35.45	17
锔	Cm	[247]	96

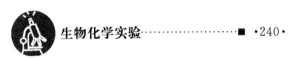

续表

元　素	符　号	相对原子质量	原 子 序 数
钴	Co	58.93	27
铬	Cr	52.00	24
铯	Cs	132.9	55
铜	Cu	63.55	29
镝	Dy	162.5	66
铒	Er	167.3	68
锿	Es	[252]	99
铕	Eu	152.0	63
氟	F	19.00	9
铁	Fe	55.85	26
镄	Fm	[257]	100
钫	Fr	[223]	87
镓	Ga	69.72	31
钆	Gd	157.3	64
锗	Ge	72.59	32
氢	H	1.008	1
氦	He	4.003	2
铪	Hf	178.5	72
汞	Hg	200.6	80
钬	Ho	164.9	67
碘	I	126.9	53
铟	In	114.8	49
铱	Ir	192.2	77
钾	K	39.10	19
氪	Kr	83.80	36
镧	La	138.9	57
锂	Li	6.941	3
镥	Lu	175.0	71
铹	Lr	[260]	103
钔	Md	[258]	101
镁	Mg	24.31	12
锰	Mn	54.94	25

续表

元 素	符 号	相对原子质量	原 子 序 数
钼	Mo	95.94	42
氮	N	14.01	7
钠	Na	22.99	11
铌	Nb	92.91	41
钕	Nd	144.2	60
氖	Ne	20.18	10
镍	Ni	58.70	28
锘	No	[259]	102
镎	Np	237.0	93
氧	O	16.00	8
锇	Os	190.2	76
磷	P	30.97	15
镤	Pa	231.0	91
铅	Pb	207.2	82
钯	Pd	106.4	46
钷	Pm	[145]	61
钋	Po	[209]	84
镨	Pr	140.9	59
铂	Pt	195.1	78
钚	Pu	[244]	94
镭	Ra	226.0	88
铷	Rb	85.47	37
铼	Re	186.2	75
铑	Rh	102.9	45
氡	Rn	[222]	86
钌	Ru	101.1	44
硫	S	32.06	16
锑	Sb	121.8	51
钪	Sc	44.96	21
硒	Se	78.96	34
硅	Si	28.09	14
钐	Sm	150.4	62
锡	Sn	118.7	50

续表

元　素	符　号	相对原子质量	原 子 序 数
锶	Sr	87.62	38
钽	Ta	180.9	73
铽	Tb	158.9	65
锝	Tc	[97]	43
碲	Te	127.6	52
钍	Th	232.0	90
钛	Ti	47.90	22
铊	Tl	204.4	81
铥	Tm	168.9	69
铀	U	238.0	92
钒	V	50.94	23
钨	W	183.9	74
氙	Xe	131.3	54
钇	Y	88.91	39
镱	Yb	173.0	70
锌	Zn	65.38	30
锆	Zr	91.22	40

二、实验室常用酸碱的相关常数(表 G-2)

表 G-2　实验室常用酸碱的相关常数

名　　称	分子式	相对分子质量	相对密度	质量分数/(%)
盐酸	HCl	36.47	1.19	37.2
			1.18	35.4
			1.10	20.0
硫酸	H_2SO_4	98.09	1.84	95.6
			1.18	24.8
硝酸	HNO_3	63.02	1.42	70.98
			1.40	65.3
			1.20	32.36
冰醋酸	CH_3COOH	60.05	1.05	99.5

续表

名　称	分子式	相对分子质量	相对密度	质量分数/(%)
醋酸	CH_3COOH	98.06		36
磷酸	H_3PO_4	35.05	1.71	85.0
氨水	NH_4OH		0.90	
			0.904	27.0
			0.91	25.0
			0.96	10.0
氢氧化钠溶液	NaOH	40.0	1.5	50.0

三、硫酸铵溶液饱和度计算表(25 ℃)(表 G-3)

表 G-3　硫酸铵溶液饱和度计算表

		硫酸铵终浓度,饱和度/(%)																
		10	20	25	30	33	35	40	45	50	55	60	65	70	75	80	90	100
		每升溶液加固体硫酸铵的量/g[①]																
硫酸铵初浓度,饱和度/(%)	0	56	114	144	176	196	209	243	277	313	351	390	430	472	516	561	662	767
	10		57	86	118	137	150	183	216	251	288	326	365	406	449	494	592	694
	20			29	59	78	91	123	155	190	225	262	300	340	382	424	520	619
	25				30	49	61	93	125	158	193	230	267	307	348	390	485	583
	30					19	30	62	94	127	162	198	235	273	314	356	449	546
	33						12	43	74	107	142	177	214	252	292	333	426	522
	35							31	63	94	129	164	200	238	178	319	411	506
	40								31	63	97	132	168	205	245	285	375	469
	45									32	65	99	134	171	210	250	339	431
	50										33	66	101	137	176	214	302	392
	55											33	67	103	141	179	264	353
	60												34	69	105	143	227	314
	65													34	70	107	190	275
	70														35	72	153	237
	75															36	115	198
	80																77	157
	90																	79

注:①在 25 ℃下,硫酸铵溶液由初浓度调到终浓度时,每升溶液所加固体硫酸铵的量(g)。

四、常见的蛋白质相对分子质量参考值

常见蛋白质的相对分子质量见表 G-4。

表 G-4 常见蛋白质的相对分子质量

蛋　白　质	相对分子质量
肌球蛋白(myosin)	220000
甲状腺球蛋白(thyroglobulin)	165000
β-半乳糖苷酶(β-galactosidase)	130000
副肌球蛋白(paramyosin)	100000
磷酸化酶 a(phosphorylase a)	94000
血清白蛋白(serum albumin)	68000
L-氨基酸氧化酶(L-amino acid oxidase)	63000
过氧化氢酶(catalase)	60000
丙酮酸激酶(pyruvate kinase)	57000
谷氨酸脱氢酶(glutamate dehydrogenase)	53000
亮氨酸氨肽酶(leucine aminopeptidase)	53000
γ-球蛋白,H 链(γ-globulin,H chain)	50000
延胡索酸酶(反丁烯二酸酶)(fumarase)	49000
卵白蛋白(ovalbumin)	43000
醇脱氢酶(肝)(alcohol dehydrogenase (liver))	41000
烯醇酶(enolase)	41000
醛缩酶(aldolase)	40000
肌酸激酶(creatine kinase)	40000
胃蛋白酶原(pepsinogen)	40000
D-氨基酸氧化酶(D-amino acid oxidase)	37000
醇脱氢酶(酵母)(alcohol dehydrogenase (yeast))	37000
磷酸甘油醛脱氢酶(glyceraldehyde phosphate dehydrogenase)	36000
原肌球蛋白(tropomyosin)	36000
乳酸脱氢酶(lactate dehydrogenase)	36000
胃蛋白酶(pepsin)	35000
转磷酸核糖基酶(phosphoribosyl transferase)	35000
天门冬氨酸氨甲酰转移酶,C 链(aspartate carbamoyltransferase,C chain)	34000
羧肽酶 A(carboxypeptidase A)	34000
碳酸酐酶(carbonic anhydrase)	29000
枯草杆菌蛋白酶(subtilisin)	27600

续表

蛋 白 质	相对分子质量
γ-球蛋白，L 链（γ-globulin，L chain）	23500
糜蛋白酶原（胰凝乳蛋白酶原）（chymotrypsinogen）	25700
胰蛋白酶（trypsin）	23300
木瓜蛋白酶（羧甲基）（papain (carboxymethyl)）	23000
β-乳球蛋白（β-lactoglobulin）	18400
烟草花叶病毒外壳蛋白（TWV 外壳蛋白）（TWV coat protein）	17500
肌红蛋白（myoglobin）	17200
天门冬氨酸氨甲酰转移酶，R 链（aspartate transcarbamylase，R chain）	17000
血红蛋白（h(a)emoglobin）	15500
Qβ 外壳蛋白（Qβ coat protein）	15000
溶菌酶（lysozyme）	14300
R₁₇外壳蛋白（R₁₇ coat protein）	13750
核糖核酸酶（ribonuclease 或 RNase）	13700
细胞色素 C（cytochrome C）	11700
糜蛋白酶（胰凝乳蛋白酶）（chymotrypsin）	11000 或 13000

（高国全　杨　霞）

参考文献

[1] 北京大学生物系生物化学教研室. 生物化学实验指导[M]. 北京:高等教育出版社, 1984.

[2] 陈曾燮,刘兢,罗丹. 生物化学实验[M]. 安徽:中国科学技术大学出版社,1994.

[3] 周俊宜. 分子医学技能[M]. 北京:科学出版社,2006.

[4] 郑维. 汉英医学分子生物学实验方法[M]. 北京:中国协和医科大学出版社,2005.

[5] J. 萨姆布鲁克,D. W. 拉塞尔. 分子克隆实验指南[M]. 3 版. 黄培堂,等译. 北京:科学出版社,2008.